U0146210

· Man's Place in Nature and other Essays ·

如果说进化论是达尔文下的蛋，那么，孵化它的就是赫胥黎！

——"牛津大辩论"听众

尽管有些科学家的成就比赫胥黎的更伟大，但是，在对科学发展的影响，以及对同时代人的思想和行动的影响方面，几乎没有像他那样广泛而深刻。

——《大英百科全书》

我认为，人类的高贵身分并不会由于人猿同祖而降低。因为，只有人才具有创造可理解的和合理的语言的天才，就凭这种语言，在他生存的时期逐步积累经验和组织经验；而这些经验对其他动物来说，当个体生命结束的时候就完全丧失了。因此，人类现在好像站在大山顶上一样，远远高出于他的卑贱的伙伴的水平，改变了他粗野的本性，放射出真理和智慧的光芒！

——（英）托马斯·赫胥黎

本书列入"十四五"国家重点图书出版规划

科学元典丛书

The Series of the Great Classics in Science

主　　编　　任定成

执行主编　　周雁翎

策　　划　　周雁翎

丛书主持　　陈　静

科学元典是科学史和人类文明史上划时代的丰碑，是人类文化的优秀遗产，是历经时间考验的不朽之作。它们不仅是伟大的科学创造的结晶，而且是科学精神、科学思想和科学方法的载体，具有永恒的意义和价值。

科学元典丛书

人类在自然界的位置

（全译本）

Man's Place in Nature and Other Essays

［英］赫胥黎 著

蔡重阳 王鑫 傅强 译 陈蓉霞 校

北京大学出版社
PEKING UNIVERSITY PRESS

图书在版编目（CIP）数据

人类在自然界的位置（全译本）/(英)赫胥黎著；蔡重阳,王鑫,傅强译；陈蓉霞校.—北京：北京大学出版社，2010.1

（科学元典丛书）

ISBN 978-7-301-09559-1

Ⅰ.人…　Ⅱ.①赫…②蔡…③王…④傅…⑤陈…　Ⅲ.古人类学　Ⅳ.Q981

中国版本图书馆 CIP 数据核字（2005）第 09664 号

MAN'S PLACE IN NATURE AND OTHER ESSAYS

By Thomas Henry Huxley

London: J. M. Dent, 1906.

书　　　名	人类在自然界的位置（全译本）
	RENLEI ZAI ZIRANJIE DE WEIZHI
著作责任者	〔英〕赫胥黎 著　蔡重阳　王　鑫　傅　强 译　陈蓉霞 校
丛 书 策 划	周雁翎
丛 书 主 持	陈　静
责 任 编 辑	陈　静
标 准 书 号	ISBN 978-7-301-09559-1
出 版 发 行	北京大学出版社
地　　　址	北京市海淀区成府路 205 号　100871
网　　　址	http://www.pup.cn　　新浪微博：@北京大学出版社
微信公众号	通识书苑（微信号：sartspku）　科学元典（微信号：kexueyuandian）
电 子 邮 箱	编辑部 jyzx@ pup.cn　　总编室 zpup@ pup.cn
电　　　话	邮购部 010-62752015　发行部 010-62750672　编辑部 010-62707542
印 刷 者	北京中科印刷有限公司
经 销 者	新华书店
	787 毫米 × 1092 毫米　16 开本　16.25 印张　8 插页　320 千字
	2010 年 1 月第 1 版　2023 年 10 月第 6 次印刷
定　　　价	68.00 元

未经许可，不得以任何方式复制或抄袭本书之部分或全部内容。

版权所有，侵权必究

举报电话：010-62752024　电子邮箱：fd@pup.cn

图书如有印装质量问题，请与出版部联系，电话：010-62756370

弁 言

这套丛书中收入的著作，是自古希腊以来，主要是自文艺复兴时期现代科学诞生以来，经过足够长的历史检验的科学经典。为了区别于时下被广泛使用的"经典"一词，我们称之为"科学元典"。

我们这里所说的"经典"，不同于歌迷们所说的"经典"，也不同于表演艺术家们朗诵的"科学经典名篇"。受歌迷欢迎的流行歌曲属于"当代经典"，实际上是时尚的东西，其含义与我们所说的代表传统的经典恰恰相反。表演艺术家们朗诵的"科学经典名篇"多是表现科学家们的情感和生活态度的散文，甚至反映科学家生活的话剧台词，它们可能脍炙人口，是否属于人文领域里的经典姑且不论，但基本上没有科学内容。并非著名科学大师的一切言论或者是广为流传的作品都是科学经典。

这里所谓的科学元典，是指科学经典中最基本、最重要的著作，是在人类智识史和人类文明史上划时代的丰碑，是理性精神的载体，具有永恒的价值。

一

科学元典或者是一场深刻的科学革命的丰碑，或者是一个严密的科学体系的构架，或者是一个生机勃勃的科学领域的基石，或者是一座传播科学文明的灯塔。它们既是昔日科学成就的创造性总结，又是未来科学探索的理性依托。

哥白尼的《天体运行论》是人类历史上最具革命性的震撼心灵的著作，它向统治西方思想千余年的地心说发出了挑战，动摇了"正统宗教"学说的天文学基础。伽利略《关于托勒密和哥白尼两大世界体系的对话》以确凿的证据进一步论证了哥白尼学说，更直接地动摇了教会所庇护的托勒密学说。哈维的《心血运动论》以对人类躯体和心灵的双重关怀，满怀真挚的宗教情感，阐述了血液循环理论，推翻了同样统治西方思想千余年、被"正统宗教"所庇护的盖伦学说。笛卡儿的《几何》不仅创立了为后来诞生的微积分提供了工具的解析几何，而且折射出影响万世的思想方法论。牛顿的《自然哲学之数学原理》标志着 17 世纪科学革命的顶点，为后来的工业革命奠定了科学基础。分别以惠更斯的《光论》与牛顿的《光学》为代表的波动说与微粒说之间展开了长达 200 余年的论战。拉瓦锡在《化学基础论》中详尽论述了氧化理论，推翻了统治化学百余年之久的燃素理论，这一智识壮举被公认为历史上最自觉的科学革命。道尔顿的《化学哲学新体系》奠定了物质结构理论的基础，开创了科学中的新时代，使 19 世纪的化学家们有计划地向未知领域前进。傅立叶的《热的解析理论》以其对热传导问题的精湛处理，突破了牛顿的《自然哲学之数学原理》所规定的理论力学范围，开创了数学物理学的崭新领域。达尔文《物种起源》中的进化论思想不仅在生物学发展到分子水平的今天仍然是科学家们阐释的对象，而且 100 多年来几乎在科学、社会和人文的所有领域都在施展它有形和无形的影响。《基因论》揭示了孟德尔式遗传性状传递机理的物质基础，把生命科学推进到基因水平。爱因斯坦的《狭义与广义相对论浅说》和薛定谔的《关于波动力学的四次演讲》分别阐述了物质世界在高速和微观领域的运动规律，完全改变了自牛顿以来的世界观。魏格纳的《海陆的起源》提出了大陆漂移的猜想，为当代地球科学提供了新的发展基点。维纳的《控制论》揭示了控制系统的反馈过程，普里戈金的《从存在到演化》发现了系统可能从原来无序向新的有序态转化的机制，二者的思想在今天的影响已经远远超越了自然科学领域，影响到经济学、社会学、政治学等领域。

科学元典的永恒魅力令后人特别是后来的思想家为之倾倒。欧几里得的《几何原本》以手抄本形式流传了 1800 余年，又以印刷本用各种文字出了 1000 版以上。阿基米德写了大量的科学著作，达·芬奇把他当作偶像崇拜，热切搜求他的手稿。伽利略以他的继承人自居。莱布尼兹则说，了解他的人对后代杰出人物的成就就不会那么赞赏了。为捍卫《天体运行论》中的学说，布鲁诺被教会处以火刑。伽利略因为其《关于托勒密和哥白尼两大世界体系的对话》一书，遭教会的终身监禁，备受折磨。伽利略说吉尔伯特的《论磁》一书伟大得令人嫉妒。拉普拉斯说，牛顿的《自然哲学之数学原理》揭示了宇宙的最伟大定律，它将永远成为深邃智慧的纪念碑。拉瓦锡在他的《化学基础论》出版后 5 年被法国革命法庭处死，传说拉格朗日悲愤地说，砍掉这颗头颅只要一瞬间，再长出这样的头颅 100 年也不够。《化学哲学新体系》的作者道尔顿应邀访法，当他走进法国科学院会议厅时，院长和全体院士起立致敬，得到拿破仑未曾享有的殊荣。傅立叶在《热的解析理论》中阐述的强有力的数学工具深深影响了整个现代物理学，推动数学分析的发展达一个多世纪，麦克斯韦称赞该书是"一首美妙的诗"。当人们咒骂《物种起源》是"魔鬼的经典""禽兽的哲学"的时候，赫胥黎甘做"达尔文的斗犬"，挺身捍卫进化论，撰写了《进化论与伦理学》和《人类在自然界的位置》，阐发达尔文的学说。经过严复的译述，赫胥黎的著作成为维新领袖、辛亥精英、"五四"斗士改造中国的思想武器。爱因斯坦说法拉第在《电学实验研究》中论证的磁场和电场的思想是自牛顿以来物理学基础所经历的最深刻变化。

在科学元典里，有讲述不完的传奇故事，有颠覆思想的心智波涛，有激动人心的理性思考，有万世不竭的精神甘泉。

二

按照科学计量学先驱普赖斯等人的研究，现代科学文献在多数时间里呈指数增长趋势。现代科学界，相当多的科学文献发表之后，并没有任何人引用。就是一时被引用过的科学文献，很多没过多久就被新的文献所淹没了。科学注重的是创造出新的实在知识。从这个意义上说，科学是向前看的。但是，我们也可以看到，这么多文献被淹没，也表明划时代的科学文献数量是很少的。大多数科学元典不被现代科学文献所引用，那是因为其中的知识早已成为科学中无须证明的常识了。即使这样，科学经典也会因为其中思想的恒久意义，而像人文领域里的经典一样，具有永恒的阅读价值。于是，科学经典就被一编再编、一印再印。

早期诺贝尔奖得主奥斯特瓦尔德编的物理学和化学经典丛书"精密自然科学经典"从 1889 年开始出版，后来以"奥斯特瓦尔德经典著作"为名一直在编辑出版，有资料说目前已经出版了 250 余卷。祖德霍夫编辑的"医学经典"丛书从 1910 年就开始陆续出版了。也是这一年，蒸馏器俱乐部编辑出版了 20 卷"蒸馏器俱乐部再版本"丛书，丛书中全是化学经典，这个版本甚至被化学家在 20 世纪的科学刊物上发表的论文所引用。一般把 1789 年拉瓦锡的化学革命当作现代化学诞生的标志，把 1914 年爆发的第一次世界大战称为化学家之战。奈特把反映这个时期化学的重大进展的文章编成一卷，把这个时期的其他 9 部总结性化学著作各编为一卷，辑为 10 卷"1789—1914 年的化学发展"丛书，于 1998 年出版。像这样的某一科学领域的经典丛书还有很多很多。

科学领域里的经典，与人文领域里的经典一样，是经得起反复咀嚼的。两个领域里的经典一起，就可以勾勒出人类智识的发展轨迹。正因为如此，在发达国家出版的很多经典丛书中，就包含了这两个领域的重要著作。1924 年起，沃尔科特开始主编一套包括人文与科学两个领域的原始文献丛书。这个计划先后得到了美国哲学协会、美国科学促进会、美国科学史学会、美国人类学协会、美国数学协会、美国数学学会以及美国天文学学会的支持。1925 年，这套丛书中的《天文学原始文献》和《数学原始文献》出版，这两本书出版后的 25 年内市场情况一直很好。1950 年，沃尔科特把这套丛书中的科学经典部分发展成为"科学史原始文献"丛书出版。其中有《希腊科学原始文献》《中世纪科学原始文献》和《20 世纪（1900—1950 年）科学原始文献》，文艺复兴至 19 世纪则按科学学科（天文学、数学、物理学、地质学、动物生物学以及化学诸卷）编辑出版。约翰逊、米利肯和威瑟斯庞三人主编的"大师杰作丛书"中，包括了小尼德勒编的 3 卷"科学大师杰作"，后者于 1947 年初版，后来多次重印。

在综合性的经典丛书中，影响最为广泛的当推哈钦斯和艾德勒 1943 年开始主持编译的"西方世界伟大著作丛书"。这套书耗资 200 万美元，于 1952 年完成。丛书根据独创性、文献价值、历史地位和现存意义等标准，选择出 74 位西方历史文化巨人的 443 部作品，加上丛书导言和综合索引，辑为 54 卷，篇幅 2 500 万单词，共 32 000 页。丛书中收入不少科学著作。购买丛书的不仅有"大款"和学者，而且还有屠夫、面包师和烛台匠。迄 1965 年，丛书已重印 30 次左右，此后还多次重印，任何国家稍微像样的大学图书馆都将其列入必藏图书之列。这套丛书是 20 世纪上半叶在美国大学兴起而后扩展到全社会的经典著作研读运动的产物。这个时期，美国一些大学的寓所、校园和酒吧里都能听到学生讨论古典佳作的声音。有的大学要求学生必须深研 100 多部名著，甚至在教学中不得使用最新的实验设备，而是借助历史上的科学大师所使用的方法和仪器复制品去再现划时代的著名实验。至 20 世纪 40 年代末，美国举办古典名著学习班的城市达 300 个，学员 50 000 余众。

相比之下，国人眼中的经典，往往多指人文而少有科学。一部公元前 300 年左右古希腊人写就的《几何原本》，从 1592 年到 1605 年的 13 年间先后 3 次汉译而未果，经 17 世纪初和 19 世纪 50 年代的两次努力才分别译刊出全书来。近几百年来移译的西学典籍中，成系统者甚多，但皆系人文领域。汉译科学著作，多为应景之需，所见典籍寥若晨星。借 20 世纪 70 年代末举国欢庆"科学春天"到来之良机，有好尚者发出组译出版"自然科学世界名著丛书"的呼声，但最终结果却是好尚者抱憾而终。20 世纪 90 年代初出版的"科学名著文库"，虽使科学元典的汉译初见系统，但以 10 卷之小的容量投放于偌大的中国读书界，与具有悠久文化传统的泱泱大国实不相称。

我们不得不问：一个民族只重视人文经典而忽视科学经典，何以自立于当代世界民族之林呢？

三

科学元典是科学进一步发展的灯塔和坐标。它们标识的重大突破，往往导致的是常规科学的快速发展。在常规科学时期，人们发现的多数现象和提出的多数理论，都要用科学元典中的思想来解释。而在常规科学中发现的旧范型中看似不能得到解释的现象，其重要性往往也要通过与科学元典中的思想的比较显示出来。

在常规科学时期，不仅有专注于狭窄领域常规研究的科学家，也有一些从事着常规研究但又关注着科学基础、科学思想以及科学划时代变化的科学家。随着科学发展中发现的新现象，这些科学家的头脑里自然而然地就会浮现历史上相应的划时代成就。他们会对科学元典中的相应思想，重新加以诠释，以期从中得出对新现象的说明，并有可能产生新的理念。百余年来，达尔文在《物种起源》中提出的思想，被不同的人解读出不同的信息。古脊椎动物学、古人类学、进化生物学、遗传学、动物行为学、社会生物学等领域的几乎所有重大发现，都要拿出来与《物种起源》中的思想进行比较和说明。玻尔在揭示氢光谱的结构时，提出的原子结构就类似于哥白尼等人的太阳系模型。现代量子力学揭示的微观物质的波粒二象性，就是对光的波粒二象性的拓展，而爱因斯坦揭示的光的波粒二象性就是在光的波动说和微粒说的基础上，针对光电效应，提出的全新理论。而正是与光的波动说和微粒说二者的困难的比较，我们才可以看出光的波粒二象性学说的意义。可以说，科学元典是时读时新的。

除了具体的科学思想之外，科学元典还以其方法学上的创造性而彪炳史册。这些方法学思想，永远值得后人学习和研究。当代诸多研究人的创造性的前沿领域，如认知心理学、科学哲学、人工智能、认知科学等，都涉及对科学大师的研究方法的研究。一些科学史学家以科学元典为基点，把触角延伸到科学家的信件、实验室记录、所属机构的档案等原始材料中去，揭示出许多新的历史现象。近二十多年兴起的机器发现，首先就是对科学史学家提供的材料，编制程序，在机器中重新做出历史上的伟大发现。借助于人工智能手段，人们已经在机器上重新发现了波义耳定律、开普勒行星运动第三定律，提出了燃素理论。萨伽德甚至用机器研究科学理论的竞争与接受，系统研究了拉瓦锡氧化理论、达尔文进化学说、魏格纳大陆漂移说、哥白尼日心说、牛顿力学、爱因斯坦相对论、量子论以及心理学中的行为主义和认知主义形成的革命过程和接受过程。

除了这些对于科学元典标识的重大科学成就中的创造力的研究之外，人们还曾经大规模地把这些成就的创造过程运用于基础教育之中。美国几十年前兴起的发现法教学，就是在这方面的尝试。近二十多年来，兴起了基础教育改革的全球浪潮，其目标就是提高学生的科学素养，改变片面灌输科学知识的状况。其中的一个重要举措，就是在教学中加强科学探究过程的理解和训练。因为，单就科学本身而言，它不仅外化为工艺、流程、技术及其产物等器物形态，直接表现为概念、定律和理论等知识形态，更深蕴于其特有的思想、观念和方法等精神形态之中。没有人怀疑，我们通过阅读今天的教科书就可以方便地学到科学元典著作中的科学知识，而且由于科学的进步，我们从现代教科书上所学的知识甚至比经典著作中的更完善。但是，教科书所提供的只是结晶状态的凝固知识，而科学本是历史的、创造的、流动的，在这历史、创造和流动过程之中，一些东西蒸发了，另一些东西积淀了，只有科学思想、科学观念和科学方法保持着永恒的活力。

然而，遗憾的是，我们的基础教育课本和科普读物中讲的许多科学史故事不少都是误讹相传的东西。比如，把血液循环的发现归于哈维，指责道尔顿提出二元化合物的元素原子数最简比是当时的错误，讲伽利略在比萨斜塔上做过落体实验，宣称牛顿提出了牛顿定律的诸数学表达式，等等。好像科学史就像网络上传播的八卦那样简单和耸人听闻。为避免这样的误讹，我们不妨读一读科学元典，看看历史上的伟人当时到底是如何思考的。

现在，我们的大学正处在席卷全球的通识教育浪潮之中。就我的理解，通识教育固然要对理工农医专业的学生开设一些人文社会科学的导论性课程，要对人文社会科学专业的学生开设一些理工农医的导论性课程，但是，我们也可以考虑适当跳出专与博、文与理的关系的思考路数，对所有专业的学生开设一些真正通而识之的综合性课程，或者倡导这样的阅读活动、讨论活动、交流活动甚至跨学科的研究活动，发掘文化遗产、分享古典智慧、继承高雅传统，把经典与前沿、传统与现代、创造与继承、现实与永恒等事关全民素质、民族命运和世界使命的问题联合起来进行思索。

我们面对不朽的理性群碑，也就是面对永恒的科学灵魂。在这些灵魂面前，我们不是要顶礼膜拜，而是要认真研习解读，读出历史的价值，读出时代的精神，把握科学的灵魂。我们要不断吸取深蕴其中的科学精神、科学思想和科学方法，并使之成为推动我们前进的伟大精神力量。

任定成

2005 年 8 月 6 日

北京大学承泽园迪吉轩

赫胥黎（Thomas Henry Huxley，1825—1895），英国科学家、思想家、教育家、演说家。

← 伊林镇政府大楼

1825年5月4日，赫胥黎生于英国苏赛克斯郡（Sussex）的一个小镇——伊林（Ealing）。

→ 伊林学校

赫胥黎的父亲是伊林学校（Ealing School）的一名数学老师。赫胥黎8岁时进入该校读书，但是仅仅读了2年，就因为英国经济萧条，学校被迫关闭，赫胥黎便辍学了。

赫顿（James Hutton，1726—1797）

辍学后的赫胥黎开始自学，他阅读赫顿和卡莱尔的地质学，十几岁开始自学德文、拉丁文和希腊文。赫胥黎晚年时说："我受到的学校正规教育极其短暂，这恐怕是一件值得庆幸的事。"

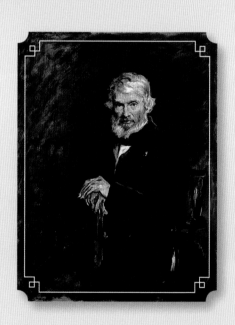

卡莱尔（Thomas Carlyle，1795—1881）

赫胥黎17岁时，阅读了卡莱尔的历史著作《过去与现在》，受到了很大的影响。因此，他在晚年时回忆说："表里一致，不要任何虚夸和假象。这就是我从卡莱尔的书中所得到的教训，他紧紧地跟随了我一生。"

← 印有锡德纳姆学院（Sydenham College）的邮票

赫胥黎早年的志向是当一名机械工程师，但受家庭和两个学医的姐夫的影响，他转向医学。在14岁时，赫胥黎参加了一次尸体解剖，不幸中毒，这种病痛折磨了他半个多世纪。正如他本人所说，这是他一生中最不幸的事。赫胥黎16岁时进入锡德纳姆学院学习解剖学。

→ 查林·克劳斯医学院（Charing Cross Hospital Medical School）

1842年，17岁的赫胥黎在此获得奖学金，正式开始学习医学。

↓ 1838年的英国皇家学院（The Royal Institution）

赫胥黎的第一位良师——琼斯（Thomas Wharton Jones，1808—1891)——是英国皇家学院著名的生理学教授。在琼斯的引导下，赫胥黎对生理学和解剖学产生了浓厚兴趣。

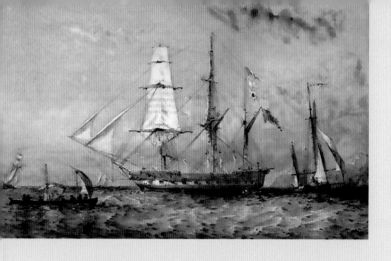

← 响尾蛇号（HMS Rattlesnake）

1846—1850年，赫胥黎以助理外科医生的身份随"响尾蛇号"轮船赴澳大利亚进行科学考察。

← "响尾蛇号"船标。

↓ 赫胥黎在"响尾蛇号"上的留影。

↑ 赫胥黎夫人

"响尾蛇号"的远航还使赫胥黎找到了爱情。在悉尼，他遇到了希索恩（Henrietta Anne Heathorn）小姐，两人于1855年7月结婚。

←赫胥黎20岁自画像（1845年）

赫胥黎在青少年时期就表现出在绘画方面的天赋，尽管没有受过任何训练，但后来他在自己的著作中画了许多精美的插图。

↑ 赫胥黎在"响尾蛇号"上的素描

赫胥黎生性热情，具有敏锐的观察力。这些特质在其素描里也得到了很好的体现。

↑ 赫胥黎在"响尾蛇号"上的自画像（1847年）

此时赫胥黎住在狭窄、潮湿的船舱里，蟑螂将他的书当做美餐。他孜孜不倦地用功，只靠着希望的支持。这被后人当成一个关于勇气、坚韧和百折不挠的求知志向的例子。

← 赫胥黎坚信只有事实才可以作为说明问题的根据，所以在随船到澳大利亚、新几内亚考察的过程中，赫胥黎认真地做着制图、测量、采访等工作。这幅画表现了赫胥黎正在与澳大利亚土著交谈。

← 路易西亚德群岛（Louisiade Archipelago）上的小木屋（赫胥黎 画）

→ 新几内亚（New Guinea）的一个村庄（赫胥黎 画）

赫胥黎在"响尾蛇号"的航行中，做了有细致插图和说明的观察记录，这本记录引导他后来成为19世纪一位成功的科学家。

↑ 澳大利亚原著人的生活情景（赫胥黎 画）

远航归来的第二年（1851年），赫胥黎当选为英国皇家学会会员。此时，赫胥黎已经进入英国第一流科学家之列，成为最有希望的年轻科学家。因此，他后来在《自传》中写道："对于我获得经验和提供科学研究工作的机会来说，远航是极为重要的事情"。

↑ 皇家矿业学院

1854年，赫胥黎担任皇家矿业学院的博物学教授。这是赫胥黎从事教育工作的开始。他的讲课生动活泼，且有严密的逻辑性，从而赢得了学生的广泛好评。

↑ 1855—1858年，1865—1867年，赫胥黎两度担任皇家学院"富勒讲座"的生理学教授。图为1856年皇家学院的圣诞节讲座。

After a Water-Colour Sketch by R.

← 1872年赫胥黎在伦敦的寓所。

↑ 伊斯特本（Eastbourne）一角

　　1889年，赫胥黎从伦敦迁居到苏赛克斯郡的伊斯特本，并在此撰写了自传。

→ 赫胥黎在伊斯特本的书房里。

← 赫胥黎在伊斯特本的家。

目 录

导　读

陈蓉霞

（上海师范大学　教授）

· Introduction to Chinese Version ·

　　对赫胥黎来说，新时代需要一种新的意识形态，传统的自然哲学或神学都应该被取而代之，而达尔文进化论正是一种合适的替代体系。它可以取代宗教，回答关于物种、人类的起源问题，阐明人类在自然界的位置，从此神意、启示不再有效。于是，在赫胥黎的心目中，进化论差不多成了一种世俗宗教，一种现代的形而上学，而这种取代恰与现代文明的走向一致。赫胥黎以传教士般的热忱，承担起这一世俗宗教的传教使命，利用各种机会、场合，如工厂的车间、公共论坛、科学及其他协会，以及杂志报纸等出版物，来宣扬进化论，让达尔文的名字走进千家万户。

一、赫胥黎这个人

托马斯·赫胥黎(T. H. Huxley,1825—1895),英国博物学家,教育学家,并以"达尔文的斗犬"而闻名,这就是说,他的英名与达尔文理论密切相关。要知道,在人类的文明史上,真正原创性的思想(如达尔文理论)可谓凤毛麟角,动辄就自以为提出了原创性见解的论文只不过是在那里自说自话而已,正因如此,那些为原创性思想的诞生铺垫基础、鸣锣开道的人物同样值得我们的记取和尊重。赫胥黎正是这样一位为进化论的成长和获得广泛认同而奔走呼号、鸣锣开道的人物。与此同时,赫胥黎还是一位不可多得的教育学家。这主要体现在,他积极投入当时的教育事业,尤其是科学教育,在各种场合向公众讲解生物学理论。本书除前三章(论述人和动物的关系)之外,其余大多是赫胥黎的演讲集,内容生动通俗,从中可以窥见赫胥黎的演讲风格。

1825 年 5 月 4 日,赫胥黎出生于英国的一个乡村小镇伊林(Ealing)。他的父亲乔治·赫胥黎(George Huxley)是私立伊林学校的算术教师;母亲雷切尔·怀特斯(Rachel Whiters)尽管学识不多却富有见解。赫胥黎在《自传》中如此写到双亲对自己的影响:"从体质和智力上来说,我是我母亲的儿子⋯⋯我几乎找不到父亲在我身上留下的痕迹,除了那种天生的绘画能力⋯⋯一种急躁的脾气,以及一种追求目的的坚忍性(不友好的人们有时称之为固执)。"[①]赫胥黎后来强调妇女接受教育的重要性,恐怕在某种程度上也与母亲的影响有关。

由于父亲担任伊林学校的教师,近水楼台先得月,赫胥黎 8 岁即进入该校读书。但好景不长,两年后,因为学校财政拮据,父亲失业,赫胥黎随之也就结束了学校生涯。但后来赫胥黎对此的回忆却是:"我进学校是我所知道的最糟糕的事情。"[②]也许正是这段不成功的求学经历,给赫胥黎一生都留下了深刻的烙印。成年后,他致力于教育事业的改革,就是为了让学生受到最好的教育,以免重蹈他的覆辙。

尽管没有受过系统正规的教育,但少年时代的赫胥黎已表现出强烈的求知欲望,常常是就着烛光读书,直到被父母催促上床为止。作为一个男孩,他当时的愿望是成为一名机械工程师。但阴错阳差,15 岁时,他跟随从医的姐夫学医,从此与生物学结下了不解之缘。1842 年 9 月,赫胥黎获得奖学金,进入查林·克劳斯(Charing Cross)医学院接受医学训练,这是他第二次得到正规学校教育的机会。在这里,他被琼斯(T. W. Jones,

---

◀ 自 19 世纪 50 年代后期起,赫胥黎开始对脊椎动物胚胎学进行详尽研究,其成果体现在 1858 年于皇家学会开设的一个讲座上——"论脊椎动物头骨理论"。(见本书导读部分第 4 页。)

---

① 转引自单中惠,"赫胥黎与近代科学教育的发展",见《科学与教育》,托马斯·赫胥黎著,单中惠、平波译,人民教育出版社,2005。

② 同上。

1808—1891)教授的生理学课程深深吸引,正是在琼斯的鼓励下,赫胥黎完成了生平第一篇学术论文,发现一种细胞层,位于毛发的根鞘。1845 年,他通过伦敦大学的 M. B. 考试,不久成为皇家外科学院成员。随后他申请加入皇家海军,并在那里服务。

如达尔文一样,赫胥黎也有过航海经历,不过他是以随船医生而非博物学家的身份。但正是四年的航海生涯使他的兴趣从医学转向动物学。在船上他能用的设备相当简单,无非也就是显微镜和采集网,这种限制对他来说也许还是种运气呢,于是,他专注于海上浮游生物的研究,通过详尽的解剖以及在澳大利亚悉尼图书馆的文献检索,赫胥黎对这些小生物进行了分类工作,在此基础上,他提交数篇论文给林耐学会,但未引起反响。1849 年,他完成了一篇较大的论文递交给皇家学会,题目是"论水母科的解剖学和相似关系"。当他航海回来时,这些论文都已发表,为此,他被选为皇家学会会员,这标志着赫胥黎的工作已被学术界认可,他的学术生涯就此步入正轨。

1850 年航海归来后,赫胥黎的研究工作主要集中于他在航海期间收集到的大量标本上。在对这些海洋生物进行详尽解剖的基础上,他对其中的"原型"结构尤为关注。对水母的研究使他发现,该类生物可分为内外两层膜,没有血液和血管,神经系统的存在也是可疑的。然后他又把水母与水螅相联系,发现它们都具有类似的结构。这就是比较解剖学研究中所谓的原型构造,比如,在脊椎动物中,鱼类的鳍、鸟类的翅膀、哺乳类的四肢,在骨骼的构造上也存在着相似性,这种相似性仅在达尔文的理论中才得到了解释,亦即这正是它们来自共同祖先的证据。当然,此时的赫胥黎只是捕捉到了这一现象的存在,当然不可能对此作出深刻的评价。但他后来研究的重点一直放在通过比较解剖学的方法来确定某类动物中存在的相似性,以发现某种原型构造。在赫胥黎看来,在一类动物体中,不存在从低级向高级的演化趋势,其间只不过是"某种类型或多或少完全的展现(evolution)而已"。注意,赫胥黎在此用了"evolution",但它并不是如今常用的"进化"含义,而是它的原义,即"展现"。

1854 年,赫胥黎成为地质勘探部门的专职博物学家,此时他不仅有了一个科学职务,而且还有了一份稳定的薪水,于是,他成家了。由此可见,对一个西方男人来说,大多是先立业再成家,一旦成家,就意味着他必须独立承担自己家庭的所有开支,而不是依赖父母。赫胥黎的未婚妻是他于 1847 年在悉尼认识的,1849 年确立关系后他们没有再见面,一直到 1855 年她来伦敦结婚。他们的儿子伦纳多(Leonard Huxley,1860—1933),一位著名的教师和作家,生有三个儿子:他们分别是朱利安·赫胥黎(Julian Huxley,1887—1975),一位生物学家,像他祖父一样,投身于进化论事业;奥尔德斯·赫胥黎(Aldous Huxley,1894—1963),一位作家,写有著名的科幻作品《美丽新世界》;安德鲁·赫胥黎(Hndrew Huxley,1917—   ),一位生理学家。这些赫胥黎们,都是英国学术界的名人,所以,对他们的名字一定不能弄混了。

再来说眼下的赫胥黎,得到这一职位后,他不得不转向过去不够熟悉的脊椎动物领域,因为地质界更多涉及脊椎动物的化石。不久,他就深深投入古生物学和地质学方面的研究。自 19 世纪 50 年代后期起,赫胥黎开始对脊椎动物胚胎学进行详尽研究,其成果体现在 1858 年于皇家学会开设的一个讲座上——"论脊椎动物头骨理论"。在此,赫胥黎对于形态学的重要贡献即表现在他的这一立论上,亦即,要证明同源结构,仅比较成年动物的结构是不够的,必须与不同结构在胚胎发育期间的特征结合起来才有更强的说服力。其实在论述人类的起源时,赫胥黎就充分运用了这一方法。

从赫胥黎的学术生涯中,我们看到,作为一名博物学家,他在比较解剖学领域颇有建树,他揭示了在同类的不同动物体中普遍存在的结构上的"同型"现象,这对分类学来说是一个重要的依据,这种同型或同构现象,在达尔文理论提出之前,人们通常把它理解为体现了上帝的创世计划,各种生物位于创世计划的不同位置上,故具有这种可比性。对赫胥黎来说,他不能接受上帝创世的神学教义;同时,他也反对物种可变说,因为不同类动物之间的巨大差异使他看不到转变的可能性。

就在这时,赫胥黎读到了达尔文的《物种起源》。在该书交付出版之前,达尔文先将手稿拿给三位学者阅读,以期尽早听到不同的反应,赫胥黎就是其中的一位,另两位是地质学家莱伊尔(Charles Lyell,1797—1875)和植物学家胡克(Joseph Dalton Hooker,1817—1911),他们都是达尔文的亲密伙伴,相对而言,此时的赫胥黎倒是与达尔文尚未建立起密切的私交。可见作为博物学家,赫胥黎已有相当的知名度,否则他不可能成为达尔文选中的对象。是的,赫胥黎不愧是一名有眼光的博物学家,读完《物种起源》,他立刻全盘接受了达尔文的理论,迅速由一名非进化论者转变成忠实的达尔文主义者,自那以后,他们就建立起密切的联系。

1859 年 11 月 23 日,赫胥黎在写给达尔文的信中说道,自从读过贝尔(Charles Bell,1774—1842,比较胚胎学家)的著作以后,他再也没有读到过这样一部给他留下深刻印象的作品了。同时他还提醒达尔文,接下来他也许会遭到各种谩骂,不过对此,赫胥黎已摩拳擦掌,作好迎战的准备。赫胥黎就此成为达尔文主义的斗犬。一场著名的辩论确实爆发了,那是在 1860 年的 6 月 30 日,他与当时的牛津大学主教威尔伯福斯(Samuel Wilberforce,1805—1873)交战。据说在辩论中,大主教曾以如此嘲讽的口气问道,与猴子有亲缘关系的,究竟是赫胥黎的祖父一方,还是祖母一方? 语气之尖刻,据说令在场的那些弱不禁风的小姐们差点晕了过去。对此,赫胥黎却平静地回答,他并不以自己祖父或祖母一方是来自猴子的后裔而感到羞愧,相反,若祖先中有这样的人,狂妄自负,在自己不熟悉的领域说三道四,横加指责,他将为此感到羞愧。赫胥黎的这一机智应答一直为人们所传颂。这就是西方特有的辩论术,一方面,它需要论辩者具有一种快捷机智的应答技巧;另一方面,它又与论辩者深厚的知识功底密不可分。在这场关于进化问题的辩论上,威尔伯福斯之所以输得一败涂地,绝不仅仅因为赫胥黎的能说会辩,更在于,他在这一领域确实是个外行,据说在论辩之前,他曾临时抱佛脚,恶补博物学方面的有关知识,然而,他哪里会是博物学专家赫胥黎的对手,以致在辩论中,他错误百出! 威尔伯福斯输就输在他过于自负,恰如赫胥黎所指责的那样。也许令威尔伯福斯始料不及的是,正是他的自负,成就了赫胥黎的名声。在这之前,赫胥黎只是一个为学术界看好的博物学家;在这之后,他却成了大众心目中家喻户晓的人物。

一个值得讨论的问题是,为何赫胥黎如此迅速地转向达尔文理论? 也许有两个原因。首先,作为一名博物学家,赫胥黎对这方面的材料可说是烂熟于心,比如,同型结构的存在就是一种突出的现象。对此,赫胥黎自己从未有过确切的解释。然而,当他一接触达尔文理论,所有的现象顿时有了一种顺理成章的解释,这就是生物的共同由来说,正是依据于此,不同的生物之间彼此有了一种血缘上的关系,其表现就是某种同源结构的存在。当然,赫胥黎心悦诚服地认同了这种解释。用他的话来说,"达尔文先生的假说同生物学上所有已知的事实都是符合的"。

其次,正如我们上面所提及的,对于同型结构,上帝的创世说也是一种解释,但赫胥黎不能认同这一解释,因为他是一个自然主义者。这就意味着,他只能信服从自然层面引出的解释或机理。而达尔文提出的自然选择机理恰恰就不再需要上帝的插手或干预。从西方历史上的情况来看,科学的出现开始曾得益于宗教的帮助,这是因为在很大程度上,宗教不仅为科学研究事业提供了一种极其纯正高贵的动机,用伽利略的话来说,上帝的作品有两部:一部是《圣经》,一部是自然界。相比较而言,自然界倒是上帝的直接作品,故研究自然就是接近上帝的可靠途径。宗教还为科学提供了一个可理解的自然,既然大自然是上帝的作品,以上帝的智慧仁慈,他不仅赋予自然界以理性的规律,而且他还把理解这种规律的能力赋予了人类。在此意义上,近代的科学家也个个都是出色的自然神学家。牛顿后期潜心研究《圣经》,当他把太阳系的初始运动归之于上帝的第一推动时,这不仅仅是他当时能力有限的体现,同时也正是他的宗教信念的完美体现。

然而,随着科学的逐渐成熟,它的羽翼日益丰满,于是,如牛顿这样随意引用神的第一推动来解释未知现象的作法开始令科学家感到不满。在科学中只能运用"自然的"而非"超自然的"解释,这种信念日益得到科学家们的认同,而达尔文的自然选择理论也正是对后一信念的完美体现。在达尔文之前,由于生命现象的极其精致复杂,以致自然神学的解释大行其道,亦即将生命体在结构和功能上的有序归之于上帝的智慧。然而,自然选择理论却使得上帝在生命界不再有用武之地,因为这种有序精致通过自然选择这一自发、随机的力量即能达到。因而正是在达尔文以后,科学家和神学家一致认同,上帝不能用来作为弥补缺口的工具,科学现象只能寻求自然原因的解释。赫胥黎也正是在此意义上认同自然选择机制,尽管他同时也认为该机制因还有未经证实之处,如中间类型化石的难以发现等,故它还不能说是一个严格的科学理论,而只能是一种假说。

如前所述,赫胥黎不只是一个学院里的纯科学家,他还有另一重身份,那就是热心于社会改革的教育家。在 19 世纪的 60 年代,尽管英国已是称霸世界的头号帝国,但在赫胥黎等社会改革家看来,它的社会状况仍有许多不尽如人意之处。例如,在医学界,江湖郎中依然走俏,城市急需卫生、住房、交通等方面的改善,大量的人群还未受到教育,城市管理还未受法律制约,大学课程中充满陈旧的内容,等等。因为赫胥黎的职业是一名科学家,故而他就尝试从自己的领域先行做起,那就是首先实施课程改革,尤其是生理学、医学方面的课程。正是在教育学的意义上,赫胥黎尤为看好进化理论,因为它能带来巨大的社会影响。

对赫胥黎来说,新时代需要一种新的意识形态,传统的自然哲学或神学都应该被取而代之,而达尔文进化论正是一种合适的替代体系。它可以取代宗教,回答关于物种、人类的起源问题,阐明人类在自然界的位置,从此神意、启示不再有效。于是,在赫胥黎的心目中,进化论差不多成了一种世俗宗教,一种现代的形而上学,而这种取代恰与现代文明的走向一致。因为随着现代科学和技术的兴起,整个西方文明正在日益走向世俗化的轨道。技术让我们的生活日益轻松高效；科学则让我们的思想日益独立自由，不再受制于传统宗教的束缚。赫胥黎以传教士般的热忱，承担起这一世俗宗教的传教使命，利用各种机会、场合，如工厂的车间、公共论坛、科学及其他协会，以及杂志报纸等出版物，来宣扬进化论，让达尔文的名字走进千家万户。

二、本书结构与背景

本书主要由两大部分内容构成。前面三章是赫胥黎的学术论文，内容有关人类与动物的关系，亦即讨论人类在自然界的位置；后面主要是赫胥黎的演讲集。

就人类的由来这一话题，有必要先来回顾一下达尔文的《物种起源》。该书出版于1859年，首版的1250册在当天即告售罄。要知道，这是一部严肃的博物学著作，可不是什么侦探或言情类的大众读物，它讨论的是关于生物界中的物种何以由来的问题，但为何这一题目如此吸引西方读者的眼球？这就得说到基督教文化。在西方，《圣经》是一本家喻户晓的读物，根据《圣经·创世纪》中的说法，宇宙万物为上帝所创，其中包括形形色色的物种，如老虎、狮子、猫，还有松树、向日葵等，当然，人类自身也是上帝的造物，由此可见，一个井然有序、生机勃勃的自然界，恰恰体现了上帝的智慧。但达尔文在他的《物种起源》中，却推翻了这一神圣的信念，他告诉世人，物种不是由神的力量所创，它们是通过一种自然的原因，即"自然选择"，逐渐从某个共同的祖先演化而来。当然，达尔文绝不是在那里自说自话，他有着大量的观察事实，其间还有严谨的推理，由此得到的结论其分量自然不容小觑。

然而，问题的重要性在于，对物种神创说的认同正是当时西方人信仰的根基所在，而达尔文的理论对这一信念可说是来了个釜底抽薪，难怪物种起源问题备受读者关注，其中有专家学者，也有各阶层的大众。若达尔文的理论确实能够成立，那么，上帝的地位该如何看待？至少，它在自然界中似乎无事可做了。还有一个更为敏感的问题，就是人类的起源。人也是生物界中的一个物种，这已是定论。根据林奈（Carl Linnaeus，1707—1778）的分类体系，人属于"哺乳动物纲、灵长目、人科、人属、智人种"。若说物种通过自然选择这一机制分化而来，那么，人作为自然界中的一个物种，它是否也通过自然选择这一机制从与其最相近的动物祖先分化而来？这样的推论在逻辑上顺理成章、毫无问题，达尔文在《物种起源》的最后确实如此暗示：人类的起源和历史也将由此得到许多启示。不过就人类的起源问题，达尔文在这里仅仅是点到为止，他明智地收笔了，原因在于，鉴于这一命题的高度敏感性，他必须等待，以便收集到足够多的资料，才进入这一领域。

在人类的起源问题上，与达尔文同时提出"自然选择"理论的博物学家华莱士（A. R. Wallace，1823—1913）却持有不同的看法。在华莱士看来，人类的起源不可能通过自然选择这一机制。原因在于，人拥有的能力远远超出于动物，比如，我们有高度发达的智力、语言、道德心，还有宗教情感，等等，这些都足以表明，人与动物有着一道不可逾越的界线，自然选择机制用于人类身上就难以生效。何以见得？举例来说，由自然选择得到的适应性状都是为生存所必需的能力，如兔子的敏捷机警，老虎的凶残威猛。然而，如艺术、数学等这样的能力,对于一个野蛮人来说,有何实际意义?用华莱士的话来说,"自然选择只能为野蛮人奉献一个略优于类人猿的大脑,但事实上他却拥有一个仅仅略逊于哲学家的大脑"。具体说来,如霍金(S. W. Hawking,1942—)在轮椅上计算宇宙黑洞的那种数学能力,对于人类的实际生存来说,有何意义?然而事实却是,人类拥有这种非同寻常、无与伦比的天赋。于是,华莱士的结论就是,人尽管是生物界中的一个物种,但它不同于所有动物,它却是上帝所创!自然定律在人类身上不再有效,人类的神圣高贵由此得以体现。西方人的宗教情感从中似乎还能有所寄托。

三、前半部分导读

赫胥黎的作品《人类在自然界的位置》(1863)正是在此背景下推出。作者的立场十分明确,他不仅拥护达尔文的进化理论,而且他毫不犹豫地从中推论,人类正是、也只能是,进化的产物。本书前面三章的内容即是对此推理的论证。它们分别是"类人猿的自然史"、"人类和次于人的动物的关系"和"论几种人类化石"。在此我们重点对前两章内容进行点评。

第一部分是对类人猿的描述,其中还包括对类人猿发现史的梳理。根据林耐的分类体系,与人最接近的动物要数灵长类,尤其是其中的类人猿,如猩猩、黑猩猩、长臂猿等,它们原产于非洲、南亚等地,就算是林耐,正是他以灵长目来命名人类和人类的这些近亲们,却也无缘亲眼见过它们。据赫胥黎的考证,关于类人猿最早的记载,见于1598年出版的《刚果王国实况记》中,该书的相关资料来自于一名葡萄牙水手的笔记,书中还有插图。后来陆续有这方面的材料问世,依然取材于某些探险归来的欧洲水手,他们描述了生活于非洲的类人猿的种种行为和形象,其中一个细节值得一提:"翌晨人们离去后,许多庞戈(指猿类)就来围火而坐,一直到篝火熄灭,可见它们不懂得添加薪木。"这真是重要的一笔,提醒我们如何保存火种正是人类特有的智慧,构成了人与猿的分界线。

一直到1641年,欧洲人才有幸在本土得以见到类人猿,那是一只年幼的黑猩猩。对黑猩猩的科学研究始于1699年,那是博物学家泰森的工作,他指出了黑猩猩像人的地方,同时也指出了它像猿猴的地方,得出的结论是,"这种动物有好些地方比类人猿和我所知道的世界上的任何兽类更与人相似,但决非人和兽的杂种——它是一种兽类的后裔,类人猿里面一个特殊的种"。林耐对灵长目的分类,正是基于前人的这些开创性工作,尽管他本人没有亲自观察过类人猿。18世纪的另一位博物学家布丰(Georges Louis Leclere de Buffon,1707—1788)则要比林耐幸运得多,他不仅有一个难得的机会研究一个活的幼年黑猩猩,而且还得到了一个已成年的亚洲类人猿,他管它叫做"长臂猿"。

在这以后,欧洲的博物学家对类人猿的研究取得了长足的进展。正是在此基础上,赫胥黎对类人猿的解剖学构造、行为习性又进行了细致的描述和整理,尤其是对其行为习性的描述,读来生动有趣。比如,说到黑猩猩,"最初它拒绝吃肉,后来却很容易地养成对于肉的嗜好"。从中我们或许得以窥见人的食性的演化。人类的祖先最初必定是吃素的,但我们却很容易养成对于肉的嗜好。这就有了两重性,一方面,肉食的加入对于人类的进化曾起到过关键性的作用,它使得我们食物中的蛋白质含量大大丰富,这尤其有益于大脑的进化;但另一方面,过多的肉食又平添了我们许多的烦恼,肥胖、高血脂等,这些烦恼在真正的食肉动物,如老虎、狮子那儿是不存在的。这就是进化中常常出现的鱼和熊掌不可兼得的难题。

第二部分讨论人类和次于人的动物的关系。赫胥黎的观点在此得到集中深刻的表达。在他看来,我们人类的种族是从哪里来的? 我们人类制服自然和自然制服我们人类的力量范围有多大? 我们人类要达到的最终目的又是什么? 诸如此类的问题,经常出现在人们面前,并且给每个生长在世界上的人以无穷的乐趣。囿于种种原因,对于答案的寻求曾迷雾重重,但现在,赫胥黎却尝试基于已有的科学知识,采用通俗明白的语言,来回答关于人类在自然界的位置这一问题,他相信他的结论是正确的。

首先,赫胥黎基于发生学的事实,即生物在最初发生时,具有和其长成后不同的、比较简单的形式。比如,每一个体起初都来自于一个单细胞的受精卵,毛虫比卵复杂,蝴蝶又要比毛虫复杂。成年后的青蛙在形体上也要比在水里游动的蝌蚪更复杂。赫胥黎以狗的胚胎发育作为例子,说明所有的哺乳动物都有相似的胚胎发育期。而且,亲缘关系越近的物种,它们的这种相似程度就越大。例如,蛇和蜥蜴的胚胎彼此类似的时期,就要比蛇和鸟的胚胎类似期更长。于是,对于发生学的追溯,就有助于确定动物在构造上的亲缘关系的密切程度。

自然我们就会问,那么人类在发生学上处于何种地位呢? 胚胎学的研究告诉我们,人的胚胎发育相似程度与猿最为接近。这就是人与猿具有更近亲缘关系的证据。

接下来,赫胥黎又着重以大猩猩作为对象,比较人类在解剖结构上与大猩猩的异同,同时还将大猩猩与其他的猿类进行比较。以臂为例,可以发现,大猩猩的臂要比人类长得多,但长臂猿的臂和腿都要更长,就四肢的比例而言,大猩猩同人有差异,但其他猴类同大猩猩的差异要更大。现在生物学上对"智人种"的定义之一,就是手臂长不过膝,古书上所记载的"关羽手长过膝",原本是人们对心目中英雄的一种神化,但以如今生物学的标准来衡量,关羽倒是更接近于猿类了。

或许再也没有比头骨的构造更能说明问题的了,因为人的所谓高贵无非就在于他的大脑。但解剖学事实却是这样告诉我们,人类不同种族颅腔容积之间的差别,在绝对量上,要比人的最小脑量同猿的最大脑量之间的差别更大,虽然在相对量上,则大致相同。因而结论就有些令人大跌眼镜:人类个体彼此间的差别要比人类同猿类之间的差别更大! 这其实意味着,颅腔的绝对容量与智力的高低没有绝对的对应关系。曾有种族主义者在这点上大做文章,暗示白人的脑容量更大,可见这是多么荒唐的说辞。还有人对科学家的大脑特别感兴趣,似乎其中蕴藏着创造力的奥秘,显然这也是一种误入歧途的看法。

比脑颅容量更细致的结构是大脑皮层的沟回。值得指出的是,大脑沟回的复杂程度确实对应了进化的不同阶段。从绢毛猴的几乎平滑的脑,到比人类只稍低一些的猩猩和黑猩猩的脑,一个极其显著的现象是,当大脑皮层上全部主要的沟回出现时,其排列方式同人脑上相应的沟回是一致的。可见人类的大脑正是由这些动物演化而来。

从中赫胥黎得出的结论是:人与黑猩猩或猩猩的差别比后者与猴类的差别还要小,

人脑和黑猩猩之间的差别与黑猩猩脑和狐猴脑之间的差别相比,几乎是微不足道的。此外,在所有的器官系统上,比较后的结论均是:人与黑猩猩在构造上的差异要小于后者与其他猿类的差异。这几乎意味着,黑猩猩更接近于人类而不是猿猴类!

如此说来,人类与黑猩猩,广义地说,也就是与动物之间的界限,是否就不存在了?对此,赫胥黎的态度是极其明朗的,他强调指出:人和猿的区别是相当大的,在大猩猩的每一块骨头上,都可以找到和人的相应的骨头之间的区别;更为重要的是,在人与黑猩猩之间,还没有找到一个中间类型。当然,在大猩猩和猩猩之间,或猩猩和长臂猿之间,也未找到中间类型。这就是物种的相对独立性和稳定性。但这绝不意味着,物种之间就不存在着进化起源上的关系,亦即亲缘关系。在赫胥黎看来,要解释物种何以能够从一个祖先物种进化为另一个物种,比如,会飞的鸟类实则起源于地上的爬行类,这其实也就是物种的起源问题,最好的理论莫过于达尔文的自然选择机制,它足以用来说明包括人类在内的生物物种的起源,具体地说来,人类是通过自然选择的机制源于其动物祖先。

正是这一推论足以引起当时人们情感上的巨大震撼。请听来自各方的叫喊声:"我们是男人和女人,而不是仅仅高明些的一种猿类,我们的腿要比你的那些粗野的黑猩猩和大猩猩的腿长一些,脚更结实一些,脑子更大一些。不管它们看来是如何同我们近似,但是知识的力量、善与恶的意识、人类感情中的怜悯之心,都使我们超越于一切兽类伙伴之上。"

这样的叫喊声是否出自于理性的思考?深入想一下,就能明白,这种反对声的立论在于,人在自然界的地位是无与伦比的,就此而言,人怎么可能与动物、哪怕是高等的猿类,如黑猩猩,沾亲带故?这就好比一个暴发户,总是竭力隐瞒自己的那些穷亲戚,唯恐自己高贵的身份有所玷污。这里的问题在于,人若是源于动物,是否一定会玷污他那高贵的身份?或者说,人的无与伦比是否仅依据其生物学特性?

当然,赫胥黎绝不会认同这种未经理性思考而发出的叫喊声。他强调,人类与黑猩猩等猿类如此接近,表明人就是源于这样的动物祖先。但是,他也深信,文明人和兽类之间有着巨大的鸿沟,这就是说,不论人是否由兽类进化而来,但肯定不属于兽类。千真万确,人类有其独特性,这种独特性绝不因为他与兽同源而有所模糊。对此,赫胥黎的论证极为精彩:"难道说因为他从前曾是一个卵,用一般的方法不能与一只狗的卵相区别,所以他就得跳起来狂吠,并用四只脚趴在地上?难道说博爱主义者或圣人,因为对人类天性的最简单的研究从根本上揭示出具有四足兽的利己之心和凶残的欲念,因而就不再致力于过一种高尚的生活了吗?难道说因为母鸡表现出母性爱,所以人的母性爱也是微不足道的,或者因狗有忠诚性,所以人的忠诚性也就毫无价值了?"这就是说,"我们并不因为人在物质上和在构造上与兽类相同而降低了人类高贵的身份。……人类现在好像是站在大山顶上一样,远远高出于他的卑贱伙伴的水平,从他的粗野本性中改变过来,从真理的无限源泉里处处放射出光芒"。

从赫胥黎精辟深刻的论述中,反映出的是对某种哲学观点的表述,这就是关于事实与价值的关系。从一个事实命题能否推出相关的价值判断?比如,某地发生地震,这是一个关于事实的命题;这是上帝在发怒,这就是从中推出的一个价值判断。也许我们心里立刻会作出反驳,这是一种迷信,科学早已告诉我们其中的道理。但是,当艾滋病在人群中出现时,却有这么一种看法在无形之中流传:那是对性行为不检点或其他恶行(如吸毒)的一种惩罚。于是,对艾滋病人的歧视悄然蔓延。这就是现实生活中的人们对这两种命题有意或无意的混淆。中世纪的欧洲人认为,地球在宇宙的中心,这显然是一个事实命题,但它随之还带来了一个价值判断:人因处于宇宙的中心而取得尊贵的地位。所以,当哥白尼一反常规,提出日心说时,顿时引起种种非议,因为人们普遍认为,日心说使得人类不再处于宇宙的中心,从而使得人的地位面临挑战。有意思的是,赞同日心说的人士却从中读出了另一种价值判断,即现在地球成为太阳系中的一颗行星,这就意味着地球在天上,人的居所岂不顿时身价百倍? 由此可见,从一个事实命题中读出相应的价值判断,似乎是人类思维中一种强有力的定式。这就是事实与价值的相关性。

　　正是从这种相关性出发,达尔文的进化论遭遇伦理上的挑战。在上帝造人说(事实命题)那儿,人的尊贵地位是其应有的推论(价值判断),因为在万物中,唯有人类是上帝根据自己的形象创造的,这就是说,人部分分享神性,借用一种通俗的说法,即人的一半是天使,一半是魔鬼(意味着兽性)。然而,根据达尔文理论,人却是出自于动物祖先。从这样一个事实命题中,推出的价值判断只能是人的地位并不高于动物。于是,人类特有的道德感何以保证? 对此,基督教神学家的反应尤为激烈。他们指出:人有不朽的灵魂,猴子就没有;基督为拯救人类而殉难,并不是为了拯救猴子;人具有神赋的辨别是非的能力,即道德感,而猴子只凭本能行事。若人是通过种种觉察不到的步骤从猴子演变而来,那他们究竟在什么时候突然获得这些重要的特性呢? 难怪华莱士在人类的起源问题上只得采纳神创说了。

　　19世纪的一位地质学家塞治威克(Adam Sedgwick,1785—1873),曾是达尔文在地质学上的启蒙老师,他说过的一段话就能很好地表达出神学家心目中的科学事实与价值推理间的关系:"'自然'有精神的或是形而上学的部分,也有物质的部分,否认这一点的人,就会深深地陷入愚蠢的泥潭,生命科学的光荣就在于它通过终极原因把物质的和精神的部分结合起来了。"①在他看来,价值层面的东西就存在于自然界之中,而生命科学是将这两者结合起来的途径。正是基于这一立场,他对达尔文的博物学工作极为欣赏,但当自然选择理论问世后,他却无论如何都没法接受。在给达尔文的信中,在末尾他甚至如此署名:"过去曾是您的一个老朋友,现在则是猿猴的后裔。"激愤之情,油然可见。

　　要走出这样一种思维泥潭,就必须洗尽科学命题中的宗教情感。借用《圣经》中的一种表述:让科学的归于科学,让道德的归于道德。从赫胥黎的论证中我们读出的正是这样一种思路。人类起源于动物祖先,这是一个科学知识,或者说是一个事实命题,它与价值判断无关,当然也就与任何宗教情感无关。那么,人类的价值判断从何而来? 回答只能是:价值体系是人类心智的一种自由创造,它不依托于自然界中的事实。人类的理性要得出这一结论,实在是经过了太多的坎坷。在传统社会,人们不由自主地将伦理判断与事实命题相对应,于是有种种占星术等的流行(把星辰与个人命运或是朝代兴衰相连)。基督教中的自然神学就是从自然界的万物中推断出上帝的智慧或仁慈。用17世纪一位欧洲博物学家兼神学家的话来说,哪怕在一只虱子身上也凝聚着上帝的智慧。为

---

① 　F.达尔文编.达尔文生平.北京:科学出版社,1983:269。

何人类会久久沉迷于这种相关性之中？说来有其渊源。对于这样的用语我们一定耳熟能详：好人一生平安；多行不义必自毙。这就是传统社会中的道德说教，它就建立在这样的相关性上：好人或多行不义（善恶的判断）与一生平安或自毙（事实）的相关。然而，现实生活中这种相关性有时却不一定能够看到。这时，我们就能听到这样的说法：不是不报，时辰未到。于是，我们坚信，正义终究能够实现，哪怕在天国。当然，这就顺理成章地引出了宗教寄托或关怀。这就是说，这种相关性正是传统社会道德得以维系的根基所在，因为道德说教与人们的自然命运密切挂钩。

正是在此意义上，事实与价值的脱离，是人类文明史上的一个巨大转折点，它意味着，科学与哲学（或神学）就此获得独立。科学专注于对自然界的研究；哲学（或神学）则专注于对人的心智、道德体系的深化。现在，物性与人性分属不同的领域。赫胥黎是深谙此理的，他的另一名著《进化论与伦理学》就专门对这两者的关系做出论述。

然而，这种混淆并没有成为历史。从当今社会生物学的兴起及影响中，我们依然可以看到这两个层面命题的纠缠不清。其实就在达尔文提出自然选择理论后，社会达尔文主义就颇有市场了。它将优胜劣汰的机制用于人类社会之中，于是，资本主义社会中无情的竞争现象似乎就有了道德依据。20世纪70年代后兴起的社会生物学致力于从基因的层面讨论人类行为的表达。人类的行为当然有其生物学机制，但若将行为全部还原为生物学的原因，那么，人类的道德感将无从体现。比如，现在经常被提及的一个话题是，男人的见异思迁，是由雄性基因的本性所决定的。因为精子的生产成本低廉，所以，它采取的策略就是广种薄收，反映在性行为上，就是到处"拈花惹草"，以便尽可能多地留下后代。相反，鉴于卵子的生产成本相对较高，尤其在哺乳动物中，长长的怀孕期更是雌性付出的一笔高昂的投资，一旦投资失误，损失必定惨重，故雌性的择偶观就更注重于对方的忠诚可靠。这种解释似乎与现实生活中的所见所闻相当吻合，所谓"痴心女子负心汉"就是对这种情形的概括。当这种解释被冠之以"科学"的名义之后，我们似乎只能全盘认同了。在当今社会，还有比科学更强势的语言吗？

当我们也许一不小心就有可能陷入这一误区之时，再来读赫胥黎的论述，多么亲切。正如同人卵与狗卵几乎难以区分，难道人就得像狗那样狂吠？话是尖刻，但道理却是深刻的。雄性基因的本性也许可以决定一只黑猩猩的交配行为，但它却不能用来为人类男子的不道德行为进行开脱。归根到底，人类特有的道德属性，超越了生物学事实，它是人的心智的一种自由创造。就人类的历史而言，道德感与整个民族传统智慧的沉淀结晶升华有关；就个人而言，道德感的培养与个人的修养及其在此基础上的自由选择有关。因此，鸟为食亡，但人却可以做到不食嗟来之食；发情期的动物可以来者不拒，但人类却有坐怀不乱的美德；求生更是一切动物的本能，但舍生取义、视死如归却是人类才有的选择。人性，呼之欲出。惟其如此，才倍显珍贵和脱俗，因为它从生物学机理中脱颖而出。

赫胥黎对人类智力的看法同样值得一提。在赫胥黎看来，智力当然与大脑的构造有相关性，但智力并不唯一由大脑决定，大脑只是智能表现所依赖的许多条件中的一个。"人的智能与猿的智能之间有巨大的差别，一定是由于他们脑子之间同等地有巨大的差别的这种论点，在我看来，正如认为一只走得准确的表同另一只不走的表之间的巨大差别,是由于两只表之间有巨大的构造上的差别一样。平衡轮上夹着一根毛,副齿轮上生了一点锈,司行轮上一个齿弯曲了一些,这些东西如此细微,只有修表人熟练的眼睛才能发现它,而这可能是一切差别的根源。"在我看来,赫胥黎的这一例子极其精辟到位。如今分子生物学已经证实,人与黑猩猩的遗传物质 DNA 结构的差异只有 1.23%!在此意义上,要说人与动物间在结构上的差异微不足道似乎也不过分;然而,人的独特性却又是一个明摆着的事实。这两种说法看似矛盾,但细究起来却并不冲突。对此,赫胥黎早有洞穿,亦即,这种差异并不纯然由结构上的不同所造就,或许正是一个关键性细节的不同,却导致人的独特性呼之欲出。如此说来,数字化的思维方式固然使我们观察的精度有所提高,但它丧失的却是一种厚度和质感。

四、后半部分导读

本书的后半部分内容主要是赫胥黎的演讲集。它们通俗生动,从中得以窥见赫胥黎作为一名优秀教师的讲课风格。如前所述,赫胥黎以极大的热忱投入于科学教育及其普及事业,这不仅源自于他对科学的热爱,也源自于他对当时英国教育体制的不满。尽管英国是科学革命和工业革命的发源地,但 19 世纪的英国,尤其在教育领域,依然存在严重的问题。主要体现为:在初等教育领域,书生气十足,注重实际太少,学生很少受到实际技能的培训;而高等教育则尤其重视希腊文和拉丁文的训练,只要学过这两门语言,哪怕学得再少,也算是受过教育的人;而精通其他学科知识的人,不管造诣多深,也不能列入精英阶层。难怪当时英国盛产业余科学家,如达尔文就是一个自由职业者;还有不少自学成才的科学家,如法拉第等人。达尔文曾经非常担心自己的儿子也许会毁于当时的教育制度,因为课堂教育注重死记硬背,仅从书本里学习知识,还迫使学生不得不花大量精力去掌握古典语言,如拉丁文或希腊文,对此,达尔文深恶痛绝。事实上,达尔文在校期间就不是一个被老师看好的学生。

赫胥黎对于这样的教育格局忧心忡忡。因此他从自身做起,力争改变这样的现状。从赫胥黎的讲演中,我们可以看到,他的讲课风格从来都不是从书本到书本,而是从实例出发,比如,从我们耳熟能详的马说起,介绍脊椎动物的基本构造及其发育由来;又从一只普通的龙虾说起,讨论动物学中的若干基本概念,如原型、形态学、地理分布等。由于从实例出发,教科书上干巴巴的术语不见了,取而代之的则是熟悉的事例。即便事隔多年再来阅读,仍是如此亲切生动,仿佛聆听一位大师正在与我们娓娓道来动物界的家常事。这就是赫胥黎讲演所散发出来的魔力。

赫胥黎不仅重视科学知识的普及,更强调科学方法的深入人心。因此在讲座中,他还花了相当的篇幅来讨论科学方法的真谛。在他看来,科学方法并无神秘之处,普通人时时都在用这种逻辑进行日常推理。科学方法主要体现为,注意观察实验,注意逻辑,至关重要的是,还要引入验证。细加深究,就能体会到,赫胥黎所强调的科学方法,恰与传统教育中对书本、权威的迷信相对立。正因为科学方法注重验证,因而赫胥黎多次强调,一个即便已得到公认的科学理论,也难以始终立于不败之地,只要有更新的事实出现,并且与已有的理论相冲突，我们就该毫不犹豫地抛弃原先的理论。尽管赫胥黎是达尔文的忠实信徒，但他从不讳言自己的这一立场：只要有可靠的事实与达尔文理论相冲突，他就会重新考虑达尔文理论的权威性。只是到目前为止，关于物种起源，除了达尔文的自然选择理论，再也找不到更好的理论对之作出解释，因而他才心悦诚服地接受达尔文的立场，并为之摇旗呐喊。在我看来，正是在此意义上，科学与任何迷信都格格不入。一个崇尚科学的社会，才不致坠入迷信的深渊。

反观今天我们所置身的社会，不由得倍感赫胥黎的说法之鞭辟入里。教育界的问题积习已久，在此无须多加置喙。但也许值得一提的是，如今某些传统人士正在掀起一股读经热，或是国学热，它们类似于欧洲学术界的希腊文或是拉丁文训练，在传统教育领域中曾备受追捧，被认为是精英阶层的标志。但教育更是一门与时俱进的学问，在当今时代，正如赫胥黎所大声疾呼的那样，我们的学生更需要的不是传统科目的训练，而是先进的科学知识及其方法的普及。就我们的国情出发，这一点尤其重要。

比如，国家颁布限塑令已有时日，但效果有限。重要原因之一即在于大多数人对此缺乏足够清醒的认识，这就需要科学知识的普及，否则我国的环保事业只能沦为空谈，因为它无法得到由下而上的民意的普遍认同。其实诸如此类的知识在日常生活中普遍存在，比如喝牛奶的误区，服用抗生素的误区等等。

科学方法的普及同样重要，甚至更为关键。某些抗癌宣传用的都是活灵活现的例子，确实，对于普通百姓来说，还有比具体生动的例子更能打动人心的吗？但事实上，这些个例却缺乏科学方法论的支持。在科学上，要取得一种药物的确切疗效，必须做双盲对照实验方可获得确凿结论。

在赫胥黎看来，"现代文明建立在自然科学的基础上，没有它给予我们国家的礼物，在不久的将来，我们国家在世界上的领导地位也将随之失去。只有自然科学能够使得智慧和道德的力量，而不是野蛮的力量更为强大"。要知道，19世纪的英国，在世界上当然是数一数二的强国，但赫胥黎身处盛世，却能清醒地向国人指出，如果我们掉以轻心的话，危机随时有可能出现。

那么，中国未来的崛起，究竟应该依靠什么？我想，这就是赫胥黎的思想对于今天中国的意义所在。

序　言

奥利弗·洛奇

(Oliver Joseph Lodge, 1851—1940)

（英国物理学家、发明家）

· *Preface* ·

在 19 世纪，有一位名叫托马斯·亨利·赫胥黎（Thomas Henry Huxley, 1825—1895）的人，他竭尽全力投入到捍卫科学的战斗中，从而为确保自由探索以及科学认识的进展打赢了决定性的一战。

40 年前,科学研究的地位不像今天这样得到人们充分的肯定。因此,在当时,为了使科学研究得到普遍认可,发起一场论争是不可避免的。当时由一股蒙昧主义和不拘形式的教条主义所汇成的势力在负隅顽抗。就是这股势力,在几个世纪前对天文学进行攻击,在近代对地质学进行诋毁,而现在又对我们当代的生物学发起了攻击。这是一场艰苦卓绝的阵地战,否则那些偏见和歧视以及保守观点的偏执卫道士就会阻碍科学研究的进展。

在 19 世纪,有一位名叫托马斯·亨利·赫胥黎(Thomas Henry Huxley,1825—1895)的人,他竭尽全力投入到捍卫科学的战斗中,从而为确保自由探索以及科学认识的进展打赢了决定性的一战。一个有趣的事实是,随着时间的流逝,他的许多论著因其通俗的形式,引起了众多有兴趣的读者的注目。可是,这种在 40 年前被认为是合适的好斗姿态,在今天看来似乎有点过时。不过这场斗争并没有结束,或许原来的战场已完全转移,或许原先的战场依旧存在,活跃于其间的主要是幸存的老人以及在旧有气氛下成长起来的新一代年轻人。

当前,唯物主义真理被否认或抹杀的危险几乎没有了,但有被夸大的危险。虽然唯物主义真理在某些领域内会取得辉煌的战果和成绩,却不时被其热心的信徒无节制地推广到它无法适用的范围中去。这就好比狂热的摩托车手为他们在法国良好路况下的表演而感到洋洋得意,以为他们在撒哈拉沙漠或者进行极地探险时也能同样挥洒自如。

而当代一些草率的思想家正在犯这样的错误。他们企图推行像赫胥黎那样的大学者所提出的唯物主义主张和科学学说,仿佛这些主张和学说放之四海而皆准。这种做法并不是对唯物主义的真正拓宽,而是对世间万物的约束,是一种把多彩的宇宙限制到某一方面的企图。

但是,这种错误并不完全是,甚至也不主要是那些追求唯物主义哲学虚妄曙光的热心信徒所犯的,因为唯物主义正是他们所寄予期望的,进行尝试是一种有益的实践,他们会及时发现自己的错误。这种错误恰恰可能是那些深受唯灵论影响的人所犯的,因为他们乐于看到精神的力量能处处指引和支配一切,而对其中起作用的机制却视而不见。他们认为,那些热心于指出并且研究机制的人们正在动摇他们的信仰根基。其实并非如此。一位乘坐大西洋定期航班的旅行者,他也许宁可对船上的发动机、消防队员、所有的装置和船员艰苦的劳动视而不见,殊不知正是由于这一切,他才可能惬意地在阳光普照的海面上破浪前行;他可以尽情想象自己独自在一艘帆船上扬帆行驶,只靠上苍的保佑就可以前进。但事实上,就像其他情况一样,海上航行同样依靠自然的力量来达到预定的终点,而轮船上发生的每一个细节,包括从消防队员脏兮兮的身体上流下的每一滴汗珠,都是活生生的现实。

有些人对生物学中有关人类在自然界的位置的论断仍然耿耿于怀,而且千方百计地企图加以抵制。但是正如已故的里奇(David George Ritchie,1853—1903)教授在其《哲

◀ 如果可以证实任何一种非洲猿的躯体结构,要比亚洲猿,更适于作直立姿态和进行有效的攻击,那么对于非洲猿有时采取直立姿态或作侵略性行动,就更没有理由加以怀疑了。

学研究》一书中第 24 页中所说的那样：

干涉正在改变的科学概念是一种错误，而在过去，这一错误恰恰是那些为人类的精神生活感到担忧的人们常犯的。但这种干涉总是以那些"准科学"理论的拥护者的失败而告终。这些"准科学"当今正被不断发展的科学所抛弃。神学干预了伽利略理论，但这种干预到头来却一无所获。天文学、地质学、生物学、人类学和历史批判主义，在不同时代，已经惹起了某些人的不安，他们对"人具有自然属性"这一唯物主义观点惊恐万状；为此，他们尽管出自善意，却总是从自身立场出发，千方百计地与他们假想的敌人进行斗争，例如他们迫不及待地期望达尔文学派和拉马克学派之间发生矛盾，或者是不同历史评论学者之间发生争论，就好像人类在精神上的幸福完全有赖于 17 世纪，甚至更早时代的科学信仰一样；亦好像人类到底是直接由无机尘土所形成，还是由低级有机物质缓慢的演化而成，将对人类的精神实质带来莫大的不同。这些问题必须由专家来解决。另一方面，仅当科学家把宇宙作为一个整体，以生命从低级形态发展到高级形态所经历的不同阶段的过程为例证，向我们解释存在的奥妙时，哲学评论才派得上用场。

为此，人们应该懂得，科学是一回事，而哲学又是另一回事。确切地说，科学是对物质及其运动的研究，并尽可能将现象归结为机制。这种归结愈成功，就愈能接近科学的终点和既定的目标。可是，当人们凭借这一成功的方法来得出一种哲学观时，就会得出这一结论，即科学的领地无所不包，宇宙中除了机制外别无他物，科学的角度就是事物唯一的属性——那么，它就变成了一种狭隘和偏执的观点，理应受到人们的谴责。这种谴责来自赫胥黎，也往往来自那些科学家，因为他们完全认识到宇宙的浩瀚和其具有的巨大潜能。

我们的探索触角可以伸展得足够远，但它们总有个限度。我们就好像生活在圣保罗大教堂一块石料中的灰泥里一样。我们非常刻苦地开发我们的本领，以便能追踪整个设计的轮廓，而且已经开始领悟到建筑物的设计方案——对于能力有限的昆虫来说，这是令人惊讶的本领。现在让我们为已经涌现的两种学派继续打个比喻吧：一派认为建筑师先在头脑中构思，然后全部由他进行设计和建造；而另一派则认为，建筑物是根据力学和物理学的定律，将一块块的石料堆砌而成。这两种观点都言之成理。不过要强调的是，后者并非就此否定克里斯托弗·雷恩（Christopher Wren, 1632—1723）的存在，尽管设计论一方狂热的信徒们倒是表现出这种不明智的作法。每一派都阐明了部分事实，但是他们都没有阐明事实的全貌。我们可能发现，要完整无缺地陈述整个事实真相并非易事，即便针对这一个别领域也并非易事。从一定程度上看，否认任何真相的人就是怀疑论者，赫胥黎理所当然对这些鼠目寸光的偏执狂异常愤慨，他们傲慢地对待已被他深刻领悟的神圣真理的某一方面。这正是赫胥黎终生所极力鼓吹的信仰和他所忠诚的事业。

让人们认识到赫胥黎是一位追求真理的皈依者和一位更多地用唯物主义观点来看待事物的学者，但绝不能把他看做是一位哲学上的唯物主义者，或者把他看做是一位平庸的否定论者。

我们必须反对把唯物主义当成一个完整系统,恰恰不是根据它所肯定的东西,而是它所否定的东西。它所肯定的东西,体现为科学发现的成果,甚至基于这种发现之上的科学猜测,都无懈可击;但是,当我们受到上述科学发现成果的鼓励,而把它当成一套包罗万象的宇宙哲学时,也就排除了用其他途径感知的一些真理,或者是求助于其他手段才能感知,或者与其他真理同样真实,又不与合理的唯物主义相矛盾,这时它的不足和局限性便暴露无遗。正如里奇教授所说的一样:"'科学上合理的唯物主义'仅仅是指,对我们认知所及的'事实'或'客体'进行暂时和方便的抽象;而'教条唯物主义'则是那种坏的形而上学。"

如果我向读者介绍两位科学思想的伟大领袖(其中一位伟大的科学家现仍在世),可能足够说明问题。尽管我们知道这两位伟大的科学家是积极地站在唯物主义的立场上,而且非常乐意承认甚至极力扩大科学的范畴和对科学的正确认识,但他们并不是哲学上的唯物主义者,也没有因此把宇宙的其他认识模式排除在外。

实际上,伟大的思想家绝不会对事物抱狭隘的观点,或用一种模式来推测事物,或用一套公式来表达,以为这样就能充分和完整地表达事实。甚至一张纸都有两个面;从不同的角度观察地球便显示其不同的面貌;一个晶体有各个晶面;事物的总体不可能比任何特定的情况更加简单,不可能轻易地用任何一种语言来加以表达,或者用任何人的头脑完美无缺地将其想象出来。

人们可能清楚地记得,牛顿(Isaac Newton,1642—1727)爵士是一个极为著名和虔诚的有神论者,尽管他致力于从事把宏大的宇宙还原为机械论的努力,也就是说,用简单而又精致的受力机制来作出解释;而且他已经设想,随着科学的进步,这种向着机械论的还原过程应当继续下去,直到它囊括几乎所有的自然现象(参见下面的摘录)。这的确是科学努力的方向,也是唯物主义论断的合法基础,但不是唯物主义哲学的合法基础。

下面针对牛顿的理性评论,引自赫胥黎的著作《休谟》(*Hume*)的第 246 页:

> 牛顿证明宇宙的万物,不过是一个庞大机械结构的各种零件,受到类似以自由落体那样相同的定律所制约。《自然哲学之数学原理》第一版前言中的一节,表明牛顿完全像笛卡儿(Descartes,1596—1650)那样深刻地坚信,自然界的所有现象都可以用物质和运动来表达:
>
> > "自然界的一切现象都可通过类似于力学原理的推理而演绎得到。由于很多理由,促使我猜测所有这些现象可能取决于特定的力,正是借助于这种力,出于未知的原因,物质粒子要么彼此靠近,聚成规则的结构,或者互相排斥远离;这种力不得而知,哲学家曾试图探明其本质,但至今一无所获。但是,我希望或者采用哲学的方法,或者采用其他更好的方法,使这里所说的原理有助于呈现事物的原委。"

这是根据物质和力,对宇宙进行理性解释和充满希望的预言。正是以此为基础,那些眼界狭隘的人将之称为唯物主义,并使之成为他们心目中的唯物主义哲学。但这不是必经之途。当那些一知半解的人们提到赫胥黎教授时,好像他就是这样一位哲学上的唯物主义者,其实他并不是这种人。因为,尽管像牛顿那样完全信奉机械论学说,当然他比牛顿更加了解生命现象以及上一世纪的科学发现——同时,尽管他正确地认识到,向当代无知的人们宣传科学观点是他的使命,而且对唯物主义赖为依据的事实充满了热情——但他还是清楚地认识到,这一切对于一种哲学说来是不够的。下面一段摘自休谟专著的节录可以表明,他完全否认唯物主义是一种令人满意或者是完整的哲学体系,而且还表明,他对无端否定我们认知范围外的事物的作法特别反感:

> 人类智慧的最高峰就是认识到我们能力的局限性,而对那些超出认知局限的事,我们只有肯定而不是否定的权利,这样做才是明智的。精神或物质是否存在一个"实体",是我们无法讨论的难题;正如我们不可能要求日常概念像任何其他概念同样准确那般……,"同样的原则,初看之下,在一定程度上会引向怀疑论,其实却把人带回常识"(282页)。

> 此外,我们在茫茫宇宙一角中所能区分的存在的最终形式,很可能只是存在的无限多样中的两种而已,实际上不仅包括物质和精神之类,而且包括很多我们无法想象的类别,我们对于这些类别,正如生活在伦敦城里某个阳台上一个花盆中的蠕虫那样,对这个大城市的生活状况茫然无知(286页)。

而在251页和279页上,他还写道:

> 这样一个伟大的真理值得我们排除万难去认识:诚实而严格地遵循会把我们引向唯物主义的论据,最终却是不可避免地超越唯物主义本身。

> 总而言之,假如唯物主义者断言,宇宙和所有现象都可以分解为物质和运动,那么贝克莱(Berkeley)的回答就是对的;但你们所谓的物质和运动只是作为意识的形式为人所知,它们的存在是想象或认知的产物,而独立于思想者的意识而存在的意识状态就是一种矛盾。

> 我认为这一推论是无可争议的。因此,如果强迫我从绝对的唯物论和绝对的唯心论之间进行选择的话,我将不得不选择后者。

因此,那些洋洋自得但缺乏教养和相对无知的业余唯物主义者,在自以为了解宇宙、有资格来嘲笑伟人们的直觉和洞察之前,应该三思而后行,因为这样的思想和经历对他来说也许是一个陌生的领域。

假如能够,就让他解释,他所谓的自我的本体,或任何思维或生物体的本体是什么意思,要知道这些本体在不同的时间是由一套完全不同的物质粒子组成的。显然有某种东西赋予个人以独特性并且构成一个个体:这是每一种生命形式所固有的特征,即便是低等生命形式依然如此。但是对此依然谈不上解释或理解。想当然地断言存在某种基本物质,本体正是依赖它而存在,就相当于断言本体依赖于灵魂而存在一样。这些都是不同形式的辞藻而已。正如休谟在上述著作中所说,经赫胥黎引用:

> 当我们使用"物质"作为灵魂和物体的假设基础时,想要对"物质"一词赋予任何确定的含义都是不可能的……假如我们个人的独特性要求假设一种稳定的物质的存在,但人的认知却在不断发生变化,那么就会产生一个问题,即个人的独特性的含义究竟是什么?……一个植物或一个动物,从一只卵或一粒种子一直到生命终结,

在这段生命过程中,它在形态、结构和物质组成上都在不断变化;虽然它所具有的每一属性总是变化无常,但是我们仍认为它始终是同一个体(194 页)。

因此,赫胥黎在其关于休谟著作的前言中,曾强烈地明确表示,只要有人偏离了他所认为的直线时,他就会一如往常,对公开的朋友和公开的敌人都同样持反对态度:

> 我们不要忘记,历史上首次对一位科学思想家[苏格拉底(Socrates,公元前 469 年—公元前 399 年)]设计和执行死刑的人不是一位暴君,也不是牧师,而是雄辩的蛊惑家……应该明确地认识到,一个人不知道什么和一个人知道什么是同样的重要……

> 在物理学到历史学和批判主义这一广阔的领域里,关于自然界准确知识的形成,是在这些领域中不断努力遵守下列信条的结果,即"除非有确凿无疑的知识,否则不要把任何东西当做真理";所有的信念都应该接受批判;对权威的评价既不能拔高也不能贬低,而是以它能证明的尺度为准。现代精神并不是"否定一切",亦并非只热衷于破坏,更不是认为空中楼阁比不建还好。正是这种持久不懈而行之有效的精神,"持续不断地"收获真理,并让无情的大火烧尽错误(viii 页)。

收获真理是一个相当稳妥的过程,因为即使谎言不小心混入其间,但由于其不牢靠的性质,要不了多久,它将发散出腐烂气味而败露无疑。可是采用难于控制的大火来根除和烧尽错误却是非常危险,因为火势容易失控。而且在识别错误的过程中,由于缺乏完全可靠的机制,也许在后代看来就会是一种可怕的灾难。

不过,这一说法代表了一种健康向上并且富有活力的心态,在一块容易杂草蔓生并充斥废物的土地上,经常借助于火势来清理是必要的,这样上苍的煦风和阳光才能再次吹拂并照耀到肥沃的土壤上。

尽管在一定的程度上,赫胥黎的确是一个斗士,尽管他在早期著作中表现出的激烈和投入,要比晚期著作更加突出,但是把早年的赫胥黎看做惹是生非的人物也是不公平的。

这种战斗的姿态在 40 年前是不可避免的,因为当时的生物学真理正被敌意所包围,新生的自由科学和哲学似乎处境不佳。但是,今天的世界已经发生了变化或者正在发生变化,火势的有益影响已经烧尽了杂草,如果再采用同样的方法来对待已被清理过的田野上正在萌发的新生绿枝,将肯定是一种非常严重的不合时宜的作法。

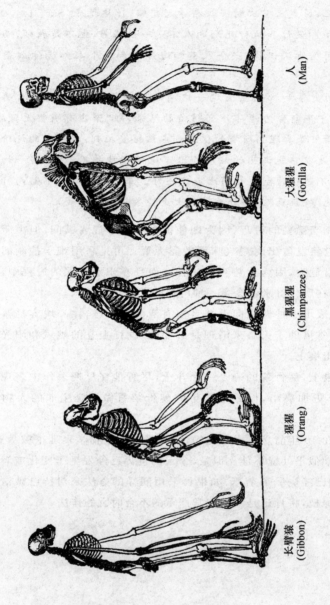

长臂猿
(Gibbon)

猩猩
(Orang)

黑猩猩
(Chimpanzee)

大猩猩
(Gorilla)

人
(Man)

骨骼比较图

此图是沃特豪斯·霍金斯（Waterhouse Hawkins）先生依据皇
家外科学院博物馆的标本照相绘图后的缩小版，原图中除长臂猿
比原大放大一倍外，其余均为原大。

第一章　类人猿的自然史

• On the Natural History of the Man-like Apes •

自从巴特尔对珀切斯讲述他的"大怪物"和"小怪物"故事以来，至今已经历了两个半世纪，花了这么长的时间，最终才取得了确切的成果，即类人猿（Anthropoids）共有四个不同的类型：在东亚有长臂猿和猩猩，而在西非有黑猩猩和大猩猩。

How Man-Apes

A Startling Human Chapter

What Has Been Told of Man's History

DR. WILLIAM K. GREGORY, famous scientist of the American Museum of Natural History...

became MEN   A MILLION YEARS AGO

in the Story of LIFE . . . The World's Greatest Mystery

如果应用现代严密的科学研究方法来验证古代的传说，它们大都会像梦境一样消失得无影无踪。但令人惊奇的却是，这种梦境一样的传说，常常处于半清醒的状态，从而成为现实的预兆。奥维德(Ovid)就曾预示过地质学家的种种发现：诸如阿特兰蒂斯(Atlantis)（大西洲）原是一个想象中的地名［原为一假想的远古大陆，后经地壳运动而下陷，沉没于大西洋底——译者注］，哥伦布竟然从中发现了新大陆。尽管奇形怪状的半人半马的怪物和半人半羊的形象，原来只不过是出现于艺术领域的一些作品，可是，现在竟有一种与人类相似的动物，尽管它们仍然像神话中半羊半马的混合物那样，兽性十足，但在其主要构造上却更接近于人类。它们在今天不但为人所知，而且已家喻户晓。

在 1598 年出版的皮加费塔(Filippo Pigafetta，1533—1604)著的《刚果王国见闻记》[1]中，在一位名叫埃杜瓦多·洛佩斯(Eduardo Lopez)的葡萄牙水手的笔记中摘录了有关类人猿[2]的记载，除此之外我还从未见到任何其他有关类人猿的更早的报道。该书第十章，标题为"这个地区内的动物"，包括一段有关猿的印象的简要描述："在松岗(Songgan)地区的泽雷河(Zaire)两岸，猿类成群，他们模仿人的姿势而引起贵人们极大的欢心。"这种记载几乎对于任何猿类都适合。倘若仅有这些记载，而没有德·布里(De Bry)兄弟俩为该书配的木刻插图，倒不会引起我们的注意。在第十一章"论证"中，画了两只"使贵人们欢心的猿"。图版中所包含的这些猿在木刻画中被忠实地摹绘下来(图 1)。从图上可以看到，它们都是无尾、长臂和大耳，其大小与黑猩猩大致相当。这些猿的形象很可能与雕刻在同一图版上的那个具有两个翼、两条腿、头似鳄鱼的怪兽一样，都是那两位很有创意的兄弟所想象出来的虚构作品；要不然，它就很可能是艺术家们根据对大猩猩或黑猩猩的某些实际可靠的描述来进行创作的。反正，不管哪一种情况，这些画极其值得人们浏览一下，而对这一类动物最古老和最可靠的明确记载见于 17 世纪，由一位英国人所写。

那一本最引人兴趣的古书《珀切斯巡游记》(*Purchas his Pilgrimage*)的第一版，是在 1613 年出版的。这本书里引用了珀切斯

图 1　使贵人们开心的猿［德·布里，1598］

◀1931 年 10 月美国杂志 *Popular Science* 上的一篇文章，讨论类人猿如何进化成人类。

---

①　葡萄牙人和当地人称这个非洲王国为刚果(Congo)，《刚果王国见闻记》是皮加费塔所著。其内容摘自曾亲历其境的埃杜瓦多·洛佩斯的意大利文笔记的拉丁文译本，译者是莱纽(Reinio)，书中生动的插图是西奥多里(Theodori)和德·布里兄弟为该书新配的杰作。该书于 1598 年在法兰克福出版。

②　原书中对"猿"一字的用法，极为混乱，它不仅指现今的四种猿类，有时泛指所有猿类，甚至于最低等的灵长类如狐猴等。为了避免读者误解，译时尽量按内容所指，加以正确理解和改正。——译者注

称为"安德鲁·巴特尔"(Andrew Battel)的那个人的许多谈话。据珀切斯说："巴特尔[他是我的近邻,住在埃塞克斯郡(Essex)一个叫利佛(Leigh)的地方]在圣保罗城(Saint Paul)西班牙国王手下的总督马纽埃尔·锡尔弗拉·佩雷拉(Manuel Silvera Perera)那里当兵,他和总督一起到安哥拉(Angola)内地旅行。"他又提到:"我的朋友安德鲁·巴特尔在刚果干国住了好多年,因为他和住在一起的葡萄牙兵发生口角(他是该队的一个军曹),于是,便跑到树林里住了八九个月。"珀切斯从这位饱经风霜的老兵嘴里惊讶地听到:"有一种'大猿',如果我们可这样称呼的话,它们的身高与人一样,但它们的四肢要比人的四肢大一倍,身体相当强壮,全身长毛,总之,在其他方面,它们的整体形态与男人和女人的身材都很相似。① 它们靠森林里树上长的野果充饥,夜间则住在树上。"

但是,在同一作者于 1625 年出版的另一本《珀切斯巡游记》的第二部分第三章的一节描述,虽比以上描写要更详细和清楚些,而且常被人引用,但并不总是那么确切。这一章的标题为"安德鲁·巴特尔在埃塞克斯的利佛地方奇异探险记:巴特尔作为葡萄牙人的俘虏,被流放到安哥拉,并在那里和附近的地方住了将近 18 年。"这一章第六节的标题为"关于邦戈(Bongo)、卡隆戈(Calongo)、马永贝(Mayombe)、马尼克索克(Manikesocke),莫廷巴斯(Motimbas) 等省;关于怪猿庞戈及其狩猎;偶像崇拜;以及其他种种的观察"。

卡隆戈省东邻邦戈省,北接马永贝省,沿海岸马永贝省与隆戈省相距 19 里格(leagues)②。

马永贝省境内,林木繁茂,郁郁葱葱,一望无际,因此人在树荫下行走 20 天都见不到阳光,也感觉不到炎热。在这片土地上不长五谷杂粮,当地居民只好以香蕉、各种味道不错的草木根和坚果充饥。此外,也没有任何的家畜和家禽。

但是他们把大量的大象肉当作珍品储藏着,还贮藏了各种各样的野兽肉和丰富的鱼类。在距离内格罗角③(Cape Negro)以北 2 里格处,有一个很大的沙质海湾,这就是马永贝港。有时,葡萄牙人就从这个大沙湾运走原木,这里有一条叫班纳河(Banna)的大河,一到冬天就到处泛滥,因为季风使海水倒灌。但当太阳向南偏斜时,小船就可以驶进河面,因为此时恰逢雨季,风平浪静。这条河很大,其中有很多岛屿,人们就定居在岛上。在那浓密的森林里,到处可见到狒狒、猴、猿和鹦鹉等。因此只身前往那里旅游的人,都会感到毛骨悚然。在这里还有两种怪兽,它们经常在林中出没,显得异常危险。

在这两种怪兽中,当地土话将大的那种叫庞戈,小的则叫恩济科(Engeco)。庞戈在身体比例上和人相似,不过从体形看,它更像个巨人而不像普通人。因为他身材高大、面貌如人、眼窝深凹,头上的长毛披到额头。除了脸、耳朵和手上不长毛之外,遍体长毛,但并不稠密,呈暗褐色。

除腿部没有小腿肚外,和人并无差别。它总是靠两腿走路,在地上行走时,两手

---

① "除了他们的腿上没有小腿肚子之外都一样"(1626 年版)。而且在边缘标注为:"这些大型猿类称为庞戈(Pongo)。"

② 1 里格=3 英里,下同。——译者注

③ 据珀切斯记载,内格罗角位于南纬十六度。

抱着颈背。它们栖居在树上，为防雨水，还搭起了窝棚。它们在森林中到处寻觅果实和坚果，借以充饥，因为它们并不吃任何肉类。它们不会说话，和其他野兽一样不具智力。当地居民在林中旅行时，就在夜间就寝的地方，燃起篝火。次日清晨，当旅游者离去后，许多庞戈就来到那里，围着篝火席地而坐，一直到篝火熄灭为止。可见它们并不懂得添柴加薪。庞戈来往成群结队，并杀死很多在森林中旅行的黑人。他们不知有多少次，袭击那些前来它们栖息地附近觅食的大象，并抡起像棍棒一样的拳头和木棒痛打大象，最后大象只好咆哮而逃。那些庞戈非常强悍，十个人也不可能捉住一只庞戈，所以从来也不可能将它们活捉；但是当地人仍可用毒箭射杀后，将庞戈的许多幼仔抓获。

庞戈幼仔常用双手紧紧地抱住母亲的肚子，以致只要当地人杀死任一只雌性庞戈，就可以生擒仍死死吊在母亲肚子下的幼仔。

当庞戈死亡时，它的同类就用在森林中经常能找到的大量树枝和木头将死者掩盖起来。①

想要确定巴特尔所叙述的确切地区，好像并不困难。隆戈（Longo）肯定是现今地图上通常拼读为"刚果"的卢安戈（Loango）。马永贝现今仍位于卢安戈以北沿海岸 19 里格的地方；而地理学家现仍能指出基隆戈（Cilongo）或基隆加（Kilonga），马尼克索克（Manikesocke）及莫廷巴斯（Motimbas）等地名的位置。但是巴特尔提到的内格罗角，并非是现今南纬 16 度的内格罗角，因为卢安戈本身是在南纬四度。另一方面，这个"称为班那的大河"，正好相当于现代地理学家所称的"卡马"（Camma）河和费尔南德瓦斯河（Fernand Vas）。这两条河在非洲海岸这一地段形成了一个巨大的三角洲。

现在，这一"卡马"地区位于赤道以南约一度半的地方；加蓬（Gaboon）位于赤道以北数英里处，而莫尼河（Money）位于赤道以北约一度处。现代的博物学家，都知道在这两个地区曾活捉过最大的类人猿。可是，如今住在这些地区的土著们，把栖息在那里的两种大型猿中较小的一种，称之为恩济科或努希戈（N'schego）。因此，我们不能毫无理由地怀疑安德鲁·巴特尔所提到的那些他亲自了解到的事实，或者至少是根据西部非洲土著们直接的报告而得知的，尽管巴特尔"忘记提起"的另一种怪物恩济科的本性；可是人们对名为"庞戈"的动物的特征和习性已作了充分和仔细的描述。庞戈可能已经灭绝，至少已经失去了它的原始形态和最初意义。的确，这就证明了不但当年巴特尔时代，而且一直到最近，对"庞戈"一词的使用和当年巴特尔使用它时，在意义上是截然不同的。

例如，我现在引用的珀切斯著作的第二章，包括"几内亚黄金王国的描述和历史性宣言等等，由荷兰文翻译并用拉丁文进行对照"，他在其中（第 986 页）提到：

---

① 据珀切斯页缘注解（982 页），庞戈是一种巨型猿。巴特尔在一次会议中曾告诉过我："在这些庞戈中，有一个庞戈将一个黑人的小孩掳去后，共同居住了一个月。庞戈并不伤害那些无意袭击它的人，除非他们监视它就会有危险。他还提到庞戈的身高和人相仿，但它们的身围要比人的身体大一倍。我曾见过那位黑人的小孩。巴特尔忘了告诉我另一怪兽该是什么样子。而这些记录在他死后才落入我的手中。要不然，在我经常与他开会见面时，便可以向他询问。也许他所指的另一种怪兽，是他上面提到的能杀人的矮小庞戈（Pigmy Pongo）。"

加蓬河位于安哥拉河(Rio de Angra)以北约 15 英里处,距洛佩·贡萨尔维斯角(Cape de Lope Gonsalvez),即洛佩斯角(Cape Lopez)以北 8 英里,距圣托马斯(St. Thomas)约 15 英里,正好位于赤道线之下。这是一大片很易为人知晓的土地。加蓬河河口在水深 3 或 4 英寻①处有一沙洲,从河口流入海中的河水,强烈地冲刷沙洲的上部。河流的入口处至少 4 英里宽;但当你到了一个称为庞戈岛的地方时,河宽就不超过 2 英里……河的两岸,矗立了许多树木……在庞戈岛上有一座奇异的高山。

法国海军的士官也在书信中用和上文类似的说法,记载了加蓬河的宽度,树木顺岸排列一直延伸至水边,那里还有奔腾的河水自河口流出等。这些书信附在已故的 M. 伊西多·杰弗里·圣·希莱尔(M. Isidore Geoff. Saint Hilarire)关于大猩猩②的杰出论文的后面。士官们描述了河口有两个岛:低的叫做佩罗奎岛(Perroquet),高的叫科尼奎岛(Coniquet),岛上有三座圆锥状的山。据士官当中一个名叫 M. 弗郎凯(M. Franquet)的所说:科尼奎岛的酋长以前叫孟尼-庞戈(*Meni-Pongo*),因此它的含义是庞戈的领主;而努庞杰人(*N'Pongues*)就把加蓬河口叫做努庞戈(*N'Pongo*)[这与萨维奇(Savage)博士看法一致,他证实了当地土著自称为努庞杰人]。

在与野蛮人打交道时,一方面,最易误解他们对事物所使用的词汇,致使我们怀疑巴特尔一开始就把这一地区和许多仍栖息在这一地区的"大怪物"本身的名字互相混淆。但是它对于其他事情的看法(包括"小怪物"的名称在内)却是那样的正确,以致人们不愿再怀疑过去的旅行家有错;另一方面,我们将发现在一百年后的一位航海者会提及"博戈"(Boggoe)的名字。这一名字是非洲一个完全不同的地区,即塞拉利昂(Sierra Leone)的居民们对一种大型猿的称呼。

但是,我必须把这一问题,留给语言学家和旅行家去解决;如果不是"庞戈"这个词在类人猿后期的历史上扮演着特殊的角色,我们肯定不会对它做如此详细的讨论。

巴特尔的后辈们才有幸看到被运到欧洲的第一个类人猿,也就是说,它的来访无论如何已经载入史册。在 1641 年出版的托尔披乌斯(Tulpuis)所著的《医学观察》第三卷,第 56 章(或节)里,作者热衷于描述他称之为印度半羊人(*Satyrus indicus*)的动物,"它被东印度群岛人(Indians)③称之为奥兰乌旦(Orang-autang)或森林人(Man-of-the-Wood),而非洲人则称为瑰奥斯·莫罗(Quoias Morrou)"。他提供了一幅非常好的插图,这幅图显然是根据这一动物活的标本绘制而成,即献给奥林奇(Orange)亲王弗雷德里克·亨利(Frederick Henry)的"从安哥拉送来的宝贝"。据托尔披乌斯说,它像三岁小孩那样大,却像六岁小孩那样强壮,它的背上长满了黑毛,显然是一个年幼的黑猩猩④。

在这期间,人们已经知道其他亚洲产的类人猿,不过一开始,这些动物总给人们以一种非常神秘的色彩。正如蓬提乌斯(Bontius,1658)对于他称之为"奥兰乌旦"的一种动物所作的记载和插图,全是那么荒唐和可笑;尽管他曾说过:"这个肖像是根据我亲自看到

① 1 英寻(Fathom)=6 英尺——译者注
② 博物馆档案,第 10 卷。
③ 指现今的印度尼西亚,下同。——译者注
④ 见图 2,原书漏注——译者注

的实物画的。"但是他所说的肖像①不过是一个体披密毛、容貌非常漂亮的妇女,其身体的比例和双脚的大小完全和人一样。那位具有真才实学的英国解剖学家——泰森(Tyson)对蓬提乌斯的描述的评论:"我承认我完全不相信他的所有描述",是有充分根据的。

图 2 托尔披乌斯的"猩猩"(1641 年)

我们就是从上面提到的作者泰森和他的助手考珀(Cowper)那里,才得到了这篇有关类人猿的第一篇具有科学精确性和完整性的报告,那是一篇标题为"奥兰乌旦,森林人(Orang-outang, sive Homo Sylvestris),或矮人与猴、猿和人解剖学比较"的论文,该论文于1699 年由皇家学会出版,它的确是一部非常有价值的论著,而且在某些方面可作为后继研究者的一个典范。泰森告诉我们,这个"矮人"是"从非洲安哥拉运来的;但最初是由这一国家的腹地得到的"。它的毛"呈炭黑色而且是笔直的","当它行走时,就像四足兽一样四肢着地,行动笨拙;它并没把手掌平展在地面上,而是用拳头的指关节着地行走,我观察到当它步行时显得软弱无力,没有足够的力量来支持身体。"——"从头顶到脚跟的直线高度为 26 英寸"。

即使泰森没有附上这么好的图(见图 3、图 4),我们也可按他描述的这些特征,证明他描述的"矮人"就是一只年幼的黑猩猩。可是后来,我非常意外地得到了考查泰森所解剖的那个重要动物的骨骼的机会,使我有可能独立地证明它的确是一个年龄很幼小的黑猩猩(Troglodtes niger)②。虽然,泰森充分地认识到他的"矮人"和人的相似性,但他绝没有忽略这两者之间的差别。为了总结这篇专著,他首先统计了"奥兰乌旦或矮人比猿猴更像人的地方",共达 47 处。然后又用了同样简短的 34 段文字,表明"奥兰乌旦或矮人与人不同,和更像猿、猴的地方"。

泰森仔细地阅读了当年这一课题的文献之后,便得出了以下的结论,他认为所指的"矮人"和托尔披乌斯及蓬提乌斯的森林人不同;但也不是达珀(Dapper)[或者说得更恰当是托尔披乌斯]的魁阿斯・莫罗、达科斯(d'Arcos)所指的巴里斯(Barris);又不是巴特尔所指的庞戈;但它可能是古人称为矮人的一种猿类;而且泰森还说过,尽管"这些动物在很多方面要比任一种类人猿,或者据我所知世上各种兽类,更加像人。但我不能把它视为是人和兽的杂种,而应当是一种兽类的后代,类人猿中一个特殊的种"。

"黑猩猩"这个名称好像在 18 世纪前半叶便开始用来称呼现在非洲的一种著名猿类。但是,威廉・史密斯(William Smith,1769—1839)于 1744 年所著的《一次新的几内亚航海记》是当时唯一能使我们了解非洲类人猿知识的一个重要的补充读物。作者在第

---

① 见图 6,即为霍皮乌斯(Hoppius)按照原图所描绘的复制品

② 我要感谢在切尔藤汉(Cheltenham)地方工作的赖特博士,由于他的古生物研究工作非常出色,才使我了解到这一有趣的骨骼的情况。据说泰森的孙女和切尔藤汉地方的著名医生阿勒代斯博士(Allardyce)结婚,就将这个矮人骨骼作为陪嫁品带到新郎家。阿勒代斯博士将那件骨骼捐献给切尔藤汉博物馆。而我通过我的朋友赖特博士的帮助,才承蒙博物馆当局允许我借用这一也许是最为著名的陈列品。

图 3、图 4　依据泰森第一图和第二图缩小的"矮人"(Pygmie)(1699 年)

51 页,这样描述塞拉利昂地区的这类动物:

　　　下面,我将描述被当地白种人称为曼特立儿(Mandrill,亦称山魈)①的一种奇异动物,但我并不知道为什么如此称呼它,我以前也从未听到这一名字。就是那些也同样叫它们为曼特立的人,也仅知道这些动物完全不像猿,但它们与人类还有近似的地方。当它们的身体全部发育时其身材大小与我们中等身材的人一样,即它们的双腿要短得多,而双脚却较大;其手臂和手比例相称;它们的头大得畸形,面孔宽大扁平,除眉毛外脸上无毛;鼻子很小,嘴大唇薄。脸上覆盖了一层白色的皮肤显得非常丑陋,脸皮上长满了皱纹,活像一个上了年纪的老头;牙齿又宽又黄,手和脸一样无毛,但也具有白肤,尽管身体的其他部位像熊一样长了又长又黑的体毛。它们从来不像猿那样用四肢行走,但当它们发急生气或被逗恼时,便像小孩那样大声呼喊或号叫……

　　　当我在舍尔布罗(Sherbro)时,有一位名叫坎梅布斯(Cummerbus)的先生(这人我在下面将有机会提到他),他把一只奇兽作为礼物送给我,当地人称这种兽为博戈(Boggoe)。它是一个六个月大的雌仔,但即使如此幼小也要比狒狒大。由于这一雌仔是一类非常温柔的动物,我便把它交给一个善于饲养动物的奴隶来加以照管。但是每次当我离开甲板时,那些水手便开始戏弄它,有些人喜欢看它流泪和听它叫喊;而另一些人讨厌它那拖着鼻涕的鼻子;有一次这位负责照管雌仔的奴隶由于阻止一位伤害它的人,那个人就告诉这位奴隶,他很喜欢他的女同胞,同时问他是否愿意把

_____

　　① "曼特立儿"似乎具有"类人猿"的含义,在英国古时候曾用"特立儿"(Drill)来表示猿或狒狒。因此,布朗特(Blount)于 1668 年出版的第五版《难字词典》(一本用于解释现今通用的纯正英语中所有难字的字典),这一字典对于那些要求理解他们阅读的书是有用的。在字典中我查到:"特立儿是一种石工用作在大理石上钻小洞等的工具;他们也把个子长得过大或过高的大猿和狒狒称为"特立儿"。"特立儿"在查尔顿(Charleton)1668 年出版的《动物字典》("Onomasticon Zoicon")中亦有同义的解释。至于布丰(Buffon)所说的这个字的单一语源,似乎并不确切。

它当做他的妻子？那位奴隶听到后马上回答说："不，它不是我的妻子，它是一个白种女人，它才配当你的妻子。"我猜想这个黑人的机智回答，才使他不幸地死于非命，因为隔天早上，人们在绞盘下面发现了这位黑奴的尸体。

从威廉·史密斯的描述和插图可以证明，他所称的"曼特立儿"或者"博戈"无疑应当是一种黑猩猩①。

图 5　模仿威廉·史密斯的"曼特立儿"图(1744 年)

尽管林奈（Linnaeus）本人并没有亲自观察过亚洲或者是非洲的类人猿，而且对它们的实况一无所知，但是，他的学生霍皮乌斯在《瑞典科学院论文集》（*Amoenitates Academicae*）的第六部分"人形动物"中发表的一篇论文，可以被认为体现了林奈有关这些动物的观点。

这篇论文附有一个图版，其中图 6 木刻图是一个缩小的模仿图。图的名称自左至右如下：1. 蓬提乌斯穴居人（*Troglodyta Bontii*）；2. 艾德罗凡迪魔人（*Lucifer Aldrovandi*）；3. 托尔披乌斯半羊人（*Satyrus Tulpii*）；4. 爱德华兹矮人（*Pymaeus Edwardi*）。第一幅图是根据蓬提乌斯想象中的"奥兰—乌旦"绘下的拙劣的模仿图，不过林奈好像完全相信这种动物的存在；因为在他所著的《自然系统》的标准版里，将这种动物列为人属的第二种，即"夜人"（*Homo nocturnus*）。艾德罗凡迪魔人是按照艾德罗凡迪斯（Aldrovandus）所著的《胎生四脚兽》(1645 年)一书的第二卷第 249 页中，在标题为"从中国来的称为巴比利乌斯（*Barbilius*）稀奇猿"的插图模拟下来的。霍皮乌斯认为这种动物可能是猫尾人中的一种，尼古罗斯·科平（Nicolaus Köping）肯定这些猫尾人吃了一船的人，即船长和船上的所有人员。林奈在其《自然系统》一书中，在注解上称之为有尾人（*Homo caudatus*），他好像倾向于把它看做为人属的第三种。根据特明克（Temminck）的看法，托尔披斯半羊人是按照斯科汀（Scotin）在 1738 年发表的黑猩猩的插图描绘得来的，我还没有读过这本原著。在《自然系统》中，它被描述为印度半羊人，林奈认为它可能与森林半羊人（*Satyrus sylvestris*）是一个不同的种。最后一个称为爱德华兹矮人，是从爱德华兹的《自然史拾

___

① 见图 5，原书漏注。——译者注

遗》(1758 年)一书中一个年幼的"森林人"或猩猩幼儿的图中描绘下来的。

图 6　林奈的人形动物

布丰要比他的老对手[①]幸运得多。他不但得到一个难得的机会，能对一个活的小黑猩猩进行研究，而且他还得到了一个成年的亚洲类人猿。这个类人猿是多年来被带到欧洲的这类动物中的第一个也是最后一个成年标本。布丰在多布顿(Daubenton，1716—1800)的大力协助下，对这一动物进行了极为详细的描述，他根据其独特的身材比例，将这一动物命名为长臂猿。它就是现代的白掌长臂猿(*Hylbates lar*)。

这样，当布丰在 1766 年撰写他的巨著的第 14 卷时，亲自深入研究了一种年幼非洲类人猿和一个成年的亚洲种类人猿；另一方面，他又通过有关报道来了解猩猩和史密斯的曼特立儿的有关情况。此外，传教士阿贝·普雷沃斯特(Abbé Prévost，1697—1763)在他 1748 年发表的《航海通史》中，把珀切斯著的《巡游记》中的大部分内容翻译成法文。而且布丰在《航海通史》一书中，发现了安德鲁·巴特尔有关庞戈和恩济科论文的法文译本。布丰打算把他得到的所有资料融合在一起，写进他著作中"猩猩或庞戈和焦科(Jocko)"那一章中。他对这章标题附加了如下的注解：

> 这个动物在东印度群岛称为奥兰乌旦，在刚果的洛万多(Lowando)省，这个动物称为庞戈。

> 这个动物在刚果被称为焦科或恩焦科(Enjocko)。我们亦采用这一称呼。因 En 是冠词，我们可省略。

就这样，安德鲁·巴特尔的"恩济科"才改名为"焦科"，由于布丰著作有广泛的普及性，因此焦科的称呼便在世界各地流行起来。但是，阿贝·普雷沃斯特和布丰两人认为巴特尔严谨的论文与其说是删去冠词"En"，倒不如说是大大曲解了原著的原意。巴特尔在声明中指出庞戈"不会说话，而且不见得比其他兽类更有理解力"，但是这句话却被布丰误译为"它虽不会说话但比其他动物更有理解力"。此外，珀切斯明确地说过，"一次与他在一起时，他告诉我，有一个庞戈把他的黑童掳走，他就和它们一起住了一个月"，可是在布丰的法译本中却译为"一个庞戈把他的一个小黑人掳走，使他在这些动物的社会中住了整整一年的时间"。

---

① 此处指林奈。——译者注

　　布丰在引用了有关大庞戈的论述之后,正确地指出,时至今日所有带到欧洲的"焦科"和"猩猩"都是幼儿;而且他还指出,它们在成年时,也许长得像庞戈或"大猩猩"那样大。为此,他暂将"焦科"、"猩猩"和"庞戈"都归为一个种。这种提法或许和当时的认识水平相符。但是布丰并没有弄清史密斯的"曼特立儿"和他的"焦科"相类似的理由。我们对布丰竟把曼特立儿和一个像青脸狒狒那样完全不同的动物混淆起来,表示难以理解。

　　20 年以后,布丰改变了自己的见解,[①]而且表明了他的看法。他认为猩猩构成了一个属,下有两种:大的种是巴特尔的庞戈,小的种是焦科。焦科就是东印度群岛的猩猩;而那些由他自己和托尔披乌斯所观察的并产自非洲的兽类,不过是年幼的庞戈。

　　其间,荷兰博物学家沃斯梅尔(Vosmaer)于 1778 年发表了一篇关于一只被送到荷兰的活猩猩幼仔的非常优秀的论文和插图;而他的同胞、著名的解剖学家彼得·坎佩尔(Peter Camper,1722—1789)于 1779 年发表了一篇关于猩猩的论文。这篇论文和泰森的一篇关于黑猩猩的论文,具有同样的价值。他解剖了几只雌猩猩和一只雄猩猩,从它们的骨骼和齿列的构造进行分析,正确地推测它们都是幼仔。因此,他把这些猩猩幼仔与人进行类比之后,肯定了它们在成年时,身高不可能超过 4 英尺。此外,他对东印度群岛所产的真正的猩猩的种征,也是非常清楚的。

　　他说:"猩猩不但在毛色和长脚趾方面与泰森的矮人和托尔披乌斯的猩猩不同,而且外形也与后两种有区别。它的双臂、双手和双脚都较长,相反,按身体比例来看,拇指却短得多,而脚的大趾也小得多"[②]。而且,"真正的猩猩,也就是说,亚洲和婆罗洲[③]的猩猩并不是希腊人,更不是盖伦[④]所描述的猿(Pithecus)或无尾猿,它也不是庞戈、焦科,或托尔披乌斯的猩猩,或泰森的矮人,而是一种特异的动物。我将在下面几章中根据它的发音器官和骨骼,以最明确的方式来加以证明。"

　　几年后,东印度群岛的荷兰殖民地总统府的一位高级官员,名叫 M. 拉德马赫尔(M. Radermacher),是巴达维亚(Batavia)[⑤]文理学会的一位活跃的会员,他在学会专刊[⑥]的第二部分中,发表了一篇关于婆罗洲的叙事文。这是他在 1779 年至 1781 年写成的,其中除了记载趣闻逸事外,还包括有关猩猩的一些记载。他在文中提到,猩猩的小型种,就是沃斯梅尔和爱德华兹所说的"猩猩",仅在婆罗洲发现,它主要栖息于斑查马辰(Banjermassing)、曼帕瓦(Manpauwa)和兰达克(Landak)一带。他在旅居东印度群岛期间,曾经亲眼看见过 50 余只小型猩猩,它们的身高没有一个超过 2.5 英尺。拉德马赫尔继续说:若不是 M. 帕尔姆(M. Palm)侨居雷姆班(Rembang)时的努力,恐怕至今人们仍把大型猩猩认为是一种怪物,正是帕尔姆从兰达克回到彭蒂安那(Pontiana)时射杀了一只,并将之用酒精浸制后,送到巴达维亚,以便转送到欧洲。

―――――――――

① 《自然史》增刊,第七卷,1789。

② 《坎佩尔文集》第一卷,56 页。

③ Borneo,即现在的加里曼丹,下同。——译者注

④ Galen,130—200 年,古罗马的著名医生和解剖学家。——译者注

⑤ Batavia,即现在的雅加达,下同。——译者注

⑥ 《巴达维亚学会论文集》第二节,第三版,1826。

帕尔姆的信中记述捕获的情况如下：

"随信附上猩猩一只，送呈阁下。长期以来，我曾出价一百多维尼卡币，作为让土著抓住一只 4 英尺或 5 英尺高的猩猩的赏金。我于今早八时左右意外地听到抓获猩猩的消息。我们花了很多时间，在通往兰达克的密林中，千方百计活捉这一狰狞的野兽。为了防止它逃跑，我们甚至忘记了吃饭。而且我们还必须提防它对我们进行报复，因为它不时地用手折断粗壮的木头和新鲜树枝，并向我们猛掷。这一恶作剧一直持续到下午四时，我们才决定向它开枪。我这回的射击非常成功，而且比我过去从船上进行的射击要高明得多，因为子弹正好穿进它胸膛的一侧，以致它没有受到很大的伤害。我把它运到船头时它仍活着。我们用绳子紧紧地把它捆住，直到第二天，它因伤重而死去。当我们的船到达后，所有彭蒂安那的人，都跑上船来看它。"帕尔姆从头顶到脚跟测得它的身高为 49 英寸。

冯·武尔姆男爵（Baron Von Wurmb）是一位非常聪明能干的德国官员，他当时在荷兰东印度公司任职，并兼任巴达维亚学会的秘书。他对这一动物进行研究并作了细致的描述，撰写了题为"婆罗洲的大型猩猩或东印度群岛的庞戈"的论文。该论文刊登在《巴达维亚学会会报》的同一卷内。冯·武尔姆在完成他的描述后，于 1781 年 2 月 18 日[①]在从巴达维亚发出的一封信中写道："这个猩猩的标本浸没在白兰地酒中，已运到了欧洲，准备纳入奥林奇亲王的收藏中。"他接着写道："我们不幸地听说轮船在途中失事。"冯·武尔姆于 1781 年逝世，在信中记述的事情正是他最后的遗墨。但是他在巴达维亚学会会报第四部分上发表的遗稿中，只有对一头 4 英尺高的雌性庞戈的简短描述并附有对它的各种测量数据。

究竟两者中哪一个是由冯·武尔姆描述并被送到欧洲的原始标本呢？人们一般都认为那些标本都已送到欧洲，但我对这一事实表示怀疑。因为在《坎佩尔文选》的第一卷第 64—66 页的一篇"猩猩记"的论文中，有坎佩尔自己的附记，其中提到冯·武尔姆的一些论文，他继续写道："至今，这类猿在欧洲从来没有见到。承蒙拉德马赫尔好意送给我这些动物中的一块头骨，此猿测得为 53 英寸，即其身高为 4 英尺 5 英寸。我曾把它的一些略图送到迈因斯市（Mayence）的 M. 佐默林（M. Soemmering）那里去。在那里测量较正确，虽然其数据不能代表各部分的实际大小，但能对其外形有一个概念。"

这些略图在 1783 年已由费希尔（Fischer）和卢策（Lucae）进行了复制[②]，佐默林于 1784 年收到这些略图。如果冯·武尔姆的标本已经运到荷兰的话，坎佩尔当时不至于一无所知。可是坎佩尔却接着说："从此以后，也许又捉到几头此类怪物，因为我仅在 1784 年 6 月 27 日那天，在奥林奇亲王的博物馆看见过以前送到馆里陈列的一具保存完整的猩猩骨骼标本，但复原得很差，其高度在 4 英尺以上。1785 年 12 月 19 日，当我再次考查这一骨骼标本时，已经有一名叫奥尼木斯（Onymus）的高手，对骨骼标本进行了正确的复原。"

---

① "冯·武尔姆先生和冯·沃尔佐根男爵先生的书信，戈塔，1794"。
② 见图 7，原书漏注。——译者注

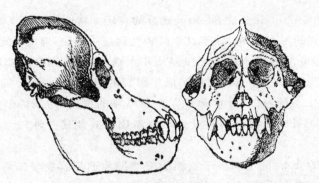

图 7　"庞戈"头骨是由拉德马赫尔送给坎佩尔的

[本图是卢策根据坎佩尔描绘的原图复制的]

因此,这一骨骼显然就是一直被称之为冯·武尔姆的庞戈的骨骼。但它并不是冯·武尔姆所描述的那个动物的骨骼,尽管在所有重要的特点上无疑都是一致的。

坎佩尔还想进一步说明这一骨骼的一些最重要特征,并指望不久后要对它进行详细的描述。但是显然,他对这个大型的"庞戈"和他描述的"小猩猩"之间的亲缘关系表示怀疑。

原本打算做的深入研究,始终未能实现。而冯·武尔姆的庞戈,碰巧跟黑猩猩、长臂猿和猩猩并列在一起,成为类人猿中第四个罕见的种。其实,庞戈和当时所认识的黑猩猩或猩猩从其标本看来似乎截然不同。因为当时所研究的黑猩猩和猩猩的标本,其身材很小,面貌特别像人,性情文雅温顺;而冯·武尔姆的庞戈却是比它们几乎大一倍的怪兽,力强性猛,表情显得更加凶猛;其口部外突,尖牙利齿,而且面颊长成凸出的鼓肉,从而显得更加丑陋。

最后,由于这支革命军队的一贯盗劫成性,他们把这个"庞戈"的骨骼从荷兰弄到了法国。而杰弗瑞·圣·希莱尔(Geoffroy St. Hilaire,1772—1844)和居维叶(Georges Cuvier,1769—1832)为了证明这个"庞戈"和猩猩完全不同,而是与狒狒有亲缘关系,他们在 1798 年发表了对于这一标本的评述。

在居维叶的《动物学概论》和他的巨著《动物界》的初版里,他甚至将"庞戈"归类为狒狒的一个种。但是,早在 1818 年,居维叶似乎已意识到自己的观点有误,从而采纳了布卢门巴哈(Blumenbach)[①]在几年前蒂勒修斯(Tilesius)提出的观点,认为婆罗洲庞戈只不过是一只成年猩猩而已。到了 1824 年,鲁道夫(Rudolphi)通过对庞戈的齿列进行了前所未有的研究之后,证明历来所描述的猩猩都是年幼动物,同时还证明这些成年猩猩的头骨和牙齿,可能应当是在冯·武尔姆的庞戈中所看到的头骨和牙齿。在《动物界》的第二版(1829)里,居维叶根据"全身各个部位的比例"和"头部孔口和骨缝的排列配置"进行推断,认为庞戈就是成年的猩猩,"至少也应当是与猩猩亲缘关系最为密切的一个种"。他的这一结论最终在欧文教授于 1835 年出版的《动物学学报》上刊登的论文以及特明克发

----

① 参阅布卢门巴哈著的《自然历史图解》(*Abbildungen Naturhistorichen Gegenstände*)第 12 卷,1810 年,和蒂勒修斯的《首次漫游俄罗斯帝国的自然历史成果》,第 115 页,1813 年。

表在《哺乳动物学专论》的论文中，得到了充分的肯定。特明克的论文之所以那么突出，就是因为他对猩猩的形态变异取决于其年龄和性别这一看法，提出了充分的证据。蒂德曼（Tiedemann）最先发表了一篇关于猩猩幼儿大脑的论文；而桑迪福特（Sandifort）、米勒（Müller）和施勒格尔（Schlegel）描述了成年猩猩的肌肉和内脏，而且还对东印度群岛的大猿在自然状态下的习性，最早做了详尽和可靠的报道；后来许多学者的研究对此又做了很多重要的补充。我们当时对成年猩猩比对其他任一种较大的成年类人猿更加熟悉。

考虑到猩猩的分布，完全局限于亚洲的婆罗洲和苏门答腊等岛屿，因此可以肯定，冯·武尔姆描述的庞戈，[①]决不是巴特尔所指的庞戈。

随着研究工作不断取得新的发现，我们对猩猩的来历更加清晰，这就使我们能够断定，那些只分布于东方的其他类人猿，就是长臂猿几个不同的种。这些猿类身材较小，因此它们不像猩猩那样引人注目，但是它们广泛分布于许多国家，更便于人们对其进行观察。

巴特尔描述的"庞戈"和"恩济科"栖居的地理区域，虽比发现猩猩和长臂猿的地方更靠近欧洲，但是我们对于非洲类人猿的了解的进展却显得比较缓慢；的确，直到最近几年，由于老一辈英国探险家的真实经历，才使我们对有关类人猿的情况有了充分的了解。直到 1835 年，上文提到的欧文教授在《动物学学报》上发表了一篇题为"论黑猩猩和猩猩的骨骼"的优秀论文后，才使人们认识到成年黑猩猩的骨骼。因为这篇论文描述准确、对比周密、插图优美，不仅是了解黑猩猩，而且也是了解所有类人猿骨架的一篇划时代的杰作。

这篇描述详尽的研究论文，明确表明年老的黑猩猩与泰森、布丰和特雷尔（Traill）所了解的年幼黑猩猩，在身材和容貌上完全不同，而且年老猩猩和年幼猩猩间的情况也是如此。后来，萨维奇（Savage）先生和美国传教士兼解剖学家怀曼（Wyman）先生的重要研究工作，不仅证实了欧文的这一结论，而且还增加了很多新的资料。[②]

在萨维奇博士许多有价值的发现中，最有趣的是今天生活在加蓬地方的土著，把黑猩猩叫做"恩契埃科"（Enché-eko），这个名称显然与巴特尔的"恩济科"是相同的。这一发现已为所有后来的研究者所证实。既然巴特尔的"小怪物"的真实存在已得到证实，我们自然就有理由更有把握地推测，巴特尔所说的"大怪物"——"庞戈"迟早也会为人们所发现。而实际上，在 1819 年，一位当代的旅行家鲍迪奇（Bowdich）的确从土著中发现了强有力的证据，证明了第二种大猿的存在，这种猿被称为"印济纳"（Ingena），"身高 5 英尺，肩宽 4 英尺"，它搭建了一所粗陋的房子，自己却睡在房子外面。

1847 年，萨维奇博士有幸在类人猿领域，又做出了一个极其重要的贡献。在一次旅途中，由于意外地被加蓬河所阻挡，在一位名叫威尔逊牧师的住宅里，他见到了一块头

---

① 总而言之，我对是否存在好几种猩猩的问题，并无成见。

② 参看汤姆士·萨维奇著的《黑猩猩的外部特征和习性的观察》和 M. D. 杰弗里斯·怀曼写的"有关类人猿的组织"（《波士顿自然历史》第四卷，1843—1844 年）；和相同作者们写的"类人猿大猩猩的外部特征、习性和骨学"，杂志同上，第五卷，1847 年。

骨,据土著说"它是一种像猿类的动物,大小、凶恶的样子和习性等,都很引人注意"。萨维奇博士说:"从这个头骨的轮廓,以及几位机敏的土著所汇报的情况来判断,我相信这个头骨属于猩猩的一个新种(此处所说的猩猩和以往一般对"猩猩"所引用的意义相同,即指大猿)。我向威尔逊(Wilson)先生表达了这一看法,并表达了要继续进行研究的愿望。如果可能的话,还想找一个活物或死的标本来研究,以做出定论。"萨维奇和威尔逊两位先生合作研究的结果,不仅对这一新的动物的习性做了非常完整的描述,而且使上面提过的优秀的美国解剖学家怀曼教授,能够依据这一丰富的资料,对这一新种的重要骨骼特征进行描述,这对科学具有更重要的贡献。加蓬当地的土著将这种动物称为"恩济埃纳"(Engé-ena),这个名称显然与鲍迪奇(Bowdich)博士的"印济纳"相同,而萨维奇博士确信所有类人猿中最后发现的这个种,正是学者们长期探求的巴特尔的"庞戈"。

这个结论的正确性不容置疑,因为"恩济埃纳"不仅以其陷凹的双眼、高大的身材和灰褐或铁灰的肤色等为特征,跟巴特尔的"大怪物"完全相同;而且居住在这些纬度的其他类人猿中只有一种黑猩猩,由于形体较小立刻就可以认出它是"小怪兽",根据这一特征,加上它的体毛是黑色而非灰褐色,依此就可以排除它是"庞戈"的可能性。这个动物至今仍沿用巴特尔所熟悉的"恩济科"或"恩契埃科"等名字。有关它的重要情况在上面已经提及,在此不再赘述。

然而,萨维奇博士在为"恩济埃纳"定种名时,巧妙地避开了被滥用的"庞戈"这一名字。但是他在汉诺(Hanno)古老的《巡游记》中,找到了"戈列拉"(Gorilla)一词,并将它用在某些满身长毛的野人身上。这一野人是迦泰基(Carthaginian)的航海者在非洲海岸的一个岛上所发现的。萨维奇将他的新猿用上"Gorilla"这一种名,这就是"戈列拉"在当前成为耳熟能详的名称的由来。但是,萨维奇博士比他以后的某些学者更加谨慎,他绝不把自己发现的猿类鉴定为汉诺的"野人",他仅仅说这些"野人""可能是猩猩的一个种。"而我非常同意M. 布鲁勒(M. Brullé)的意见,我认为把现代的"戈列拉"鉴定为迦泰基海军上将所指的"戈列拉",是毫无根据的。

自从萨维奇和怀曼的论文发表之后,欧文教授和巴黎植物园已故的迪韦尔努瓦(Duvernoy)教授曾分别研究过"戈列拉"的骨骼。迪韦尔努瓦教授还进一步补充了一篇重要的文章,该文记述了肌肉系统和其他很多软体部分。与此同时,非洲的许多传教士和旅行家已经确认并补充了有关大型类人猿习性的原始论述。这个类人猿非常幸运地成为第一个为世人所知,同时也是最后一个对其进行科学研究的动物。

自从巴特尔对珀切斯讲述他的"大怪物"和"小怪物"故事以来,至今已经历了两个半世纪,花了这么长的时间,最终才取得了确切的成果,即类人猿(Anthropoids)共有四个不同的类型:在东亚有长臂猿和猩猩,而在西非有黑猩猩和大猩猩。

上文已对类人猿的发现史作了详细的叙述,这些类人猿在身体结构和分布特征上有共同之处。它们的齿数与人相同,即在成年期,上下颌各有 4 枚门齿,2 枚犬齿,4 枚假臼齿(前臼齿)和 6 枚真臼齿(臼齿),即总共有 32 枚牙齿;而在幼儿时期的乳齿,总共只有20 枚,即上下颌各有 4 枚门齿,2 枚犬齿和 4 枚臼齿。这些类人猿被称之为狭鼻猿类,即它们的鼻孔朝下,两鼻孔之间有一狭隔膜。此外,它们的双臂总是比双腿长,但它们臂腿长度之间的差别因种而异,即有的大些,有的则较小。因此,如把这四种猿按臂长和腿长的比例依次进行排列,就形成一个系列,即猩猩为 $1\frac{4}{9}:1$,长臂猿为 $1\frac{1}{4}:1$,大猩猩为 $1\frac{1}{5}:1$,而黑猩猩则 $1\frac{1}{16}:1$。这四种猿,前肢的末端都有手,手上具有或长或短的拇指;可是足的大趾总比人小些,但远比人的大趾灵活,并跟拇指一样,能与其他趾相对握。这些猿类都没有尾巴,也没有像猴类中常具有的那种颊囊。另外,它们都栖居在旧大陆地区。

长臂猿在类人猿中,身材最小、最苗条,而且四肢也最长。它们的两臂与身长的比例,比任何一种类人猿都要长些,所以当它们直立时,两手可触及地面。它们的手比脚长,而且只有这种类人猿的臀部具有胼胝,这点与比它低等的猴类相同。它们有各种不同的肤色。猩猩在直立时,前肢手臂能伸到脚踝。它们的拇指和大趾都很短,而且它们的脚比手长。它们满身长满红褐色的毛;成年雄性的面部两侧,一般各有柔韧的、像脂肪瘤一样的半月状突出物。黑猩猩的臂长过膝;它们的拇指和大趾都很大;体毛黑色,而脸皮却显得苍白。大猩猩的臂长可达腿的中部,具有大的拇指和大趾;脚比手长;脸黑,体毛呈灰色或暗褐色。

博物学家把这些类人猿定为不同的属和种,从我当前撰写本书的目的来看,没有必要对这些属种的不同特征进行详细描述。但值得一提的是,猩猩和长臂猿分别归为两个不同的属,前者为猩猩属(*Simia*),而后者为长臂猿属(*Hylobates*)。而对于黑猩猩和大猩猩,有人简单地将它们定为一个属的不同种,即穴居猿属(*Troglodytes*)的两个种;而有的则把它们定为两个属,黑猩猩仍保留为穴居猿属,而"恩济埃纳"或"庞戈"(即上述的"戈列拉")归为大猩猩属(*Gorilla*)。

要取得类人猿的习性和生活方式的可靠知识,要比获得其体型构造的正确信息更难得。

在上一代人中,要发现像华莱士那样的人是很难的,他在身体、心理和道德上都适于在美洲和亚洲的热带原始森林里进行探险,而不致受到伤害。就在这次探险中,他搜集了丰富的资料。同时他还根据这些资料,敏锐地得出了合理的结论。但是作为一个普通的探险者或采集者,要到猩猩、黑猩猩和大猩猩喜欢栖居的亚洲和非洲的赤道地区的密林,会碰到许多意想不到的困难;即使是到瘴气弥漫的海岸地区作短时间考察,就得冒生命危险,当他面对腹地的危险有所退缩也就在所难免了。也难怪他们只好满足于鼓励那些对当地气候较为适应的土著提供各种近似神话的报道和传说,这些土著太乐意这样做了,而他们则根据这些材料加以整理。

有关类人猿习性的早期论述,大部分都是按照这一方式取得的。必须承认,甚至如今流行的报道,大部分也都没有非常可靠的依据。现在我们所掌握的有关长臂猿的最好资料,几乎全部是根据欧洲人提供的直接证据。而接下来的最好证据,是有关猩猩的论述。至于我们对黑猩猩和大猩猩习性的知识,还非常需要受过训练的欧洲人能提供更多的目击证据,加以证实和补充。

因此,要力图对我们认为是可信的、这些动物的情况形成一种见解,先从了解得最多的类人猿,即长臂猿和猩猩开始,可能较为合适。同时要利用这些类人猿的完全可靠的资料,作为大致判断关于其他类人猿记述真伪的标准。

长臂猿①共有六个种,它们分别发现于爪哇、苏门答腊、婆罗洲等亚洲岛屿,并穿过亚洲大陆的马六甲、暹罗②、阿拉干到印度斯坦(Hindostan)③的某部。④ 最大的长臂猿其高度自头顶到脚跟可达三英尺零几英寸,比其他类人猿要矮些;由于其身材苗条,以致从整体看,其个子既矮又瘦小。

萨洛蒙·米勒(Salomon Müller)博士是一位荷兰资深博物学家,他旅居东印度群岛多年,关于他的个人经历,我将会多次提及,据他所述,长臂猿是真正的山栖动物,喜欢栖住在山坡和山脚,尽管它们很少登上超过无花果树分布的范围。它们整天攀爬于高高的树梢间,可是一到傍晚,便结成小群来到开阔的地面上。一旦发现人,它们便马上冲向山边,然后消失在阴沉沉的山谷中。

所有目击者都证实,长臂猿能够发出巨大的叫声。根据我刚才提到的那位作者⑤说,其中有一只叫赛曼(Siamang)的长臂猿,它所发出的声音"低沉而凄厉,其音调像是阁—爱克、阁—爱克、阁—爱克、阁—爱克、哈、哈、哈、哈、哈、哈(gōek,gōek,gōek,gōek,gōek ha ha ha ha haaāāā),即使在半里格外都能容易地听到"。当它吼叫时,与发声器官有关的喉咙之下有一个大膜袋,即所谓的"喉囊",会变得非常膨大;可是当长臂猿恢复平静时,喉囊便随之缩小。

图8　一种长臂猿[帽长臂猿(*Hylobates pileatus*)]

[依据沃尔夫(Wolf)]

M. 迪沃歇(M. Duvaucel)同样也肯定赛曼的叫声数英里之外亦能听到,而且在森林中久久回响。马丁(Martin)先生⑥亦描述敏捷的长臂猿在一个房间里吼叫时声音"震耳欲聋",而且"从叫声的强度能很好地推算它在广阔森林中产生的回响"。据一位有成

---

① 图8,原文漏注。——译者注
② 即现今的泰国。——译者注
③ 指恒河流域,下同。——译者注
④ 后来发现我国海南岛和云南南部,也属于长臂猿分布区。——译者注
⑤ 指萨洛蒙·米勒。——译者注
⑥ 《人类和猴类》,423页。

就的音乐家和动物学家沃特豪斯（Waterhouse）[1]先生说："长臂猿的叫声肯定要比他以前听过的任何一位歌手的歌声强有力得多。"值得提醒的是，长臂猿的身材大小还不到人身高的一半，而且身材按比例要比人瘦小得多。

已有充分的证据表明，不同种的长臂猿都很容易采取直立的姿势。乔治·贝内特（George Bennett）先生[2]是一位出色的观察家，他描述了一只他饲养了一段时间的雄性合趾长臂猿（*Hylobatus syndoctylus*）。他说："当它在平地上时常常直立行走，双臂或者下垂，这就使它能借助指关节支撑地面帮着步行；或更常见的是，高举双臂，几乎成直立的位置，用悬垂的双手随时去握着一根绳索，一遇到危险或见到生人冒犯时便向上爬。它在直立行走时走得虽然相当快，但走路的姿态却是摇摇晃晃；一旦被人追赶，又没有机会攀登逃逸时，便马上四肢着地进行逃跑……当它在直立行走时，两腿和两脚均向外，以致造成它走路摇摇摆摆，好像弯腿走路的样子。"

巴勒（Burrough）博士还描绘了另一种名叫"霍拉克"（Horlack）或"胡勒克"（Hooluk）的长臂猿。

> 它们直立步行；当它们在地板上或在一个开阔的旷野上直立行走时，通过把双手高举过头顶，两臂在腕部和肘中稍稍弯曲，从而稳妥地让自己保持平衡姿态，然后便左右摇晃地向前猛跑；如果被迫要加快速度时，它们便将前肢（双手）着地协助奔跑，这样看来它是在跳着而不是跑着向前，但是，它们的身体仍然保持了近乎直立的姿态。

然而，温斯洛·刘易斯（Winslow Lewis）博士[3]提供的证据却多少有些差别。

> "长臂猿行走的唯一方式是靠其后肢或下肢的末端，前肢或上肢则向上高举，以便保持身体的平衡，正如在庙会走绳索的艺人，手持长棍来保持身体的平衡一样。它们举步前进时，不是靠两腿交互向前移动，而是双腿同时并举，就像跳跃一样"。萨洛蒙·米勒博士也提到，长臂猿在地面行走时，仅靠后肢做一系列蹒跚状的近距离跳跃，身体在跳跃时却一直保持直立的姿势。

马丁先生（同书，第 418 页）也从他自己的亲身观察，大体上谈到了长臂猿的情况：

> 长臂猿非常适应于树栖生活，它们在树枝之间攀跃时表现得无比灵活，但在平地行走时，人们可以想象到它们是那样的笨拙和忸怩不安。它们直立行走时姿态摇摆不定，但步伐灵巧。为使身体保持平衡，它们或者用两手屈曲着指节交替地接触地面，或者高举双臂。它和黑猩猩一样，行走时狭长的整个脚底迅即着地又抬起，完全没有弹性的步伐。

根据这些大量并存和独立的证据表明，人们没有理由怀疑长臂猴平常习惯于采取直立姿态。

但是平地并不是长臂猿展示它们异常特殊的运动能力的地方。根据这一异常的运动能力，人们几乎要将它们归到飞翔的哺乳动物中，而不是普通的攀缘哺乳动物。

---

① 其全名为沃特豪斯·霍金斯（Waterhouse Hawkins）。——译者注
② 《新南威尔士漫游记》第 2 卷，第八章，1834 年。
③ 见《波士顿博物学杂志》第 1 卷，1834 年。

马丁先生在 1840 年对生活在动物园的一种敏捷长臂猿(*Hylobates agilis*)的动作,发表了一篇优秀和生动的报道,在此我将全文摘引如下:

几乎难以用文字来表述一只雌性长臂猿动作的敏捷和灵活,她确实可称之为空中动物,因为当她在树枝间攀爬跳跃时,整套动作运用自如。在此过程中,她的双手和双臂就是她在林中活动的专用器官;她用一只手(例如右手)支撑着树枝,身体好像被一根绳子挂在树上一样,用力纵身向前、说时迟那时快左手瞬间握住远处的一根树枝,然后又迫不及待地纵身向前,此时再用右手攀上前面她瞄准的树枝,并马上换手。就这样两手不断交互攀握树枝而奋力前进。照这样,每次可以移动 12 英尺至 18 英尺的距离。几小时的轻松前行,毫无疲劳的样子。显然,如果树林中有更大的空间,她每次就能轻易跳过远远超过 18 英尺的距离。因此迪沃歇曾明言,他曾经看见过长臂猿从一树枝跳到另一树枝,其距离竟可达 40 英尺之多,这话虽然令人惊讶,但还是可信的。有时,她在握着树枝前进时,仅用一臂之力,就将自己掷出,并以极快的速度绕着树枝旋转一圈,其速度之快令人目不暇接,然后又以同样的速度继续向前。观察此时的长臂猿怎样突然停住,是件特别有趣的事。从她旋转跳跃的速度而产生的冲力和跳跃的距离来看,如果要突然停止,她似乎应当把动作速度逐渐放慢。但只见她在飞跃的过程中,突然抓住一根树枝,把身体举起,就像是玩魔术一样,忽然又用脚握住树枝,便安稳地坐在枝上。接着她又突然继续向前跳跃。

下面提到的事实,将显示她的某些动作多么灵活和敏捷。人们把一只活鸟自由地放飞在她住的笼里;她在凝视鸟的飞行时,同时向远处的树枝做远距离的飞跃,只见她在飞跃过程中一手抓住这只鸟,另一手则握住那一树枝。她同时很成功地达到既抓住鸟又抓住树枝这两个目的,就好像她把注意力只集中到一个目标那样。还得补充说明的是,她抓住鸟后,马上把鸟头咬断并将其羽毛拔掉,然后随手扔掉,并不打算将它吃掉。

在另一种情况下,这一动物从她栖息的树上,跃过至少 12 英尺宽的通道而撞向一扇窗户,人们不禁猜想那扇窗玻璃是否会被打破,但事实并非如此。令人感到惊讶的是,只见她用手抓住窗玻璃之间狭窄的窗框,不一会儿就以相当的冲力又跳回她原来离开的笼子。这说明,完成上述动作不但需要很大的力气,而且还需要最大的精准度。

长臂猿的性情似乎很温和,但有充分的证据证明,当它被惹怒时,便会凶猛地咬人,如有一只雌性敏捷长臂猿曾用她那长长的犬齿凶猛地将一位男子咬成重伤并致其死亡;而且,她还伤害过其他很多人,为了防备起见,人们便将她那些令人望而生畏的牙齿锉平。但是,一旦当她遭到威吓时,她还会对饲养员怒目而视。长臂猿吃各种各样的昆虫,但一般似乎并不吃动物性食物。可是,贝内特先生曾看见过一只长臂猿捉到一只活蜥蜴,并贪婪地将它生吞。长臂猿喝水时,通常将手指沾在水中,然后舐指头上的水。人们断定它们是坐着睡觉的。

迪沃歇肯定,他曾见过很多雌性长臂猿把幼儿带到水边,替幼儿洗脸,而且不顾幼儿的啼哭和反对。贝内特先生曾作为一个趣闻,告诉过我们,它们在遭到囚禁时,仍显得温顺可爱,就像被宠坏的儿童那样喜欢搞恶作剧,爱耍脾气,决不缺乏某种是非观念。贝内特所饲养的长臂猿好像有一种喜欢把小屋里的东西弄得乱七八糟的怪癖。它对其中的一块肥皂特别感兴趣,由于挪动这块肥皂,曾一再遭到贝内特的责骂。贝内特说:"有一天早晨,我正在写字,这只长臂猿就在小屋里,当我用两眼盯住它时,我看见这个小家伙正拿着那块肥皂。我趁它不注意便盯着它的一举一动,而它也不时地向我坐的地方窥视。我装作在写字的样子,它看我正在忙我的事时,便用爪抓住那块肥皂偷偷跑掉了。当它跑到屋子中间时,我以一种不让它受惊的声调轻轻地和它说话。它发现我看见了它,就马上走回来,并把那块肥皂放回到与原处接近的地方。从它的举动看来,肯定存在着某种超越本能的意识。即从最初偷走肥皂到最后送回肥皂的行动中,它明显地流露出做错事的意识,也就是说,如果不是一种意识在作怪,还能有什么理由来解释这一现象呢?"

由萨洛蒙·米勒博士和施勒格尔博士合著的《荷兰殖民地博物史(1839—1845)》,是当前对猩猩最详尽的博物学记述,而我讲述的有关猩猩这一课题,几乎完全根据上述两位作者在其论著中的记述。同时我还从布鲁克、华莱士和其他作者的著作中,引用过一些重要的细节,补充到各个章节里。

猩猩的身高看来似乎很少超过 4 英尺,但其身材却很庞大,据测量它的身围,是身高的三分之二①,见图 9。

一方面,猩猩仅分布于苏门答腊和婆罗洲,但它们在这些岛屿也不常见。它们常住在这两岛低矮平坦的平原上,而从未在山区发现过。猩猩喜欢栖居在从海岸延伸到内地的极为茂密的森林中。因此,猩猩只在苏门答腊东部有森林分布的地方才可以见到,尽管偶尔也发现它们游荡到西部地区。

另一方面,在婆罗洲,除了在山区和人口稠密的地方外,其他地区一般均有猩猩的分布。在适宜的地区,猎人如果运气好,则一天内可以遇到三四只猩猩。

除了在交配期,老年雄猩猩常常是独居生活,而那些老年雌猩猩则和未成年的雄猩猩往往三五成群。年老的雌猩猩偶尔有小猩猩陪伴着,但是怀孕的母猩猩通常是分居的,且有时分娩幼仔后仍继续分居。小猩猩似乎得到母猩猩极长时间的抚养,这可能是由于小猩猩生长缓慢的缘故。当母猩猩在攀登时,总是把小猩猩抱在怀里,这时小猩猩就紧紧抓住母猩猩的毛②。至于究竟到几岁时小猩猩才具有生殖能力,以及母猩猩和小猩猩一起究竟要住多久,都不太了解,但看来很可能要到 10 岁或 15 岁才成年。在巴达维亚,有一头饲养了 5 年的雌猩猩,还没有达到野生雌猩猩身高的 $\frac{1}{3}$。很可能当它们成年

---

① 据特明克引用的资料,最大的猩猩直立时的高度为 4 英尺;但他提到他刚收到一个最近捕获的猩猩的消息,这只猩猩的身高为 5 英尺 3 英寸。据施勒格尔和米勒称,他们的一只最大的老年雄猩猩,直立时高为 1.25 爱尔(el,荷兰度量单位——译者注),从头顶到脚趾末端的高度为 1.5 爱尔。最大的老年雌猩猩站立时身高为 1.09 爱尔。在皇家外科学院博物馆的一副根据直立姿态而还原的成年猩猩骨架,从头顶到脚底的高度为 3 英尺 6~8 英寸。汉弗莱(Humphry)博士根据两只猩猩得到的平均身高为 3 英尺 8 英寸。华莱士先生根据两只猩猩测得的平均高度也为 3 英尺 8 英寸。华莱士先生观察了 17 只猩猩,其中最大的一只,从脚后跟到头顶高为 4 英尺 2 英寸。但斯潘塞·圣·约翰(Spencer St. John)先生在他的《远东林中生活记》一书中,报道了一只猩猩,从头到脚后跟的全高为 5 英尺 2 英寸,脸宽 15 英寸,手腕粗达 12 英寸。看来圣·约翰先生的数据并不是他亲自测量的。

② 参看华莱士在 1856 年发表于《博物学年鉴》的一篇有关一只小猩猩幼儿的论文。华莱士作了一个有趣的试验,他用水牛皮做了一只假的母猩猩。但这一欺骗手法挺有效。幼猩的全部经验是当它一旦碰到毛就联想到乳头。它触到水牛皮上的毛后便尽全力在上面找乳头,但终归落空。

图9 一只成年的雄性猩猩

（依据米勒和施勒格尔）

后,还要继续生长。尽管长得较慢,但它们可以活到四五十岁。据戴耶克人(Dyaks)[1]称,那些年老的猩猩,不但满口牙齿都已脱落,而且攀登时也显得相当困难,它们靠那些被风刮落下来的果实和多汁的野草来维持生活。

　　猩猩动作迟钝,完全不像长臂猿那样,具有那种令人难以置信的活力。似乎只有饥饿才能激发它们。可是,一旦吃饱肚子,便故态重演,又进入懒洋洋的状态。当它坐下来时,便弯腰俯首,两眼直盯着地面。它们有时用手抓住树枝,有时却把两手无力地垂在体侧,甚至可以在原地几乎不动,以同一姿势呆上好几个小时,而且还不时地发出深远而低沉的吼叫声。在白天,它常常是从一棵树梢攀缘到另一棵树梢上。只有在晚上,它才从树上爬到地面。万一遭到危险威胁,它便立即躲藏到树底下的阴暗处。如果不被猎人所袭击,它可以长时间逗留在同一地方;而且有时可在同一棵树上,呆上好几天,并在树枝间找一个坚实的地方,作为它睡觉的床。猩猩很少在大树的顶上过夜,这可能是由于树顶风太大又冷的缘故。一旦夜幕降临,它便从树的高处下来,在树的较低和较暗的地方,或者在树叶多的树枝上,找到一个合适的"床"就寝。在这些小树中,它们偏爱尼帕棕榈、露兜树,或那些使婆罗洲原始森林显现特有景观的寄生兰中的一种。但不管在什么地

---

① 婆罗洲的本地人。——译者注

方,只要是它确定要睡觉之后,它就为自己搭建一个巢。这种巢选用小树枝和树叶,铺在它选定地点的周围,然后它将树枝弄弯,和叶子相互交叉在一起,再铺上蕨类、兰类和露兜树、尼帕棕榈及其他植物的大型叶子,以使床铺变得柔软。米勒所看见的那些巢,多数是最近才搭建的,它们位于离地面 10 英尺到 25 英尺的高处,而其周边长度平均为二三英尺。有的巢竟填了几英寸厚的露兜叶,另外一些,显然仅仅是把折断的树枝,围绕一个共同的中心铺设成一个规则的平台。詹姆斯·布鲁克(James Brooke)爵士说:"他提到的在树上所建成的简陋茅舍,既没有屋顶,也没有任何遮盖,将其称之为坐席或巢更为合适些。它们造巢之敏捷,真令人感到吃惊。我曾经有机会见到一只受伤的雌猩猩,只见它仅用了一分钟,就把树枝编在一起,然后就坐在其上。"

根据婆罗洲的本地人戴耶克人说,猩猩在太阳从地平线升起和在大雾被驱散之前,难得离开它们的床舍。它们每天大约上午九时起床,大约下午五时就寝,但有时一直推迟到黄昏以后才入睡。它有时仰睡,或者转向左侧或右侧而睡,将两腿向躯体收缩,把手枕在头下。当夜间寒冷、刮风或下雨时,它常常把建造床铺时用的露兜树、棕榈、蕨类等大量叶子,覆盖在身上,而且特别注意将头埋在树叶里。就是这种遮掩身体的习性,也许是导致猩猩能在树上建造茅舍的传说的起因。

虽然猩猩在白天大都栖息在巨树的树枝之间,却很少见到它们像其他类人猿,特别是长臂猿那样,蹲在一根粗大的树枝上。相反,猩猩只栖息在细小、长满叶子的枝丛中,所以它栖居在树顶上的身影刚好能落入人们的视野,这种生活方式跟猩猩后肢的构造,尤其是跟它臀部的构造有着密切关系。由于它的臀部不像许多低等猿类,甚至像长臂猿那样具有胼胝,它们那称之为坐骨的骨盆,在表面形成了坚固的骨架,猩猩坐着的时候,身体就靠这个骨架支撑,它的骨盆不像其他具有胼胝体的猿类那样张开,倒是更像人类的骨盆。

猩猩在攀登时,是那样地缓慢,而又小心翼翼,[①]它的动作看来更像人而非猿。它在攀登时,特别注意自己的双脚,似乎要比其他猿类更经不起受伤的样子。长臂猿在树枝间来回摆动时,主要是靠它的前臂;而猩猩不像长臂猿,它甚至从不做最短距离的跳跃。在攀登时,它的手脚交互向前移动,或者用手紧紧抓住树枝之后,将两足一同收缩。在从一棵树跳到另一棵树时,它总是要找到两棵树枝接近或者是两枝交叉的地方。就是当它被紧追时,它那小心翼翼的模样也实在令人惊叹:先摇一摇树枝,看它是否能载得起自己,然后才逐渐地把自己的体重靠在一根悬垂的树枝上,使树枝压弯形成一座桥,然后从这棵树爬到另一棵树上。[②]

猩猩在地面上总是靠四肢行走,显得既费劲,又摇摇晃晃。刚起步时,它比人要跑得快,但不久之后就会被人赶上。当它奔跑时,它那长长的双臂只稍作弯曲,身体明显地站立起来,姿势就好比一个驼背老人扶着拐杖走路一样。猩猩在行走时,身体通常一直向前,不像其他猿类那样,在奔跑时身体多少向两侧倾斜;除了长臂猿以外,它在行走方式和其他很多方面,都明显与其他的猿类有别。

---

① 詹姆士·布鲁克伯爵在《动物学会会报》(1841)的一文中说:"它们是所有猿猴类中行动最迟缓、活动最少的动物,而且它们的动作是惊人地笨拙和粗鲁。"

② 华莱士先生关于猩猩步行方式的论文和这里的描述几乎完全一致。

猩猩不能把它的双足平踩在地面上,而是靠脚底外缘来支持其体重。脚跟更多着地,而弯曲的脚趾通过其第一个关节的上部着地,双脚的最外侧两趾则完全着地。它的双手则以相反的方式起到支撑作用,亦即手的内侧成为主要的支撑力量。手指以这样一种方式弯曲,即手指的前面关节,尤其是最内侧两个手指[①]的前面关节以上部分着地,而可以伸直和自由活动的大拇指指尖,不过作为一个辅助支点而已。

猩猩从来不是单靠它的后肢站立,可是,所有的插图都把它画成后腿站立,而且还错误地认为,它是用棍棒来防护自己的;其他类似的插图,也同样是虚构的。

猩猩的长臂具有特殊的作用,它不但用于攀登,而且可以从不能支持其体重的树枝上采集食物。无花果、各种花和不同类型的嫩叶都是猩猩的主要食物。但是曾在一只雄猩猩的胃里,发现过两三英尺长的竹片[②]。还没有听说过它们曾吃活的动物。

猩猩在幼小时被活捉后加以饲养,会逐渐变得驯服。它们似乎的确想融入人类社会。尽管在外观上显得迟钝不够活泼,但它毕竟是一种非常粗野而又胆怯的动物。婆罗洲本地的戴耶克人曾断言,当老年雄猩猩仅受箭伤时,有时竟然离开树林,并愤怒地向它们的敌人冲击。在这种时刻,它的敌人出于安全只能马上奔逃,否则如果被抓住,肯定会遭到猩猩的杀害。[③]

尽管猩猩力大无比,但却少有自卫企图,特别是当它们受到火器攻击时。它们遇到这一情况,便尽力隐匿自己,或者沿着树梢逃逸。它一边逃,一边折断树枝,并将断枝掷下。当它们受伤后,便逃到树梢的顶端,而且发出一种怪叫,声音单调,最初是尖厉、刺耳,经过较长时间后,便转为发出像豹子那样低沉的吼声。当猩猩发出高音时,便把自己的嘴唇,突出成漏斗状;而当发低音时,就把嘴大大张开,同时它的大喉袋囊也变得膨胀起来。

据婆罗洲本地的戴耶克人说,能与猩猩较量高低的动物仅有鳄鱼。当猩猩到水边时,偶尔会被鳄鱼捉住。但是当地人说,猩猩要比鳄鱼凶猛,它或者将鳄鱼打死,或者把鳄鱼的上下颚扯成两半,致使其喉咙撕裂。

上述的大部分情节,可能是米勒博士从婆罗洲戴耶克猎人的报告中得来;但据说有一头身高 4 英尺的大雄猩猩,经过他一个月的饲养观察后,才知道它有一种非常坏的性格。

---

① 食指和中指。——译者注

② 原文如此。——译者注

③ 1841 年出版的《动物学会会报》中,发表了詹姆士·布鲁克爵士致沃特豪斯先生的一封信。信中说:"从我能观察到的有关猩猩的习性来看,我们能很好地觉察到,它们显得十分迟钝和呆慢,当它们被追赶时,从来也跑不快,因此,在通过一片不很稠密的森林时,我能很容易地去追上它们;即使途中遇到某种障碍(如涉水没及颈部),使它们能赶到我们前面一定的距离,可是它们却肯定要站着不动,从而使我能赶上它们。我从未看到猩猩具有丝毫的防御企图。在追踪的过程中,有时树枝因经不起猩猩的重量而被折断,于是我们耳边传来了嘁嘁喳喳的声音,但是它们并不像某些人所说的那样,把树枝掷过来。但是,如果它们被追得很紧时,那么帕潘[Pappan,猩猩的地方名称——译者注]就会变得更加的凶猛可怕。有一位倒霉的人,他随着一伙人正要活擒一只大猩猩,结果丧失了两个手指,而且脸部也被猩猩严重咬伤,猩猩终于把所有追捕它的人打退,然后逃之夭夭。"

另一方面,华莱士先生证实他曾多次亲眼看到猩猩被追赶时将树枝掷下来。"的确它并非把树枝掷向某一个人,不过是把树枝垂直地掷下来而已,这是因为从很高的树顶上,显然不可能将树枝掷得很远。有一次,有一只叫米埃斯的雌猿待在一棵榴梿树上,连续不断地将树枝和重而带刺的果实(大的重达 32 磅)投掷下来,至少持续了 10 分钟之久。它就采用这种举动有效地使我们无法接近它所栖之树。我们可以看到它在折断和掷下树枝时所表现的各种激怒的样子,它还不时地发出和唧筒一样高昂的哼声,这样子分明是一种恶作剧。"——参阅 1856 年《博物学年鉴》中"猩猩的习性"一文。你将会注意到这一叙述和外交官帕尔姆信中所包括的上述引文(本书第 11 页)是完全一致的。

米勒说："它是一种非常野蛮的野兽,既健壮无比,又极其狡诈;如有人走近它跟前时,它就缓慢地站起来,并发出一种低沉的咆哮,两眼紧紧盯住它要攻击对象的那个方向,并慢慢地把手从笼子的横杆间伸出,迅即伸出长臂,进行突然袭击,通常抓住人的脸部。"它从来不用嘴咬人(尽管猩猩彼此间互相对咬),它的双手就是它进行攻击和防卫的重大武器。

猩猩的智力是非常高的。米勒认为,尽管猩猩的能力曾被高估,但是,如果居维叶看过这一标本,就不会认为它的智力只不过比狗的智力稍高一些而已。

它的听觉相当敏锐,但是视觉似乎不太完善。它的下唇是重要的触觉器官,而且在喝水时起了非常重要的作用,下唇向外伸出时,犹如一个水槽,既可以盛住正在下的雨水,也可以接纳半瓢椰壳容量的水,用来满足猩猩本身喝水的需要。而且,猩猩喝水时,它就把瓢里的水,倒入由下唇突出而形成的槽内。

在婆罗洲的马来人,把猩猩叫做"奥兰乌旦"(Orang-Utan),戴耶克人称之为"米埃斯"(*Mias*),戴耶克人把当地的猩猩分为几个种,如帕潘米埃斯(*Mias Pappan*)或济莫(*Zimo*),卡苏米埃斯(*Mias Kassu*)及兰比米埃斯(*Mias Rambi*)。但是上述提到的几个种,是否归为不同的种,或者仅仅是不同的种族(races),以及其中无论哪一种与苏门答腊的猩猩的相似程度究竟怎么样(华莱士先生认为帕潘米埃斯和苏门答腊的猩猩是相同的),这些问题至今仍悬而未决。而且这些大猿的变异范围很大,要解决这一问题实非易事。华莱士先生[1]对于那个叫做"帕潘米埃斯"的猩猩观察记述如下:

它以身材高大和脸面侧向膨胀形成颊肌上脂肪质的隆起或隆脊这些特征,而为人们所熟知。因为这些隆起完全柔软平滑并具伸缩性,曾被误称为胼胝(Callostities)。我所测量的 5 只猩猩的数据有所不同,如从脚跟至头顶的高度,仅有 4 英尺 1 英寸~4 英尺 2 英寸;而它的身围为 3 英尺~3 英尺 7 英寸半;两臂伸展时的范围为 7 英尺 2 英寸~7 英尺 6 英寸;脸的宽度从 10~13$\frac{1}{4}$ 英寸。毛发的颜色和长度亦随个体不同而异,即使同一个体也因其所处部位不同而变化。有的在大脚趾上有发育不全的爪,而其他的却一点也没有。但它们在其他方面并未显出在外部形态上具有甚至足够依据其来划分为变种的差异。

可是,当我们鉴定这些个体的头骨时,还发现它们在形状、各部分的比例和大小上,都存在明显的差别,没有两个头骨是完全一样的。面部侧面的斜度,口鼻部的突出程度,连同头骨的大小都不一样。这就犹如人类之中,高加索人和非洲人的头骨之间,彼此存在着明显的差异一样。眼眶的高度和宽度均有差异;颅骨脊或单或双,或充分发育或发育很差。颧骨孔的大小变异很大。头骨在比例上的这一差异,使我们能满意地解释具单脊突与双脊突头骨所形成的明显差异,也就是根据两种不同的头骨,曾经被认为足以证明两种大型猩猩的存在。头骨外表大小的变异相当大,而颧骨孔和颊肌也存在同样的差异;但是它们彼此之间并不存在必然的联系,一块小的颊肌常长在大头骨表面,同样,小头骨上也会长大颊肌。具有最大和最强的颌和

---

[1] 关于大猩猩或婆罗洲的米埃斯刊于 1856 年《博物学年鉴》。

最宽颞骨孔的那些头骨，颞肌是如此之大以致在头骨的顶部会合，由此形成的骨脊将两边的肌肉分隔，而且最小的头骨表面形成的骨脊最高。如头骨面积大、颌较弱小和颞骨孔小，则两侧颞肌就达不到头顶，便在肌肉之间留下 1～2 英寸的间隙，而且沿着肌肉的边缘，即两肌之间，形成了小小的骨脊。还发现一些中间类型，其骨脊仅在头骨的后部相会。因此，骨脊的形状与大小和年龄无关，有时，年幼猩猩的骨脊反而很发达。特明克教授认为，莱登（Leyden）博物馆收藏的一系列头骨，亦表明了相同的结果。

华莱士先生观察了两只成年雄猩猩（婆罗洲戴耶克人称为卡苏米埃斯），他发现它们和其他猩猩的区别非常明显，为此决定将它们归为不同的种。这两只猩猩的身高分别为 3 英尺 $8\frac{1}{2}$ 英寸和 3 英尺 $9\frac{1}{2}$ 英寸。面颊不具瘤状隆起，但其他方面都和大猿相似。头骨虽无中矢脊，但具有两根骨脊，彼此相距 $1\frac{3}{4}$～2 英寸，与欧文教授的莫林奥猩猩（Simia morio）相似。但是，它们的牙齿却很大，相当于或超过其他种的牙齿。据华莱士先生的意见，这两种猩猩雌性虽然没有颊瘤，并与较小的雄猩猩类似，但其身高矮了 $1\frac{1}{2}$～3 英寸，而且犬齿比较小，呈半截状，基部膨大，这点和所谓的莫林奥猩猩相似，完全有可能的是，在同一物种内，雌性头骨与较小的雄性头骨类似。据华莱士先生的意见，这一较小种的雄性和雌性，可以根据其上颌中央门齿的相对大小这一特征来区分。

据我所知，还没有人对我上述有关两种亚洲产的类人猿习性所作的精确叙述提出过异议。假如果真如此，那么无可置疑的是，这种类人猿具有如下特征：

1. 它们可以作直立或半直立姿势，沿着地面从容行走，无须靠两臂的直接支撑。

2. 它们可以发出极其响亮的声音，以致在一二英里远处都能清晰地听到。

3. 当它们被激怒时，可能做出极其恶劣和粗暴的举动，尤其是成年的雄猩猩更是如此。

4. 它们能搭建供睡眠的巢。

这就是对亚洲产的类人猿所公认的事实。单凭类比原则，也许我们有理由推想，非洲产的类人猿种也可以单独或共同具有与亚洲类人猿相似的特征；或者无论如何总可以驳倒那些故意刁难这些直接证据的反对意见，正是这些证据可以支持它们的存在。而且，如果可以证实任何一种非洲猿的躯体结构，要比亚洲猿，更适于作直立姿态和进行有效的攻击，那么对于非洲猿有时采取直立姿态或作侵略性行动，就更没有理由加以怀疑了。

自泰森和托尔披乌斯两人之后，出现大量有关饲养条件下幼小黑猩猩的习性方面的报道和评述。但是关于成年黑猩猩，在萨维奇博士的论文发表以前，对它们原来生活于森林中的生活方式和习惯，几乎没有确实可靠的证据。这篇论文我已在前面引用过。文中包括萨维奇博士当时住在贝宁湾（Bight of Benin）西北边界的帕尔马斯角（Cape Palmas）时，亲自观察所做的笔记，和他认为由可信的来源所搜集到的资料。

根据萨维奇博士的测量,成年黑猩猩的身高从未超过 5 英尺,尽管雄黑猩猩身高几乎可达到 5 英尺。

黑猩猩在休息时,通常采取坐姿。有时人们可以见到它们站着行走,一旦被人发现,就立即四肢着地,迅速地从观察者所在的地方逃走。它们的躯体结构使它不可能直立,而只能前倾。因此,人们见到它们在站立时,常把两手紧托在头顶的后方,或用手叉着腰,以便使身体保持平衡或舒适的姿势。

成年黑猩猩的脚趾弯曲得很厉害,向内弯转,不能完全伸直。如果强使脚趾伸直,其脚背的皮肤就会挤成厚厚的褶皱,这就表明,脚趾的完全伸直对它来说极不自然,但对于步行来说,这又是必不可少的。它的自然的姿势是四肢着地、身体重心向前落在指关节上。这些指节非常膨大,其皮肤隆起,而且变厚,就好像是厚厚的脚底那样。

从它们的躯体结构来看,可以推想它们是善于攀登的。它们在嬉闹跳跃时,可以在树枝间跳来跳去,而且跳得很远,跳姿如此敏捷,着实令人惊叹不已。经常可以看到那些“老年人”(一位观光者这样称呼)蹲在树下品尝美味的水果,彼此亲密地聊天,“孩子们”围着它们跳跃,而且在树枝间跳来跳去,热闹无比。

就这里所见的情况来看,黑猩猩不能认为是群居的,很少发现它们的数目超过五只,或者最多只有十只聚在一起。据可靠的权威人士说,偶尔可看到它们结成大群聚结在一起进行喧闹和嬉戏。一位向我提供情况的人士告诉我,他有一次亲眼看到,至少有 50 只黑猩猩聚集在一起,大声地叱咤叫喊,而且四肢都能同样灵巧地握住棍棒,像擂鼓般地敲打陈旧的原木。它们似乎从未有过攻击行为;假如真正有过的话,也很少有过防卫行动。当它将要被人捉住时,它便用双臂抱住对手,尽力把对手拉近,以便用它们的牙齿来进行抵抗。(以上引自萨维奇的《黑猩猩的外部特征和习性的观察》一书的 384 页)

关于上面提到的最后一点,萨维奇博士在另一处,也有非常明确的记述:

咬是它们进行防卫的主要本领,我曾看见过有一个人的脚被咬成重伤。

成年的黑猩猩长有非常坚强有力的犬齿,这似乎表明它们具有一种食肉癖性;即使在驯养的情况下,也未能改变它食肉的癖性。起初它虽拒绝吃肉,但后来便很容易养成吃肉的嗜好。它们的犬齿在幼小时就已发育,表明它是防卫武器中的重要组成部分。当它和人接触时,咬人几乎就是它的第一个动作。

它们回避人的住地,在树上建造自己的居所。其居所的构造更像是“巢”,而不像是某些博物家所误称的“茅舍”。它们一般将巢建在离地面不远的树上。它们在建造时,把粗枝和小枝弄弯,或将部分树枝折断,并将树枝交叉铺设,整个巢就靠一根大枝,或一个叉枝支撑。有时可发现巢是建造在离地面 20 英尺或 30 英尺高处长满叶子的粗枝末端上。最近我曾见到有一个巢是建造在离地面 40 英尺以上的高处,很可能是建在 50 英尺高度的树上。但是这样高的巢是非常罕见的。

它们的住处并非永久性的,为了求得食物和幽静,根据环境情况,它们会随时迁移。我们常常见到它们住在地势高的地方,因为低地更适于当地人开垦稻田,这些地方的树木总是多次受到砍伐，以致几乎总少有可供它们造巢用的合适的树枝……在同一棵树上或者在毗邻的树上，很少看到有超过一个或两个以上的巢；虽然我们亦见到五个巢，建在上面提到的那种环境中，但这是一种罕见的情况……

黑猩猩习性肮脏……在当地人中流行着一种传说，认为它们一度曾是自己部落的成员，由于它们具有不卫生的恶习，于是被当时的部落所驱逐。而且由于它们脾气极坏，恶习不改，以致堕落成为现在的境地，形成如今这样的躯体结构。当地人把它们的肉当做食物，而且，据说将它的肉和椰子的油及果肉一起烹调，是一种非常美味的菜肴。

在习性方面，黑猩猩显示出优越的才智，作为母亲的黑猩猩还深爱着它们的幼仔。所描述的第二只雌黑猩猩，当第一次被猎人发现时，她正好和其配偶及两只幼仔（一雌一雄）一起待在树上。她的第一反应就是以最快的速度从树上爬下，并和其配偶及小雌仔逃到密林中。但小雄仔却还在树上。于是她很快就回来营救这个幼仔。她爬上树后，用双臂抱住幼仔。就在这一瞬间，它挨了枪，弹丸穿过幼仔的前臂，击中了这位母亲的心脏……

在最近一次情况中，当这位母亲再次被猎人发现时，她待在树上，注视着猎人的一举一动。当猎人向她瞄准时，她就用和人类同样的举止，用手势示意，让猎人住手并要他走开。当伤势还未致命时，猎人们看见她正用手按住伤口，以便止住流血，当不奏效时，便马上采用树叶和草来止血……当受到枪击后，它们突然发出一声尖叫，就像一个人在突然感到剧痛时所发出的尖叫声一样。

但是，黑猩猩平常的发音，经证实是一种粗哑的喉音，并不十分响亮，有点像"呼呼"（Whoo-whoo）的声音（见同一书的 365 页）。

一方面，黑猩猩的造巢习性和造巢方法，和猩猩相似，这一点特别有意思。另一方面，它的活动状况和爱咬等习性，却与长臂猿多少有些相似。再者，黑猩猩从塞拉利昂到刚果均有发现，在地理分布上和类人猿中的长臂猿比较相似，而不像其他类人猿。跟长臂猿的情况一样，在这一属的地理分布范围内，似乎还可能发现好几个种。

上述有关成年黑猩猩习性的论文，引自卓越的观察者萨维奇博士，他的这部著作于15 年前出版①。文中对大猩猩（图 10）的记述中所提到的主要观点，都为后来的观察者所证实。实际上，过去对于他的论文，只作过很少的补充。因此，为了表示对萨维奇博士著作的评价是公正的，我将他的记述几乎全部引用如下：

必须记住的是，我的记载是根据加蓬地区的当地居民的陈述写成的。关于此事，我认为还有必要指出的是，我曾作为常驻传教士在这里工作了好几年，从与当地居民的平常交往中，了解到非洲人的想法和性格。我深切地感觉到，我有可能从当地人的陈述中，加以辨别和取舍，以便去伪存真。此外，由于我对大猩猩的一个有趣的近似种，即黑猩猩的历史和习俗比较熟悉，于是我就能够把当地人对这两种动物的陈述加以区分。因为这两种动物栖居于同一地方，具有相似的习性，致使在一般

---

① 大猩猩的外部特征及其习性.《波士顿博物学杂志》，1847.

人的头脑里,容易将两者混淆。特别是只有极少数深入非洲腹地的商人和猎人,才能亲眼见到这一未弄清楚的动物。

我们对这一动物的了解来自姆庞奎人(Mpongwe),这一部落的领地变成了大猩猩的栖居地,它们占据了加蓬河的两岸,从河口起一直到上游50或60英里的地方……

如果"庞戈"这一词的来源是出自非洲的话,那么很可能就是"姆庞奎"这个词的误传。这是定居在加蓬河两岸部落的名称,因此就用来称呼他们所栖居的地区了。黑猩猩的地方名是恩契埃科,通常的'焦科'这一名称有可能就是来自于此,只不过后者更接近于英语表述。姆庞奎人对黑猩猩这一新同类的称呼是恩济埃纳(Engé-ena),将第一个母音拖长,而把第二个母音稍稍轻读。

图 10　大猩猩(依据沃尔夫)

恩济埃纳的栖居地位于几内亚腹地,而恩契埃科的栖居地则靠近滨海地区。

大猩猩的身高约5英尺,以至肩宽与其不成比例,身上长满黑色粗毛。也就是说,毛的排列和恩契埃科相似;黑毛随着年龄增长而转变为灰色,正是这一特点导致有关误传,亦即这两种动物都有不同的颜色。

头部——其最突出的特征是脸部既宽又长,白齿深埋,下颌分支很深并向后伸展,颅部较小,眼睛却很大,据说和恩契埃科的眼睛相似,呈淡褐色;鼻宽且扁,接近鼻根部微微隆起;口鼻部宽大,突出的嘴唇和下巴上长着稀疏的灰毛;下唇非常灵活,一旦愤怒时,下唇便向下伸长,以致悬在下巴上。脸上和耳朵的皮肤光滑无毛,毛是接近黑色的深褐色。

头部最明显的特征,就是沿着矢状缝有一个高脊或毛脊突;在头的后面有相同但不明显的横脊,从一个耳朵的后面绕到另一耳朵的后面,并和上述的高脊相接。大猩猩能把头皮任意向前、向后牵动。据说,它在发怒时,能将头皮强烈地收缩到额部,于是就把毛脊拉下来,而毛就向前突出,以致显出一种难于形容的凶残面目。

颈部粗短而多毛,胸和双肩都很宽,据说其宽度足足是恩契埃科的两倍。它双臂很长,可伸到膝盖的下面,前臂却是短得多,双手非常大,拇指要比其他手指大得多……

它步行时步态缓慢,身体向前移动时,从未像人类那样直立行走,而是向前弯曲,多少向左右转动,或左右摇摆。它的双臂比黑猩猩长,在步行时与其相似,但弯曲程度较小,并像黑猩猩那样把两臂向前伸出,双手放在地面上,于是两手支撑身体,半跳跃半摇摆地向前。据说,在做这个动作时,它不像黑猩猩那样弯曲着手指,用指关节来支撑身体,而是把指头伸直,用手作为支点。当大猩猩采取走路的姿势时，据说它尽量弯着身体，通过双臂向上弯曲，来保持庞大身体的平衡。

大猩猩过着群居的生活，但是数量并没有黑猩猩那样多。雌性一般要比雄性数量多。我得到的所有情况都一致确认，在一群里面只有一只成年的雄性大猩猩，当雄性幼仔长大时，就会因争夺配偶而引起冲突，结果最强者便把其他雄性杀死或驱逐出去，它就成了这一群大猩猩的头领。

萨维奇博士否定了关于大猩猩掠夺妇女和击败大象的故事，然后他作了如下的补充：

它们的住所（假如可以这样叫的话）和黑猩猩的住所相似，仅仅是由几根木棒和带叶的树枝搭成，并由粗的树枝和枝杈支撑着。这些住所并没有什么遮盖，仅在夜间供睡眠用。

它们是极其凶猛的动物，而且总是具有攻击的习性，从不像黑猩猩那样见人就跑。对于当地居民说来，这是一种恐怖的动物，仅当人们在自我防范时，才会与这种动物遭遇。停获的极少数大猩猩是被猎象人和当地的商人所杀死的，这是他们在通过森林时突然发现的。

据说只要雄性大猩猩一发现有人，就会发出一种可怕的呼喊声，在广阔的森林里回响，其声音类似克-阿（Kh-ah）！克-阿！具有拖长而尖厉的声调。它巨大的下颚在每次呼气时张得很开，下唇垂在下巴上，头上的毛嵴和头皮缩牵到额上，显出一副难以形容的凶相。

雌性大猩猩和幼仔在听到第一声呼喊后，便迅速隐藏起来。然后，雄性大猩猩显出非常愤怒的样子扑向敌人，并快速连续地发出可怕的叫声。猎人把枪准备好，等待着大猩猩的接近。假如他没有瞄准好，就会被大猩猩握住枪身，接着它就习惯地把枪放到自己口里，这时猎人便开枪。如果万一枪哑火，它就用牙齿把枪身（普通旧式步枪的枪身细小）咬碎，猎人就难免很快遭到它的杀害。

在野生环境中，大猩猩的习性一般和黑猩猩相似，在树上搭建松散的巢，以类似的野果为生，并根据环境情况来迁移自己的栖居地。

图11 大猩猩正在行走

（依据沃尔夫）

萨维奇博士的观察得到了福特（Ford）先生的证实和补充。福特先生于1852年，向费城科学院投寄了一篇关于大猩猩的饶有兴趣的论文。他对这种最大的类人猿的地理分布做了如下的记述：

这种动物栖居在横贯几内亚（Guinea）境内的山脉中，地理学家将之称为水晶山（Crystal Mountain），它北起喀麦隆（Cameroon），南至安哥拉（Angola），向内陆延伸约100英里。我对动物分布的北界或南界的情况不能确定。但是，可以肯定，它的界线是在加蓬河以北相隔一段距离的地方。从我最近到莫尼河［亦叫丹戈河（Danger）］河源的一次考察中,可以肯定上述事实。这条河从这里经过约 60 英里便流入海中。我曾听说(我认为是可信的)有很多大猩猩栖住在这条河流的发源地,而且是在更加靠北的山脉中。

在南方,这一种动物的分布范围可延伸到刚果河流域,正是那些到过加蓬河和刚果河之间滨海地区的本地商人告诉我这一情况的。除此以外,我没有听到有其他方面的报道。在多数情况下,这种动物仅见于离海岸较远的地方。据确切的报道,在这条河的南面,离海约 10 英里处就发现过大猩猩,但在其他地方,却从未见到过离海这么近的栖居处,不过这仅仅是最近的情况。据姆庞奎部落中一些老年人告诉我,以前只在这条河的发源处见过大猩猩,但是,现在他们在离河口约半天的路程内,就可以发现它们的踪迹。从前,它栖住在布希曼人(Bushmen)独居的山岳地区,但是现在它却能大胆地接近姆庞奎人的耕作地。无疑这是在过去多年里,很少见到大猩猩报道的原因。然而现在要得到这一动物情况的机会并不缺乏。百年以来,商人们常在这条河的附近地区来来往往。最近一年来,如将带回到家里的各种标本进行展出的话,我想就连最笨的人,都会对此引起应有的重视。

福特先生检查的一具大猩猩标本,体重达 170 磅,这还不包含胸、腹部的内脏,其胸围为 4 英尺 4 英寸。虽然作者从未诈称自己曾亲眼目睹大猩猩遭到攻击的情景,但他却详细生动地描述了当时的情况,为了和其他的记述作比较,我把他论文中这一部分的全文转录如下:

虽然大猩猩在接近对手时,做弯腰的姿势,但在攻击时,两足总是站立着。

它虽然从不埋伏以待,可是当它听到、看到或嗅到有人来时,便马上发出特有叫声,严阵以待,而且总是先声夺人。它所发出的叫声与其说是咆哮,倒不如说更像是号叫。与黑猩猩在发怒时所发出的叫声相似,但却更为响亮。据说这种声音能传得很远。它在准备进行袭击时,先把常与自己相伴的雌性大猩猩和幼仔,领到稍远的地方。它很快以一种脊突直竖并向前突起、鼻孔扩张和下唇下垂的姿态返回;同时,它发出了特有的叫声,似乎企图以此来威胁对手。除非它被瞄准的弹枪击中而丧失战斗力,否则它就会马上反击,用手掌猛击对手;要不然就用双手紧紧抓住对手,使之无法逃脱,并将其击倒在地,然后用它的大牙齿将其撕裂。

据说它抓住一把小型旧式步枪,马上就用牙齿将枪身咬碎……这一动物的凶猛天性,可以从带到此地的一只大猩猩幼仔身上得到很好的体现,它表现出无法平息的绝望之情。它刚被俘获时,年龄很小,被驯养了四个月,在这期间,用尽各种办法来驯服它,但都无法改变它的凶恶本性。就在它临死前一个小时,还咬过我。

福特先生否定了关于造屋和逐象的故事。他说当地受过良好教养的人,从来不相信这些故事,这不过是哄小孩的一种谎言而已。

我还可以从附在杰弗瑞·圣·希莱尔论文中的 M. 弗朗凯和高蒂尔·拉布莱(Gautier Laboullay)的书信中,举出有类似意思的其他例证,我曾引用过它们,但在我看来,这些信件的斟酌和挑选还不够严谨。

　　如牢记你所知道的有关猩猩和长臂猿的情况，那么，我认为，基于这样的前提，对萨维奇博士和福特先生的描述进行指责是不恰当的。如据我们所知，长臂猿易于采取直立姿势，可是如果和长臂猿相比，大猩猩躯体结构更加适于这种姿势。如果长臂猿的喉囊，极有可能是使其发出响亮声音的一种重要构造的话，以至它的声音在半里格（一英里半）处都能听到，那么具有类似和更加发达的喉囊，并且躯体大小又比长臂猿大四倍的大猩猩，它的声音有可能在两倍距离处的地方，还可以清楚地听到。假如猩猩是用手进行搏斗，而长臂猿和黑猩猩是用牙齿的话，那么大猩猩仅用手或仅用牙齿可能就足够了，或者两者并用。如果证实猩猩有造巢技能的话，那么，就没有任何理由来否定黑猩猩或大猩猩也同样具有造巢的能力。

　　所有这些证据问世以来，至今已有 10 年到 15 年的时间。最近有一位旅行者，根据自己的所闻所见，对大猩猩的情况，除了重复萨维奇和福特的描述以外，只作了很少的补充。然而，他们的描述却遭到那么多严厉的责难，确是出人意料。如果不计以前所了解的情况，那么 M. 迪·夏吕（M. Du Chaillu）根据自己的亲自观察，对大猩猩的概况和实质只确认了一件事，即这一巨兽在发动攻击之前，会用双拳猛捶自己的胸膛。我认为以上这一陈述，并非难以置信或者值得大加争辩。

　　关于非洲其他类人猿，由于 M. 迪·夏吕的认识有限，他对于普通黑猩猩的情况完全没有谈及。但是他谈到一个秃头的种或变种，即博佛希埃果（*Nschiego mbouve*），它能为自己建造窝棚。他还提到另一稀有种类，脸部相对较小，却具有大的颜角，并发出像"枯罗"（Kooloo）那样特别的叫声。

　　根据杰出和可信赖的观察家萨维奇博士的记述，猩猩用粗陋的树叶建造窝棚，普通黑猩猩能发出像"呼-呼"的声音。如此看来，对于 M. 迪·夏吕的记述加以笼统的否定，实在令人不解。

　　如果我避免引用 M. 迪·夏吕的著作，并不是因为我看出他对类人猿的说法本来就不确切，也不是由于我对他的真实性表示怀疑；而是在我看来，只要他的叙述依然像现在那样不加解释并且混乱不堪，他的著作就不配作为有关类人猿问题的原始根据。

　　也许他的这种说法是真的，但并不是证据。

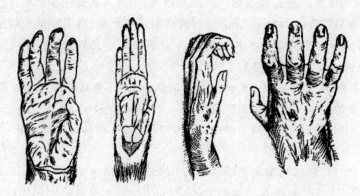

从左至右依次为大猩猩、猩猩、长臂猿、黑猩猩的手。

第二章　人类和次于人的动物的关系

·*On the Relations of Man to the Lower Animals*·

善于思考的人们，一旦从传统偏见的盲目影响中解脱出来，他们不仅会在人类的低等祖先中找到人类伟大能力的最好证据，而且还会从人类过去漫长的进化过程中，找到人类对达到更壮丽未来这一信心的合理依据。

Darwin's five-year voyage on HMS Beagle established him as an eminent geologist whose observations and theories supported Charles Lyell's uniformitarian ideas, and publication of his journal of the voyage made him famous as a popular author.
All images reproduced with permission from John van Wyhe ed., The Complete Work of Charles Darwin Online http://darwin-online.org.uk

In the 'Descent of Man', Darwin applies theory to human evolution and details his theory of sexual selection. The book discusses many related issues, including evolutionary psychology, evolutionary ethics, differences between human races, differences between human sexes, and the relevance of the evolutionary theory to society.
All images reproduced with permission from John van Wyhe ed., The Complete Work of Charles Darwin Online http://darwin-online.org.uk

Darwin's research on animals and plants was published in a series of books such as the two volumes of 'Animals and Plants under Domestication'. Chapters include findings on domestic cats, dogs, horses, asses, pigs, cattle, sheep, culinary plants, cereals, fruit and flowers to name a few.
All images reproduced with permission from John van Wyhe ed., The Complete Work of Charles Darwin Online http://darwin-online.org.uk

Darwin's 1859 book 'On the Origin of Species' established evolutionary descent with modification as the dominant scientific explanation of diversification in nature. It's full title is On the Origin of Species by Means of Natural Selection, or the Preservation of Favoured Races in the Struggle for Life.
All images reproduced with permission from John van Wyhe ed., The Complete Work of Charles Darwin Online http://darwin-online.org.uk

Reproduced with permission from John van Wyhe ed., The Complete Work of Charles Darwin Online http://darwin-online.org.uk

多数人认为人和猿的差别要比白天和黑夜之间的差别还要大。但事实上，如果我们把欧洲的英雄们和栖居于好望角的霍屯督人（Hottentottos）进行对比的话，出乎意料的是，这两种人竟然都是起源于同一祖先。如果我们又把高贵的王室公主和那些在山野里风餐露宿的人们进行对比的话，令人难以想象的是，这两种人也是同属一个人种。

——摘自林奈刊于瑞典科学院论文集中关于"人形动物"（Anthropomorphia）的文章。

有关人类的论题要比任何其他问题更具有深刻的意义。因为它既涉及人类在自然界所处的地位，也涉及人类和宇宙万物之间的关系：诸如人类的种族是从哪里来的？人类征服自然和自然制约人类的范围究竟有多大？人类要达到的最终目标又是什么？所有这些问题反复不断地呈现在我们面前，从而引起生活在这一世界上的人们极大的兴趣。我们中的大多数人在寻求这些谜团答案的过程中，一旦遇到困难和危险就表现得畏缩不前，要么完全刻意地回避这些问题，要么就在荣誉和传统地位的束缚下使自己的研究精神窒息。但是，在每一个时代，总会出现一位或两位具有坚持不懈精神的志士，他在各个方面都是一个创造性的天才。而这种天才，只能建筑在可靠的基础上；或许他们仅仅受到怀疑主义的困扰，但他们不愿重踏前人和同代人走过的陈腐和现成的道路，而是义无反顾地披荆斩棘并排除各种障碍，迈开大步，走自己开拓的道路。怀疑论者最后或者通往虚无主义，从而断言问题都是不可解的；或者通往无神论，否定事物间存在有序的进展和规律模式，于是，天才人物所提出的解决方案或者被纳入神学或哲学体系中，或者以文过其实的音乐语言来装饰，以一个时代的诗化形式出现。

对上述重大问题的每一个答案，如果不是被本人，也必将被他们的继承者所维护，并加以完善和终结，从而在1个世纪或者20个世纪内，始终保持崇高的权威并得到高度尊重。但是，时间最终必将证明，每一个答案只是接近真理而已，也就是说，这些答案之所以能得到默认，主要是由于那些继承者、盲从者的无知，但当后人用更丰富的知识对前人的观点加以验证时，他们就会完全抛弃这些答案。

从前曾流行过一个比喻，把人的一生和毛虫变为蝴蝶的变态过程进行对比。但是，假如我们不用人的一生，而改用种族的智力发展来加以对比，可能会更加恰当和新颖。历史告诉我们，人类的心智，通过知识的不断增长而丰富，每经过一个增长周期，就会冲破原有理论的局限，从而以一种崭新的面貌出现。正如幼虫在其发育的过程中，蜕去过于狭窄的皮壳、换上另一过渡的皮壳。的确，人类的成虫期似乎长得惊人，但每蜕一次皮就前进一步，迄今为止像这种蜕皮已经蜕过不知多少次了。

自文艺复兴以来，欧洲人借着这一东风，大大推进知识的范围，而这种知识最初正是始于希腊哲学家。但在后希腊时代的一段长时期内，知识的进展却处于停滞阶段，或者这个时期最多只能说是知识转换期。人类幼虫一直在积极主动地摄取着营养，并相应地

◀赫胥黎在读过达尔文的《物种起源》后写信给达尔文，说自从读过贝尔的著作后，他再也没有读到过这样一部给他留下深刻印象的作品了。从此，赫胥黎成为达尔文进化论的传播者及斗士，并积极从结构解剖学上证明达尔文的万物共祖理论。

进行蜕皮的过程。在 16 世纪曾发生过一次颇具规模的蜕皮，另一次则发生在 18 世纪末期。然而，在过去 50 年，自然科学的各个领域所取得的巨大进展，为我们提供了如此丰富的精神食粮，大大地激励人们进入一个新角色，使我们感到新的一次蜕皮似乎已迫在眉睫。但是，这一过程通常都伴随着许多痛苦、身体虚弱以及一些疾病；或许还可能引发严重的骚乱。因此每一位好公民必须意识到，要主动参与促进蜕皮的过程，即使他只拥有一把解剖刀，也应当以最大的努力来加速皮壳的开裂。

为了履行这一义务，就是我要把这些论文加以发表的理由。因为必须承认的是，了解人类在动物界的地位，是正确理解人类和宇宙之间关系必不可少的起码知识。这就涉及前面提到并且对其历史已作了概述的一种奇异动物，[①] 以及这一动物与人类之间的密切亲缘关系。

这种研究的重要性显而易见。即便是最为粗心的人们，只要与这些同人类有几分相像的动物面对面，都难免会感到震惊。震惊的理由，不在于他对这种看上去像是漫画中丑角的动物的厌恶，而是因为突然之间有所感悟。这就是说，长期以来围绕人类在自然界中的位置以及他与低等生命的关系而形成的受人尊重的理论，原来不可怀疑，因为它们强烈地植根于偏见之中。对于那些不愿思索的人们来说，他还是疑惑不解，但对于那些熟悉近代解剖学和生理学知识的人们来说，这就变成了一个巨大的问题，由此带来的后果意义深远。

现在，我打算对这一论题作一扼要的介绍，并以一种通俗的形式，让那些就算是缺少解剖学专门知识的人都能了解有关人类和兽类世界的性质，以及它们之间的联系程度，还要让他们了解得出这些结论所依据的主要事实。然后，我将指出，根据我的判断，从那些事实得出的直接结论是正确无误的。最后，我将集中讨论已被采纳的人类起源假说。

首先，我想提醒读者注意，那些公众心目中的专业教师所忽视的一些事实，其实是容易证明的，而且已经得到了科学工作者的普遍认可。我认为，既然这些事实具有如此重大的意义，只要对这些事实充分加以思考，一个人就不会对生物学上一些意外发现感到吃惊。我提到的那些事实已经通过发育学的研究得到了阐明。

每一种生物在最初阶段的形态和最终成长后的形态有所不同，而且前者相对简单。这一现象即使并非是普遍的真理，但也是一个广泛存在的事实。

橡胶树远比包含在橡籽里的幼体要复杂得多；毛虫比卵更加复杂，而蝴蝶又比毛虫更复杂。每一种生物，从幼年期，通过一系列的变化，进入成年期，整个过程就称为"发育"（Development）。在高等动物中，这种变化是极其复杂的。但在最近半个世纪内，通过冯·贝尔（Von Baer）、拉特克（Rathke）、赖歇特（Reichert）、比肖夫（Bischof）和雷马克（Remak）等学者的努力工作，几乎完全弄清楚了"发育"的过程。以狗为例，胚胎学家现在已完全了解狗所显示的一系列发育阶段，就像小学生熟悉蚕蛾变形阶段那样。我认为仔细考查狗的发育性质和顺序，把它作为一般高等动物发育的实例是有益的。

狗像其他动物一样，保存了最低等动物的特征（进一步的研究可能会否定这一观点），即生命的最初存在形式是一只卵；作为一只卵，它与鸡蛋完全一样，但不像一般鸟卵

---

① 必须了解在前面一篇论文中，我已选录了大量有关类人猿论文的描述，在我看来只有这些描述似乎是特别重要的。

那样积累了丰富的营养物质。狗卵特别小，也不能供人食用，而且也没有卵壳，卵壳不但对在母体内发育的动物没有用处，还会隔断胎儿所需养料来源的通道，哺乳动物微小的卵内并不包含它们所需的养料。

实际上，狗卵是一个小的球状体泡囊（球囊）（spheroidal bag）（图 12），它是由一层透明的，称为卵黄膜（vitelline membrane）的薄膜构成，其直径大小约 $\frac{1}{130}$ 英寸到 $\frac{1}{120}$ 英寸。卵内包含有黏性营养物——"卵黄"（yelk），在"卵黄"内又包含了第二个更加精致的称为"胚泡"（germinal vesicle）的球囊（a）。最后在"胚泡"内还有一个更坚固的球状体，称之为"胚核仁"或"胚斑"（germinal spot）（b）。

卵或"卵细胞"（Ovum）最初是在一个腺体内形成的，在那段长长的妊娠过程中，卵先是在适当时机被排出并进入到一个富有生命力的腔室内，它为卵提供保护和生存环境（living chamber）。这一微小和表面看来无足轻重的活性颗粒在具备了必要的条件后，通过一种新颖且神奇的活动，变得生气勃勃。此时，胚泡和胚核仁就再也难于辨认（它们的确切命运是胚胎学中尚未解决的难题之一），但卵黄周围变得犬牙交错，犹如被一把无形的小刀切割过那样，接着，卵黄就分裂成两个半圆球（图 12C）。

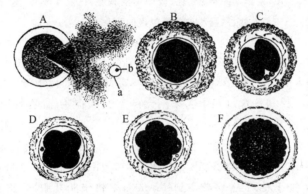

图 12　A. 狗的卵，随着卵黄膜的破裂而放出卵黄，胚泡（a）及其内含的胚核仁（b）。B、C、D、E、F 表示正文中提到的卵黄的连续变化（依据比肖夫）

通过各种不同平面的反复分裂过程，这些半圆球再次分裂，以致分成四个部分（图 12D）。然后又以同样的方式分裂和再分裂，一直到最后整个卵黄变成无数的颗粒，其中的每一个颗粒都由一个卵黄质的微小球状体组成，其内部包含了所谓"细胞核"（nucleus）（图 12F）这样一个中央颗粒。大自然在这一过程中所取得的成果，与一个造砖厂技师所做的工作非常相似。她把未加工的卵黄中的原生质分裂为规则成型、形状大致相同的砖块，以便用来搭建生命大厦的任何部分。

接着，以这种形式形成的、被称为"细胞"的有机砖块，呈现出有序的排列，进而转变为具有两层壁的中空球体。然后，球体的一侧变厚，在加厚区域的中央，很快出现一条笔直的浅沟（图 13A），这一浅沟标志着即将建成的生命大厦的中轴线。换句话说，它标志着未来狗躯体的中轴位置。邻接沟两侧的物质继而隆起形成褶皱，这就是长腔侧壁的雏形器官（rudiment），最终将容纳脊椎中的骨髓和大脑，在腔的底壁出现一条称为"脊索"

(notochord)的实心细胞索。这个闭合腔的一端膨胀成为头部(图13B),另一端保持狭窄,最后便形成尾部;躯体的侧壁是沟壁下垂部分形成的;不久便从侧壁长出小芽,这小芽逐渐形成为四肢形态。观察这一步一步形成的过程,令人很容易联想起用黏土塑造雕像的情况。最初就好像将每一部分和每个器官大致捏成粗略的轮廓,然后经过精细的塑造,直到最后才显出它的最终特征。

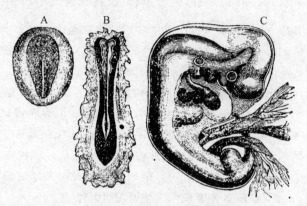

图13 A. 最早期的狗胚;B. 较晚期的狗胚,已发育成头、尾、脊柱的基础;C. 连着卵黄囊、尿囊和被羊膜包裹的胎儿。

因此,通过这些过程,狗的胎儿终于呈现出如图13C那样的形态。在这种情况下,它有一个不成比例的大头,这个大头与狗头不一样,芽状的四肢也不像狗的四条腿。

供给幼小动物营养和发育过程中还未用完的卵黄残存物,储存在附着于原始肠部一个被称为卵黄囊或"脐囊"(umbilical vesicle)的囊中。这个幼小动物附有分别起保护和营养作用的两个膜囊,一个是从皮肤发育而来,另一个是从躯体腹面和后部发育而成。前者称为"羊膜"(amnion),膜囊内充满了分泌液,它包围了胎儿的全身,并对胎儿起着一种水床的作用;而另一个称之为"尿囊"(allantois),来自于胎儿腹部,充满血管,最后演变成为发育中的胎儿所处的腔室的腔壁,腔壁的血管作为母体提供营养物质的通道,源源不断地输送营养,来满足胎儿发育的需要。

胎儿和母体通过纵横交错的血管组织相连,该组织即发育为"胎盘"(placenta),借助于胎盘,胎儿可从母体中吸收营养,并排出体内的废物。

如进一步弄清其发育过程,将令人感到乏味,就我当前的目的来看也无必要。因此,只要提一下狗的总体发育过程就够了。通过一系列长期而逐步的变化,如上所述的那种雏形器官就变成了一只小狗。它出生以后,再通过更缓慢和不易觉察的发育阶段,最终变为成年狗。

家鸡和看守农家庭院的狗之间,看来并不存在显著差别。然而,胚胎学研究者却发现,鸡从一只蛋的形式开始,不仅在所有主要特征上与狗基本一致;而且其卵黄经历的分裂过程,也就是原始沟的起源,以及胚层相邻部分通过极为相似的步骤,逐渐形成为一只小鸡,在这一过程的各个阶段都与新生的狗非常相似,以致采用通常的观测手段几乎无法将两者加以区别。

蜥蜴、蛇、青蛙或鱼等任何其他脊椎动物的发育史，都是相同的。它们总是从和狗卵具有相同基本结构的卵开始，也就是说，卵黄总是先行分裂，这就是所谓的"卵裂"（"segmentation"）。卵裂的最终产品是组成动物幼体的建筑材料，建造工作围绕着原始沟进行，在沟的底壁发育一条脊索。而且，所有这些动物的幼体在这个阶段，不仅在外形上，而且在所有构造上的基本特征，彼此都非常相似。因此，它们之间的差别几乎是微不足道；可是在随后的发育过程中，它们彼此之间的差异就越来越大。而且可以说，这是一个普遍的规律，即凡是在成年时彼此结构非常相似的动物，它们的胚胎彼此相似的时间就越长、它们之间关联的程度也越大。为此，我们可以举例说明，蛇和蜥蜴的胚胎彼此类似的时期要比蛇和鸟的胚胎类似的时期长些；而狗和猫的胚胎彼此类似的时期，要比狗和鸟类似的时期长得多，或者要比狗和负鼠，甚至要比狗和猴的胚胎类似的时期都长得多。

因此，发育学的研究，使我们能明确考察动物在结构上亲缘关系的密切程度。于是人们不禁要问，人类对发育学的研究已取得了什么成果？人类是否与其他动物有所不同？人的起源是否与狗、鸟、青蛙和鱼的起源完全不同，从而证明人在自然界尚无确切的位置，并且和低于人的动物不具真正的亲缘关系？或者人类是否也和其他动物一样起源于一种相似的胚层，然后通过同样缓慢和渐进的变异过程，也就是依靠同样的保护机制和营养方法，最终借助于同样的机理而诞生呢？对于这些问题的答案不仅现在，而且在过去 30 年来都从未含糊过。毫无疑问，人类的起源和早期发育阶段的模式在级别上与比他稍低等的动物是相同的。也就是说，人类与猿类在这方面的关系无疑要比猿类和狗的关系密切得多。

人卵直径约为 $\frac{1}{125}$ 英寸，可以用描述狗卵的相同术语来描述人卵，因此我只需参照图 14A 的构造说明就可以了。人卵以相似的方式脱离其腺体之后，便以相同的方法进入到为它准备的腔室，其发育的各种条件在所有方面都与狗相同。目前，虽还不可能（只在很少的机会才有可能）像研究狗的卵黄分裂的早期阶段那样，来研究人卵的分裂。但是，我们有充分的理由肯定，人卵所经历的变化，和其他脊椎动物卵所经历的变化，都是相同的；其根据是：已观察到，在最早期阶段，构成雏形人体的材料，和构成其他动物的材料相同。从附在图 14 的几个人类胎儿最早期发育状态的插图说明，就可以看出它们和狗的

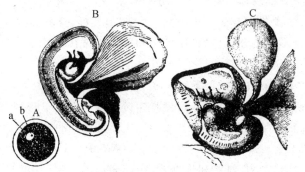

图 14　A. 人的卵；B. 人的胎儿的最早状态具卵黄囊，尿囊和羊膜（原图）；C. 人的胎儿的较晚期阶段

［依据克理科（Kölliker）］　a. 胚泡，b. 胚核仁。参考图 13C。

早期发育状态非常相似。人和狗之间在最早期发育状态所表现出的惊人相似,甚至在发育过程中还可持续一段时间,只要将它和图13对比一下便一目了然。

的确,人和狗的幼体要经过相当长的一段发育过程,才能将两者加以识别。但是,就算在它们处于相当早的发育阶段,也可以根据两者的附属物,即卵黄囊和尿囊的不同形态来加以区别。狗的卵黄囊变长,且呈纺锤状,而人的卵黄囊仍然保持球形。狗的尿囊体积相当大,从尿囊上发育的血管突起排列成一个环绕带,最后就形成了胎盘(胚胎扎根于母体,从中吸取养料,正如一棵树的根系伸到土壤中吸取养料一样);而人的尿囊依然较小,它的血管末梢最后仅局限在一个盘状区域,因此,狗的胎盘像条腰带,而人的胎盘呈盘状,这就是胎盘名称的由来。

但是,恰恰是那些相异点,正是猿和人的相似之处,猿类同样具有球形的卵黄囊和一个盘状的、有时部分呈瓣状的胎盘。

因此,只有在发育到更后的阶段,人的胎儿和猿的胎儿才出现显著差别;而后者在发育上和狗的差异,正如同人和狗的胎儿发育存在着差异一样。

这一最终的结论似乎令人感到吃惊,但却被证明是正确的。对我而言,仅凭这点就足以证明人和其他动物在构造上是一致的,尤其是人和猿类的关系更为亲近是毫无疑问的。

因此,人和比人低一等的动物在起源过程中所经历的生理变化是相同的,即在形成的早期阶段相同,在出生前后摄取营养的方式相同,可以预料,将成年人及其完善的结构与成年猿进行对比的话,他们之间在构造上将会有惊人的相似之处。人与猿相似正如猿类彼此之间的相似,而人与猿的差异,也正如猿类之间彼此存在着差异一样。尽管这些差异性和相似性不可能加以权衡和测量,但是它们的重要性却很容易得到估量。说到这种重要性,目前在动物学家中流行的动物分类系统就提供了这种评判的尺度和标准。

事实上,正是对于动物所体现的相似性和差异性进行细微的研究,促使博物学家把动物划分为若干的类群或组合,每一类群的所有个体呈现出若干固定的类似特征,当类群愈大,类似的特征就愈小;反之,类群愈小,类似的特征愈多。因此,把所有生物中仅具有动物这一共性的类群组成动物"界"。将具有脊椎动物特征的许多动物,组成动物界中的脊椎动物"亚界";脊椎动物亚界之下再分为五个"纲",即鱼类、两栖类、爬行类、鸟类和哺乳类。这些纲再依次分为若干更小称之为"目"级类群,这些目又分成"科"和"属";而最后,"属"又分为最小的组合,它以具有恒定和非性别方面的特点为特征,这一最小的组合就称为"种"。

对于这些大大小小的各种类群的特征和界限的看法,在整个动物学界逐年都趋向于统一。例如,目前已没有人对哺乳类、鸟类和爬行类等纲的特征加以怀疑,对于人们所熟悉的动物应当放在哪一纲也非常一致。此外,对于哺乳类的各个目的特征和范围,以及根据动物的结构应当将之归为哪一个目的看法,均取得了普遍的共识。

例如,现在已没有人会怀疑把树懒与食蚁兽、袋鼠与负鼠、老虎与獾、貘与犀,都分别归为同一目。把这些动物按上述所列的顺序成对进行对比,就会发现每一对动物相互作可能或者确实存在很大的差异:像四肢的大小比例和构造、胸椎和腰椎的数目、骨骼对攀登、跳跃或奔跑的适应情况、牙齿的数目和形状、头骨和头骨里大脑的特征等。虽然们之间存在着这些差异,但在组织构造等所有较重要和基本的特征方面却有密切联系,这些类似的特征和其他动物之间的区别又那么明显,所以,动物学家认为有必要将它们归为同一目。当我们发现任何一种新动物时,如果它和大袋鼠或负鼠之间的差异并不超过大袋鼠与负鼠之间相互的差异时,动物学家必然按照逻辑,把这一新动物和大袋鼠、负鼠放在同一目,而不会作其他的考虑。

记住动物学这一显而易见的推理过程,让我们此刻尽量将自己的思想摆脱人性这一面具的束缚。假如你愿意,就把自己想象为是土星居民,对现今地球上生活的动物非常熟悉并有科学见解,正在讨论并鉴定一种标本,它是保存于一桶酒精内的一种新奇的"直立而没有羽毛的两足动物"①,由一位敢于冒险的旅行家,通过克服空间和引力的种种困难,从遥远的地球带来。我们就会马上一致同意把这种动物放在脊椎动物的哺乳类;并依据他的下颚、臼齿和脑的特征,毫无疑问将其分类位置确定为哺乳动物的一个新属,又考虑到他的胎儿在妊娠期间是靠母体内的胎盘来供给养分的,就将其称之为"有胎盘类的哺乳动物"。

此外,只要进行很肤浅的研究,我们就马上可以确认,人属不应当与有胎盘类动物的鲸类、有蹄类、树懒类,和食蚁兽,或食肉类的猫、狗和熊,啮齿类的老鼠和兔子,吃虫类的鼹鼠和猬或蝙蝠类等任何一类归为同一个目。

而剩下的可以和人类进行比较的动物,只有各种猿类(广义)一个目,因此问题的讨论就集中于此,即是否人类和这些猿类的差别已大到足以各自单独构成一个目?或者人和猿之间的差异比猿类之间的差异要小,因此便将人和猿类归为同一目呢?

幸好这一问题的结论和我们并没有实际或想象中的利害关系,所以我们应当从正反两方面来权衡各方面的论证,可以像讨论一种新的负鼠归类问题那样的不偏不倚和冷静。我们应该尽量采取既不夸大,也不缩小的客观态度,来探查这一种新的哺乳动物和猿类所有差别的特征。而且,如果我们发现这些特征和猿类及其他公认的属于同一目的其他属种的动物之间在构造上的差异,并无特殊重要性的话,我们就应当毫不犹豫地将这个地球上新发现的"属"和猿类放在一起,归为同一个目。

现在,让我们进一步详细讨论前面已经提到的事实。我认为从这些事实只能得出上述结论,而别无其他的选择。

从整体结构上看,和人类最近似的猿类就是黑猩猩或大猩猩,这点确定无疑。从我现在论证的目的来看,也就是要选择一种动物,一方面与人类进行比较,另一方面与其他灵长类②进行比较,其实这并没有实质上的区别,我之所以选择后者,也就是大猩猩(就目前已知的构造而言),因为大猩猩作为一种巨兽,如今在文学作品中已是赫赫有名,以致很多人对它早有所闻,并对它的形象已形成了某种概念。我将尽己所能关注人和这种奇特动物之间诸多最重要的差别,以及这一论证所要求的必要条件;我还要把这些差别同

---

①　古希腊哲学家对人的称呼。——译者注

②　目前,我们对大猩猩的脑并没有充分弄清楚,因此,在讨论脑的性状时,我将以黑猩猩的脑作为猿类中的最高界限。

那些区分大猩猩和同一目中的其他动物的差别并列地进行比较,以便探究这些差别的价值和程度大小。

人们一眼就可以看出大猩猩和人之间,在躯体和四肢的大小比例上存在着明显的差别。大猩猩与人相比,它的脑壳较小,躯干较大,下肢较短,而上肢较长。

我在皇家外科学院博物馆里见到一只发育完全的大猩猩标本,它的脊椎从寰椎(atlas)(即第一颈椎)的上缘,沿着它前面的弯曲,到达骶骨(sacrum)末端,测得其长度为 27 英寸,臂(手未计入)长 $31\frac{1}{2}$ 英寸,腿(脚未计入)长为 $26\frac{1}{2}$ 英寸;手长 $9\frac{3}{4}$ 英寸,脚长 $11\frac{1}{4}$ 英寸。

换句话说,如以脊椎长为 100 计,那么臂长为 115,腿长为 96,手长为 36,脚长为 41。

在该博物馆的同一批收藏品中,见到一具男性博斯杰斯曼人[①]的骨骼,按上述相同方法测其各部分的比例为,以脊椎长为 100 计,则臂长为 78,腿长为 110,手长为 26,脚长为 32。对同一种族的女性骨骼,测得她的臂长为 83,腿长为 120,其手脚的长度与雄性的手脚长度相同。我测得一具欧洲人的骨骼,其臂长为 80,腿长为 117,手长 26,而脚长为 35。

因此,在大猩猩和人中,它们的腿与脊柱的比例,乍看起来并没有很大差别,大猩猩的腿比脊柱略短,而人的腿比脊柱稍长,计达 $\frac{1}{10}$ 至 $\frac{1}{5}$ 之间。大猩猩的脚比人脚稍长,手则更长些,但两者之间最大的差别在于手臂,大猩猩的臂比脊柱长得多,而人臂则比脊柱要短得多。

现在就产生了一个问题,如按同一测量方法,脊柱长以 100 计,其他猿类在这些方面与大猩猩的关系究竟如何呢?一只成年黑猩猩的臂长仅为 96,腿长 90,手长 43,而脚长为 39,这样一来,手腿的长度与人的比例相差较大,臂长则相差较小,而脚却和大猩猩的脚大致相同。

猩猩的臂比大猩猩的臂长得多(122),而腿却较短(88);脚(52)比手(48)长,如按照与脊柱的比例,手和脚都要长得很多。

再者,从其他类人猿的情况看来,长臂猿的这些比例变化更大:臂长与脊柱的比例为 19∶11,而腿也比脊柱长 $\frac{1}{3}$,这样,它的脊柱要比人的长些,而不是较短。手长为脊柱长的一半,而脚却比手要短些,大约为脊柱长的 $\frac{5}{11}$。

因此,长臂猿的臂比大猩猩的臂要长得多,就像大猩猩的臂比人的臂要长;而另一方面,长臂猿的腿要比人腿长得多,就像人的腿比大猩猩的要长得多,因此,长臂猿本身就大大地偏离了四肢的平均长度(参阅依比例描绘的四种类人猿和人的骨骼比较图,序言第 8 页)。

山魈[②]代表的是一种中间状态,臂和腿长几乎相等,而且均比脊柱短,但是手和脚的比例以及手脚和脊柱的比例几乎都和人一样。

蜘蛛猴(Ateles)的腿比脊柱长,臂比腿长。最后,在奇特的狐猴类(Lemurine)中的大狐猴(Indri 或 Lichanotus),它的腿长大致与脊柱等长,但臂长却不及脊柱长的 $\frac{11}{18}$,手恰

---

① (Bosjesman),居住在森林中的南非人。——译者注
② 产于西非——校者注

好短于脊柱长的 $\frac{1}{3}$，而脚却稍微长于脊柱长的 $\frac{1}{3}$。

类似的例子还可以列举很多，但是，上述的例子已足以表明，在四肢的比例上，大猩猩和人类有差别，而其他猿类和大猩猩之间的差别就更大。由此表明这种比例上的差别不可能具有划分目的价值。

其次，我们可以考虑由脊柱或与脊柱相连的肋骨与骨盆所组成的躯干，在人和大猩猩中所表现的差异。

在人体中，部分是由于脊椎关节面的排列方式，更多是由于纤维带或韧带的弹性张力，正是这些韧带使脊椎连接成脊柱，作为整体的脊柱就呈现出一个优美的 S 型曲线：颈区向前凸，胸区凹，腰或腰区前凸，而骶区又一次后凹。这样的排列可使整个脊椎骨具有更大的弹性，以便减小在直立行走时传到脊椎，并再由脊椎传到头部的震动。

此外，在正常情况下，人的颈部有 7 个椎骨，称为颈椎；其下连接 12 个椎骨，带有肋骨并构成背面的上部，因此称它们为胸椎；腰部有 5 个椎骨，不带有特殊或游离的肋骨，称为腰椎；其下为 5 个椎骨愈合成一块前面呈一凹腔的大骨，牢固地楔入髋骨之间，构成了骨盆的背部，称之为骶骨。最后是由 3 或 4 个多少可活动的、但小到不显眼的椎骨所构成的尾骨（coccyx）或退化的尾部。

大猩猩的脊柱同样可分为颈椎、胸椎、腰椎、骶椎和尾椎，其颈椎和胸椎的总数均同人一样。但是在第一腰椎上附生着一对肋骨，这对大猩猩而言是普遍存在的，但对人来说则是例外情况；由于胸椎和腰椎的区别仅取决于游离肋骨的有无，所以大猩猩 17 个"胸腰"椎可分为 13 块胸椎骨和 4 块腰椎骨，而人类则分为 12 块胸椎骨和 5 块腰椎骨。

可是，不但人偶尔有 13 对肋骨[①]，而且大猩猩有时也有 14 对；而皇家外科学院博物馆里一具猩猩的骨骼却与人一样，具有 12 块胸椎骨和 5 块腰椎骨。居维叶曾记载一只长臂猿也有相同数目的脊椎。另一方面，在比猿低等的猴类中，很多具有 12 块胸椎骨和 6 或 7 块腰椎骨；夜猴（Douroucouli）有 14 块胸椎骨和 8 块腰椎骨，而怠猴（Stenops tardigradus）有 15 块胸椎骨和 9 块腰椎骨。

大猩猩的脊柱从整体来看，和人的脊柱的区别在于其弯曲度不如人的明显，尤其是腰区的凸度稍小。但弯曲度依然存在，而且在幼体大猩猩和黑猩猩的不剔除韧带制成的骨骼中，其弯曲度还是相当明显的。另一方面，用同样方法处理保存的幼体猩猩的骨骼中，脊柱在腰区或者是直的，或者甚至整个腰区均向前凹。

无论我们是采用这些特征，或者采用颈椎在整个脊柱中所占长度比例这一细小的特征以及类似特征，人与大猩猩之间存在明显的差别是毫无疑义的；但是，正是在同一个目中，大猩猩和比它低等的猿类之间则几乎不存在如此明显的差别。

人的骨盆或臀部的骨骼，是人体结构中最能显示人的特征部分；宽大的髋部在人体直立时可以支持内脏，同时还可给大型肌肉提供支撑点以保证其保持直立姿势。大猩猩

---

① 彼德·坎佩尔说："我多次见过在人身上有 6 块以上的腰椎骨……有一次我见到人有 13 对肋骨和 4 块腰椎骨。法罗皮乌斯（Fallopius）记载过有 13 对肋骨和只有 4 块腰椎骨。"——《坎佩尔文集》，第一卷，42 页。正如泰森所报道，他的"矮人"有 13 对肋骨和 5 块腰椎骨。有关猿类脊椎的弯曲度问题，尚需进一步研究。

的骨盆在这方面与人的骨盆有很大差别（图 15）。但是，从较低等的长臂猿开始，甚至在骨盆方面，就可以看到长臂猿同大猩猩的差别要比大猩猩与人的差别更大。注意长臂猿那扁平而狭窄的髋骨、长而窄的通道、粗糙并向外弯曲、平时为长臂猿提供支撑点的坐骨结节，其外面包裹着称之为"胼胝"的致密皮块，这一构造特征在大猩猩、黑猩猩和猩猩中如同人一样，是完全没有的。

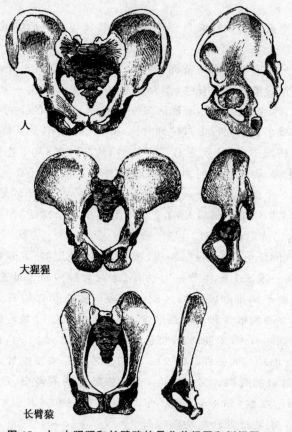

图 15　人、大猩猩和长臂猿的骨盆前视图和侧视图
（根据瓦他豪斯·霍金斯先生按自然大原图缩小，绝对长度相同）

在比猿低等的猴类以及更低等的狐猴中，它们之间的差别变得更为突出，其骨盆更是与四足兽类完全一样。

现在让我们转到一个更加重要和更具特征的器官，似乎为人体所特有，我这里指的就是头骨，它似乎而且确实是人与所有其他动物最大的差别，大猩猩的头骨和人的头骨之间的差别确实很大（图 16）。大猩猩的面部，大部分是由体积硕大的颌骨所构成，它比脑壳或头骨本身要大得多，但对人而言，两者的比例刚好相反。对于人来说，连接脑和躯干神经的大神经索所通过的枕骨大孔，正好位于头骨基底中心的后部，因而当人直立时，头骨便达到匀称平衡；而大猩猩的枕骨大孔则位于头骨基底后部 $\frac{1}{3}$ 的部位。人的头骨表面较平滑，眉脊或眉突处通常只稍为突出，可是大猩猩的头骨表面却有很大的脊突，眉脊就像大屋檐一样突出于凹的眼窝之上。

可是，通过对头骨剖面的研究，表明大猩猩头骨的某些明显缺陷，并非由脑壳的缺陷所引起，而更多是由于面部各个部分过度发育所致。颅腔的形状没有问题，其额部也非真正的变扁或过于后缩，实际上，它那原本存在的曲线只不过是被组成颅腔的大块骨骼遮蔽了而已（图16）。

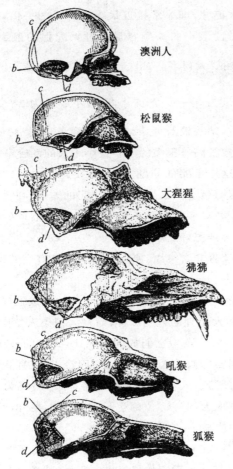

图16　人和各种猿猴的头骨断面

　　每一脑腔均以相同的长度来表示，从而显示各面骨的不同大小。b线表示大脑与小脑之间的小脑幕平面，将大小脑分开；d线表示头骨的枕骨大孔轴；c线是小脑幕的后部附着点垂直于b线的垂直线；c线之后的脑腔范围表示大脑覆盖小脑的程度，小脑占据空间以阴影表示。对比各图时应注意这些插图都很小，只能表示正文陈述的大意，作为证据还必须以实物本身来加以验证。

但是大猩猩眼窝的顶部以更明显的倾斜突入颅腔内，从而挤占了脑前叶较低部分的空间，同时使其头颅的绝对容量要比人的绝对容量小得多。据我所知，我还未见到一个成年人头颅小于62立方英寸的容量，据莫顿（Morton）观察，任何一个人种中最小的头颅容量为63立方英寸；但是，迄今已测得的大猩猩的最大头颅的容量，从未超过$34\frac{1}{2}$立方英寸。为了简单起见,让我们假定,人的头颅最小容量是大猩猩最大头颅容量的一倍。[①]

毫无疑问,这是一个非常显著的差别,但是,当我们考虑到有关头颅容量的其他同样确凿无疑的事实时,那么头颅容量的大小在分类上的价值上就没有那么明显了。

首先,人类不同种族的头颅容量之间的差别,在绝对值上,比人类最小的脑容量和猿类最大脑容量之间的差别要大得多,尽管在相对值上大致是相同的。根据莫顿所测得的人脑最大脑容量为114立方英寸,即非常接近最小脑容量的一倍,而它的绝对超出值为52立方英寸,这却比成年男性最小的头颅容量超过大猩猩的最大头颅容量的差值(即 $62-34\frac{1}{2}=27\frac{1}{2}$ 立方英寸)还要大得多。其次,迄今所测得的成年大猩猩的头颅,彼此间相差大致为 $\frac{1}{3}$,它的最大容量为 $34\frac{1}{2}$ 立方英寸,而最小容量为24立方英寸。最后,在对大小的差别作了适当考虑后,某些较低等猿类的头颅容量,以相对值计,其容量小于较高等猿类的头颅容量,几乎就像较高等猿类的颅容量小于人的颅容量那样多。

因此,甚至在头颅容量这样重要的问题上,人类彼此间的差别都要比人类和猿类之间的差别大得多。而最低等的猿类同最高等猿类之间的差别,在比例上也就像最高等猿类同人之间的差别那样大。如对颅的其他部分在整个类人猿系列中表现出的变异进行研究,那么上述主张就可以得到更好的解释。

大猩猩的面骨比较大,颌骨非常突出,使得它的头骨具有小的颜角,并表现出兽类的特性。

但是,如果我们只考虑面骨与头骨的比例,那么小型的松鼠猴(Chrysothrix)(图16)便和大猩猩相差很大,就像人和大猩猩的差别那样;而在大型类人猿中,狒狒(Cynocephalus)(图16)的口鼻部则出奇地发达,以致与它们的同类相比,狒狒的外貌显得温和,而且有点像人。大猩猩同狒狒的差别要比初看之下更大。原因在于,大猩猩那宽大的面部主要是由于其颌部的明显向下生长所致;人类的一个基本特征,还表现为颌部几乎总是向前生长,而兽类的基本特征,则表现为同一部位的生长不同于人类,由此形成狒狒的特点,而狐猴在这方面的特征则更加明显。

同样,吼猴(Mycetes)(图16)及狐猴的枕骨大孔完全位于头骨的后面,狐猴(Lemurs)还要靠后,它们的位置都比大猩猩的位置更向后靠,就像大猩猩的枕骨大孔比人的

---

① 已经证实印度人(Hindoo)的头颅有时可容纳少至27盎司的水,它相当于46立方英寸。但是,我上面所采用的最小容量是根据R·瓦格纳(R. Wagner)教授发表的题为《人脑的形态学与生理学的初步研究》一文中,从一重要的表格中得到的。他在对900个以上的人脑进行了仔细称重后,得出半数脑的重量介于1 200~1 400克之间,而大约有九分之二的脑重(大部分为男性的脑)超过1 400克。他还记录了一位具最轻脑重的成年男性,智力正常,其脑重仅为1 020克。1克等于15.4格令(grain),而1立方英寸水含有252.4格令,这(指1 020克脑重——校者注)就相当于62立方英寸的水;由于脑比水重,我们可以有把握地将此数据(即1 020克——校者注)认定为是成年男人的最轻脑重,并且误差为最小。仅有的一个重量小于970克的成年男性的脑是一名白痴;可是一位智力正常的成年女性的脑,它的重量却小至907克(相当于55.3立方英寸的水)。里德(Reid)还提到一个脑容量更小的成年女性的脑。但是,最重的脑(1 872克,或约115立方英寸)是一位女子;其次是居维叶的脑(1 861克),然后是拜伦(Byron)的脑(1 807克),最后是一位疯子的脑(1 783克)。据报道,最轻的成人脑是一位女白痴的脑(720克)。对五位四岁小孩的脑的重量测量结果是介于992克和1 275克之间。因此,可以确切地说,欧洲四岁小孩脑的平均重量,要比一头成年大猩猩的脑大一倍。

更向后靠那样。但尽管如此，要把枕骨大孔的位置作为普遍分类标准是没有价值的，因为与吼猴属同一类群的阔鼻猴（即美洲猴）中，还包括松鼠猴类，而松鼠猴的枕骨大孔位置比任何其他猿类都更加靠前，几乎接近于人类枕骨大孔的位置。

此外，猩猩的头骨和人的相似，同样缺乏发达的眉脊，尽管某些变种的头骨在别处也具有大的骨脊；而在某些卷尾猴（Cebine）和松鼠猴中，它们的头骨和人类的头骨一样平滑，且一样圆。

从头骨这些主要的特征得出的结论看，我们亦可想象，它们同样适用于所有次要特征。因此，就大猩猩头骨和人类头骨之间的每一个稳定差别而言，在同一目中，相似的稳定差别（亦即，体现为相同特征的过度表现或不足表现）也可在大猩猩的头骨和某些其他猿类头骨之间被发现。因此，就头骨至少作为一种一般骨骼而言，这一命题能够成立，亦即相比于大猩猩和某些其他猿类的差异，人和大猩猩之间的差异具有更小的价值。

至于与头骨有关的方面，我要提到牙齿这一具有特殊分类价值的器官。从整体看来，牙齿的数目、形状和序列的相似性和差异性，常被认为是比其他器官具有更高可信度的分类标志。

人类具有两套牙齿，即乳齿和恒齿。乳齿上下各有 4 枚门齿、2 枚犬齿和 4 枚臼齿，总共有 20 枚牙齿。恒齿（图 17）在上下颌各有 4 枚门齿、2 枚犬齿和 4 枚称为前臼齿或假臼齿的小臼齿，另有 6 枚大的臼齿，即真臼齿，总计有 32 枚牙齿。上颌的内侧门齿比外侧的一对门齿要大；下颌的内侧门齿比外侧一对门齿要小。上颌臼齿的齿冠有 4 枚齿尖，或钝尖的隆起，还有一条斜穿齿冠、从内侧前齿尖走向外侧后齿尖的脊齿（图 $17m^2$）。下颌第一臼齿有 5 个齿尖，外侧 3 个，内侧 2 个。前臼齿有 2 个齿尖，内外侧各 1 个，外侧较内侧高。

大猩猩的齿系在以上所有方面都可以用与人齿同样的术语进行描述，但是在其他方面却表现出很多重要差别（图 17）。

因此，人的牙齿形成一个有规则和整齐一致的系列，即没有间隙，也没有一个牙齿明显高于其他牙齿。正如居维叶在很早以前所指出的那样，除了一种人们曾经推测过的生物、即早已灭绝并与人有天渊之别的无防兽①才具有这一特点外，其他任何哺乳动物都没有。而大猩猩的牙齿却正好相反，它的上下颌牙齿均有间断或空隙，亦称为齿隙（diastema）：即上颌的齿隙在犬齿的前方，即在犬齿与外侧门齿之间；而下颌的齿隙在犬齿的后方，即在犬齿和第一前臼齿（假臼齿）之间。上下颌的齿隙分别与另一侧的犬齿吻合。大猩猩的犬齿很大，就如同象牙或暴牙（tusk）那样远远突出于其他牙齿的一般水平线之外。此外，大猩猩前臼齿（假臼齿）的齿根比人复杂得多，而且臼齿的大小比例也不尽相同。大猩猩下颌的最后臼齿的齿冠更加复杂，恒齿萌发的顺序也不相同，即人的恒犬齿在第二和第三臼齿长出之前萌出，而大猩猩的犬齿则在第二和第三臼齿长出之后才萌出。

因此，大猩猩的牙齿虽在数目、种类和齿冠的一般类型上与人类非常相似，但在其他诸如相对大小、齿根数目以及萌出的顺序等次要特征上，却与人类有非常明显的差别。

---

① *Anoplotherium*，第三纪初期的一种原始偶蹄类哺乳动物。——译者注

但是,如果把大猩猩的牙齿和某种猴类,比方说狒狒的牙齿进行比较,就可以发现同一目中的相异和相似性很容易得到辨认。大猩猩和人类的很多相似处,恰恰是大猩猩与狒狒的相异点;而大猩猩和人类的不少相异处在狒狒那儿却更突出了。狒狒牙齿的数目及性质和大猩猩及人类的情况依然相同。但狒狒上臼齿的形状和上面描述的却大不相同(图17),犬齿较长而且更呈刀状;下颌的第一前臼齿变化得很特别;而下颌后臼齿与猩猩相比,仍然是较大和显得更加复杂。

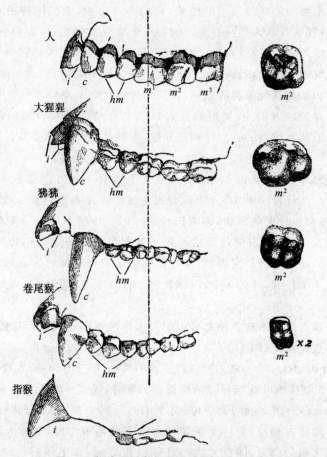

图 17　各种灵长类上颌侧视图(同一长度)

i,门齿;*c*,犬齿;*pm*,前臼齿;*m*,白齿。一条虚线通过人、大猩猩、狒狒和卷尾猴的第一
白齿。右侧各图表示上述四类的第二白齿的磨合面,而其内角恰好在 m^2 的 m 字上方。

从旧大陆的猴类过渡到新大陆的猴类,我们会碰到一个更重要的变化。例如像卷尾猴(*Cebus*)这个属(图17),除了可以找到像犬齿的外突和齿隙等某些次要特征外,仍保留了同大猿的相似处;但在齿系等其他最重要的方面就迥然不同。乳齿由 20 枚变为 24 枚,恒齿由 32 枚变为 36 枚,前臼齿也从 8 枚增加到 12 枚。另在臼齿齿冠的形态上与大猩猩差别很大,而与人类的齿型相差得更远。

另一方面,绢毛猴(*Marmosets*)的牙齿数量与人类和大猩猩一样;尽管如此,它们之间的齿系非常不同,因为它们和其他美洲猴类相似,前臼齿(假臼齿)多了 4 枚,可是它们的后臼齿(真臼类)却少了 4 枚,总的齿数仍保持相同。从美洲猴转到狐猴,其齿系变得与大猩猩的截然不同。门齿的数量和形状一开始就各不相同。臼齿逐渐长成一种多尖的食虫类性状;而指猴属(*Cheiromys*)的犬齿消失了,牙齿完全模仿成啮齿类(Rodent)牙齿的样子(图 17)。

因此,我们可以明显看到,最高等猿类的齿系虽同人类齿系有很大差别,但是和较低等和最低等猴类的齿系相比,其间的差别就更加突出。

不管选择动物结构的哪一部分,即不管选的是肌肉系列还是内脏来进行比较,其结果应当是一样的,即比猿低等的猴类与大猩猩的差别要比大猩猩与人类的差别更大。我在此不打算面面俱到详加讨论,实际上也无此必要。但是人类和猿类之间某种真正的,或所谓的结构差别依然存在。鉴于人们对此给予高度重视,我们有必要对它们加以认真的考究,以便对那些具有真正价值的事实加以肯定,同时更要揭露那些虚构的无稽之谈。我在这里所涉及的是手、脚和脑的特征。

人是被定义为唯一具有两只手的动物,双手位于前肢的末端,而后肢的末端有两只脚;反之,人们认为所有猿类具有四只手;同时人还被确认在大脑特征方面和所有猿类存在着本质区别,令人不解的是,有人断言,并且一再断言,只有人脑才具有解剖学家称之为后叶、侧室后角和小海马的结构。

上述第一种说法早已得到普遍支持,这不足为奇。的确,只要一看到手脚的形态特征,就必然会支持这一看法。但是对于第二种看法,人们只能赞赏断言者所表现的惊人勇气,因为这种看法是一种标新立异,它不仅与那些普遍得到承认和具有充分依据的学说相对立,而且也被专门研究这些问题的所有原始探究者的证词所直接否定;它也未曾或不可能得到任何一块解剖学标本证实。事实上,若不是有人普遍和本能地认为,上述慎重和反复的断言或许会具有某些根据的话,我认为这种看法根本就不值得认真加以反驳。

为了有效地讨论第一种观点,我们事先应当对人手和人脚的构造认真加以考虑,并将它们放在一起进行比较,以便使我们对人手和人脚的组成有一个明确和清楚的概念。

人手的外部形态对我们来说是再熟悉不过了。手是由一个粗壮的手腕、接着是宽阔的手掌组成,并由肌肉、腱和皮肤构成,它们把 4 根骨头连在一起,并分成 4 根长的可弯曲的手指,每根手指在最后一个关节的背面都有一个宽扁的指甲。两个手指间的最长裂缝,比手长的一半要短。在手掌基部的外侧,有一根只具两节,而不是三节的粗壮手指,这个手指是这样短,以致其末端只稍微超过其紧挨着的那根手指的第一节的中部,引人注目的是,它的可动性极大,所以它能向外侧张开,几乎与其他手指呈直角。这个手指叫"波列克斯"(pollex),或叫拇指,它和其他手指一样,在末关节的背面也有扁平的指甲。由于拇指的这一均衡性和可动性,也称之为"与其他手指的可对向性",换句话说,它的末端很容易与其他任何一个手指的末端接触。我们内心的许多想法之所以能够实现,在很大程度上取决于这一可对向性。

脚的外形和手的外形相差很大。但是,当我们将手和脚进行仔细比较时,它们却显示一些独特的相似处。即脚踝和手腕、脚底和手掌、脚趾和手指,大脚趾和拇指等在某种意义上都是各自相当。但是脚趾在比例上要比手指短得多，而且可动性不如手指，尤其是大脚趾明显缺乏像拇指那样的灵活性。但是在考虑这一差别时，我们不要忘记文明人的大脚趾从童年开始，便被不宽舒的鞋子所束缚，这点对脚趾的活动很不利。但对未开化的人和习惯于赤脚的人而言，其大脚趾仍保留了很大的可动性，甚至还有几分对向性。据说中国的船夫可以用大脚趾划桨，孟加拉的工匠能用大脚趾织布，卡腊贾斯人[①]能借助大脚趾偷鱼钩。然而无论如何，大脚趾的关节和构造以及它的骨头排列，使得大脚趾握提的动作远远不如拇指那样灵活。

但是，为了比较手和脚的异同点以及它们各自突出特征的精确概念，我们必须深入到皮肤下面，比较其各自的骨骼构造和运动机制（图18）。

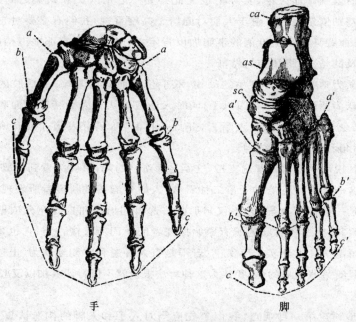

手　　　　　　　　　　脚

图18　人的手和脚的骨骼

［（按格雷《解剖学》书中卡特博士所绘图的缩小，图中手的比例比脚大）］

aa 线示手的腕骨和掌骨间的界限；*bb* 线示掌骨和基指骨间的界限；*cc* 线示端指骨的末端；*a′a′* 线示脚的跗骨和蹠骨的界限；*b′b′* 线示蹠骨和基趾骨的界限；*c′c′* 线示端趾骨的末端；*ca*：跟骨；*as*：距骨；*sc*：跗骨中的舟状骨。

手的骨骼在称之为手腕的部位，是由两列紧密连接的多角形骨头［术语称为腕骨（*carpus*）］所组成。每列有4块骨头，大小大致相同。第一列骨头连同前臂骨构成了腕关节。这些骨头并列排列，没有一块骨头超越别块骨头，或者彼此相互重叠。

腕骨第二列的四块骨头，连接着支持手掌的四根手骨。具有同一特征的第五根骨头比其他四根长骨显得更为自由和灵活，它与腕骨相连，构成拇指的基部。这五根长骨称为掌骨（*metacarpal* bone），它们与指骨（*phalanges*）相连，其中拇指有两节指骨，其他四

---

① Carajas，南美巴西的一种印第安人。——译者注

指各有三节指骨。

脚的骨骼在某些方面和手的骨骼非常相似。相当于拇指的大脚趾只有两节趾骨,而其他较小的趾骨各有三节趾骨。每一趾骨连接着一根与掌骨相当的长骨,称为蹠骨(*metatarsal*)。而与腕骨相当的跗骨(*tarsus*)具有排成一列的四个短而呈多角形的骨头,它们相当于手的第二列四块腕骨。脚在其他方面与手有很大的差别。大脚趾是第二位最长的脚趾,而且大脚趾的蹠骨和跗骨的连接远不如拇指的掌骨和腕骨那样地活动自如。但其中更重要的区别是:跗骨只有三块而不是四块,也不是排成一列。这三块骨头中,有一块叫跟骨[*os calcis*(*ca*)],位于外侧,向后突出成为大的脚后跟;另一块叫距骨[*astragalus*(*as*)],它的一面靠在跟骨上,另一面与腿骨形成踝关节,而第三面指向前方,并被一块称之为舟状骨[*scaphoid*(*sc*)]的骨头,把它和蹠骨邻接的三块内侧跗骨相隔开。

因此,在脚和手的构造上有着根本的区别。如把腕骨和跗骨比较一下,这些差别便很明显。还有,如把掌骨和蹠骨的大小、活动性,和它们相对应的各指和各趾一起进行对比,就可以看出它们之间差别的程度。

当我们把手的肌肉与脚的肌肉加以比较,这相同性质的两类差异便呼之欲出。

当手握拳时,称之为"屈肌"(flexors)的三副肌肉将手指和拇指向内弯,而当手指伸直时,三副伸肌(extensors)便将手指伸展。这些肌肉都是"长肌",也就是说,每一副肌肉的肉质部分都附着在臂骨上,而肌肉的另一端延续成腱或圆形的索状组织进入手内,最后则附着在可以活动的骨头上。因此,当手指弯曲时,其位于手臂内附着在手指的屈肌,借助于肌肉固有的特殊作用进行收缩,于是牵拉着屈肌另一端的腱,促使腱把手指骨向着掌心弯曲。

手指和拇指的主要屈肌都是长肌,但它们在长度上相当不同。

脚趾也有三副主要的屈肌和三副主要的伸肌,但是其中一副伸肌和一副屈肌都是短肌;也就是说,它们的肉质部分不是位于腿内(相当于手的前臂),而是位于脚背和脚底内,即相当于手背和手掌的部位。

此外,当脚趾和大足趾的长屈肌的腱延伸到脚底时,它们并不像手掌的屈肌那样彼此分明,而是以一种非常奇特的方式互相连接、混杂,其中还容纳一条和跟骨相连的附加肌。

但是,或许脚的肌肉最显著的特征是具有那条称之为腓骨长肌(*peronaeus longus*)的一条长肌,它附着在小腿外侧的骨上,其腱伸向外踝,并通过踝的后面和下面,再倾斜地横穿脚部而与大足趾的基部相连接。在手的构造上没有与之完全相当的肌肉,它显然只是脚特有的肌肉。

概括而言,人的脚和手完全可根据下列解剖学上的差别加以区分:

1. 根据跗骨(tarsal bones)的排列;

2. 根据脚趾有一条短屈肌和一条短伸肌;

3. 根据具有称之为腓骨长肌的肌肉。

为此,假如我们想确定其他灵长类一个肢体的末端部分是脚还是手,一定要根据是否存在上述三个特征来确定,而不是根据大脚趾可动性的变化范围来确定,因为这种变化范围是不确定的,不受脚部构造上的任何根本变更所制约。

记住这些要点,现在让我们转到对大猩猩四肢的研究。对大猩猩前肢末端部分的区分并不存在任何困难,因为无论是骨头对骨头、还是肌肉对肌肉,它们的排列方式本质上都和人相似,或者是存在一些细小的差别,正如人类中也有这种差别一样。大猩猩的手较笨拙和迟钝,它的拇指比人的拇指短些,但是从未有人会怀疑它不是真正的手。

乍一看来,大猩猩后肢的末端部分也和手很相似,而且在许多低等猿猴类中,仍有不少猿猴具有类似特征。因此,这一由布卢门巴赫所采用的古代解剖学家①所称的"四手兽"(Quadrumana),后来又不幸被居维叶弄成目前对猿猴类公认的称呼也就不足为奇了。但是,哪怕最粗略的解剖学研究马上就能证明所谓的"后手"与真正的手相似,不过是肤浅之见,而实际上大猩猩的后肢,在所有主要方面都与人的脚一样。在跗骨的数目、排列和形状等所有重要细节方面,都和人类的特征相似(图19)。另一方面,蹠骨和趾骨在比例上显得长些和更细些;相反,它的大脚趾不但在比例上较短和较弱,而且它的蹠骨和跗骨被一个更活动的关节所连接。同时,它的脚和小腿的连接要比人类的更加倾斜。

至于肌肉,它有一条短屈肌、一条短伸肌和一条腓骨长肌;而其大脚趾和其他脚趾的长屈肌的腱互相联结在一起,并附有一组肌肉束。

因此,大猩猩后肢的末端是一个真正的脚,它有一个活动性很大的大脚趾。它的确有一只能适于抓握的脚,但绝不是手。这只脚在其基本特征上与人脚并无差别,仅仅在大小、活动的程度和各个部分的附属排列上有所不同。

但是,不应当认为由于我提到的这些差别不是主要的,就以为我想低估它们的价值。这些差异是相当重要的,脚的构造在任一种情况下,都与动物其他部分的构造紧密相关。我们不能怀疑人类的手和脚,在生理分工上对于人类体制构造的进步具有非常重要的意义,因为人的支撑功能全部落在腿和脚上。但是,归根到底,从解剖学观点看,人类的脚和大猩猩的脚,其相似性要比它们之间的差异性更加突出和重要。

我已经对这一问题做了详细的讨论,因为对此曾有许多误解。其实,我如果忽略这点也无损于我的论据,对我的论据来说只需表明,人的手和脚与大猩猩的手和脚之间存在什么样的差别,但大猩猩与低等猴类手脚之间所存在的差异甚至要更大。

为了得到与此有关的明确证据,就不需讨论比猩猩低级的猴类了。

猩猩与大猩猩拇指之间的差异,要比大猩猩和人类拇指的差异大得多。它们之间的差别不仅在于猩猩的拇指短,而且还在于它缺少特别的长屈肌。猩猩的腕骨像大多数比它低等的猴类一样,包括 9 块骨头,而大猩猩与人类和黑猩猩一样,都只有 8 块骨头。

---

① 泰森在谈到他的"矮人"的脚时(原文 13 页),曾提到:"但是这一部分在其构造上,也在功能上更像是手而不是脚,为了将这一类动物与其他动物相区别,我曾考虑过与其把它看做并称为四足兽(Quadrupes)还不如称它为四手兽(Quadru-manus),也就是说它是一个四手动物而不是四脚动物。"

这一段描述发表于 1699 年,因此,杰弗瑞·圣·希莱尔把创立"四手兽"这一术语归于布丰的说法显然是错误的,尽管"两手"("bimanous")可能是他的术语。泰森在他的著作里曾有好几次使用"四手兽"这个术语,如在 31 页上记述:"……我们的矮人不是人类,也不是普通的猿,而是介于人和猿之间的一种动物,它虽是两足动物(Biped),但又好像属于四手类(Quadrumanus-kind),正如我曾多次地看到过,有些人类也能运用他们的脚,就像用他们的手一样。"

猩猩的脚（图 19）更加异常。猩猩有很长的脚趾和短的跗骨、短的大脚趾、短而隆起的跟骨，小腿关节的严重倾斜度以及缺少一条通向大脚趾的长屈肌腱，这些都造成猩猩和大猩猩之间脚的差异要比大猩猩与人之间的差异更大。

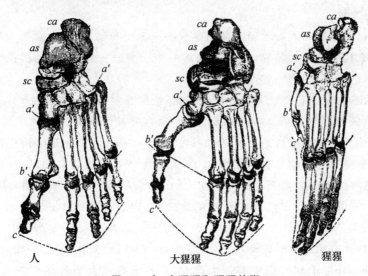

图 19　人、大猩猩和猩猩的脚

根据同一绝对长度来表示其各部分比例的差异。图中标明字母的注释与图 18 相

同。（根据沃特豪斯·霍金斯先生的原图缩小绘成。）

但是，在某些低等猴类中，它们的手脚和大猩猩手脚之间的差异要比它们和猩猩的差异更大。美洲猴类的拇指和其他四指之间不能相对。蛛猴（*Spider Monkey*）的拇指退化，仅保留残迹，而为皮肤所包裹。绢毛猴的拇指直指前方，并且和其他指相似，且具有弯曲的爪，因此，这些情况无疑说明大猩猩的手和人手的差异不如这些猴类和大猩猩之间差异那样大。

至于说到脚，绢毛猴的大脚趾，在比例上与猩猩的大脚趾相比就更不显著了。而狐猴的大脚趾很大，它和大猩猩一样完全呈拇指状，并与其他四趾相向。但是在这些动物中，第二个脚趾经常成不规则变形；而在某些种内，两块主要的跗骨，即距骨和跟骨却大大延长，以致使它的脚与其他任何哺乳动物的脚完全不同。

至于肌肉的情况也是如此。大猩猩脚趾的短屈肌和人的不同处在于，它的短屈肌中有一条肌肉不与跟骨连接，却与长屈肌的腱相接。低等猴类与大猩猩的不同处，在这一性状上表现得更为明显，即有两条、三条或更多条肌肉（slip）附着在长屈肌的腱上，或者它们成倍增长。此外，大猩猩的长屈肌腱之间连接的方式与人的稍有差别；而低等的猴类和大猩猩的不同处，还表现在同一部位的肌肉排列的方式不同，有时排列非常复杂，偶尔也缺少附加肌束。

万变不离其宗的是，脚绝未丧失它的任何一种基本性状。所有的猴和狐猴都显示它们跗骨的特殊排列方式，即具有一条短屈肌、一条短伸肌和一条腓骨长肌。尽管这一器官在大小比例和形态上可能有不同的变化，但是，其后肢末端部分在结构的基本形态上依然是一只脚，在这些特征上绝不可能与手相混淆。

尽管，我们还找不到身体结构的任一种器官能够像手或脚那样，更好地用来说明这一真理：人和高等猿类之间的构造差异远不比高等猿类和低等猴类之间的差异更大。可是，或许还有一种器官，如对它进行研究，将会以更明显的方式得出与上述同样的结论，这个器官就是大脑。

但是，在讨论猿脑和人脑之间差别的要点这一重要问题之前，有必要首先澄清，在大脑结构中，什么构成一个大差异，什么又构成一个小差异。为此我们应当对脊椎动物系列中脑所显示的主要变化做一简要的研究。

与进入大脑的脊髓和离开大脑的神经相比，鱼脑非常小，它由嗅叶（olfactory lobes）、大脑半球和后区等部分组成。在这些部分中，没有哪种结构因过于发达而超出其他结构，以致将其他部分遮蔽或覆盖。所谓的视叶（optic lobes），常常是结构中最大的结构。在爬行类中，脑量和脊髓相对说来是增加了，大脑半球开始超过其他部分；而在鸟类中，大脑半球的这一优势更加显著。像鸭嘴兽、负鼠和袋鼠等最低等哺乳类，脑子增大的趋势更为明显。它的大脑半球已经增长得如此之大，以致或多或少遮掩了相对较小的视叶。因此有袋类（Marsupial）的大脑与鸟类、爬行类或鱼类的大脑截然不同。在演化等级上再上一层，即在有胎盘类哺乳动物中，大脑构造取得巨大变化，但这一变化既不表现在老鼠或兔子脑部外形上比有袋类有很大改变，也不表现在大脑各部分的大小有很大变化，而是在大脑半球之间出现一个明显将大脑两半球联结在一起的新构造，叫做"大联合"（great commissure）或"胼胝体"（corpus callosum）。这一问题必须认真加以重新研究，但是如果这一目前被采纳的结论是正确的话，那么，"胼胝体"在有胎盘类哺乳动物中的出现，是脑器官在整个脊椎动物体系中所显示的最大和最突然的变化，也就是说，这是大自然在她的制脑工程中出现的最大飞跃。大脑的两半部一旦如此互相联结，大脑复杂性的演化，就可以通过低等啮齿类或食虫类到人类这一完整系列的演化阶段中加以追索。而脑的错综复杂，主要在于大脑半球和小脑，特别是前者，与大脑其他部分相比，其发达程度尤其显得突出。

在低等有胎盘类哺乳动物中，当我们从上面来观察大脑时，小脑本身的上半部和它的后面，由于未被大脑半球所覆盖，可以完全观察到。但在高等有胎盘类的哺乳动物中，每一大脑半球的后部和小脑的前部仅被小脑幕（tentorium）所分隔，大脑的后部向后和向下倾斜，并长出所谓的"后叶"（posterior lobe），以致最终把小脑重叠和遮盖起来。所有哺乳动物的每一个大脑半球内都包含了一个称之为"脑室"（ventricle）的腔。这个脑室一方面向前延伸，另一方面向后延伸，深入至大脑半球基质，据说由此形成两个角或"角"（cornu），一个叫"前角"（anterior cornu），一个叫"下角"（descending cornu）。当后叶充分发育时，脑室腔的第三个延长便深入至此，由此形成所谓"后角"（posterior cornu）。

较低等和较小型的有胎盘类哺乳动物的大脑半球表面或者光滑，或者呈均匀的圆形，或者具有非常少量的沟，这一沟在术语上称为"沟"（sulci），它把大脑基质分隔为脊或"回"（convolutions）；而所有各目的小型种都倾向于有相似平滑的大脑。但在高等的目中，尤其是这些目中的大型种类，它们的沟或回的数目变得非常多，而且其中的回在曲折程度上要更加复杂，在大象、海豚、高等猿类和人类的大脑表面，出现了完全如同迷宫化的迂回褶皱。

如果后叶出现并显示其常见的腔，同时伴随后角的存在时，通常就可以看到在后叶的内面和下面有一条特别的沟；它与后角平行，并位于后角底壁之下，后角如同以拱形横跨在沟的顶部。这条沟的形成就好比是，曾用钝器将后角的底壁刻成锯齿状，因此后角的底壁向上突起而形成一个凸丘（convex eminence）。这一凸丘即被称为"小海马"（Hippocampus minor），而"大海马"（Hippocampus major）就是下角底壁的一个较大的凸丘。至于这些凸丘在功能上到底有什么重要性，我们并不了解。

大自然为我们提供了猿猴类大脑在演化上一个近乎完整的进化系列：即从比啮齿类稍高等的大脑发展到比人类稍低等的大脑。通过这个显著的例证，好像表明人和猿类的大脑之间，不可能存在任何屏障。就现有知识来说，尽管类人猿大脑的系列类型中确实存在一个真正构造上的间断，但是这一间断并不存在于人和类人猿之间，而是存在于低等和最低等的猿猴类之间；换句话说，就是存在于新、旧大陆的猿、猴类和狐猴之间，这是一个值得注意的情况。事实上，就我们研究的每一个狐猴来说，它的小脑可从上面看到一部分，它的大脑后叶，已有或多或少后角和小海马的雏形。相反，每一个绢毛猴、美洲猴、旧大陆的猴、狒狒或类人猿的小脑的后面，全部被大脑后叶所遮盖，同时它还具有一个大的后角和一个完全发育的小海马。

在很多动物中（比如松鼠猴），它的大脑后叶覆盖小脑，并向小脑后部延伸很远，从比例上说要比人类向后延伸的程度更明显（图16），而且小脑后部被完全发育的后叶所遮盖，这是十分肯定的。只要具有任何一个新大陆或旧大陆猴类的头骨，就可以证明这一事实。由于一切哺乳动物的大脑完全充满着颅腔，因此，颅骨内部的铸模显然可以复制大脑的总体形态。虽然干的颅骨内没有包裹大脑的脑模，因此脑模会与实际的脑子有些微小差别，尽管如此，对我们现在要说明的问题，这点差别微不足道。但如果做成这样一种石膏模型，再与人类头骨内部相似的模型做比较，显而易见，这一代表猿类大脑腔室的模型，完全覆盖小脑并与小脑腔室重叠，其情形正如在人类中一样（图20）。一个粗心的研究者，忘记了像大脑那样一个具柔软结构的器官，一旦从颅内取出后，就会马上失去原来的形态。他确实可能将这个被取出后已变形的裸露小脑，误认为是脑的各部分原来所在的自然状态。但是，如果把大脑再装回到颅腔里时，他就会明白自己所犯的错误。因此，认为猿的小脑的后部原来就是裸露的看法是一个误解，这就好比当一个人的胸部被剖开时，肺由于空气压力的消失而使其失去弹性而不可逆地缩小，就误认为人的肺仅占据胸腔的一小部分。

如果一位研究者考察高于狐猴的任一种猿类的头骨切面，却又不愿费尽心思去制作一个头颅的模型，显然那是一个不可原谅的错误。因为此类头骨都和人类的头骨一样，具有一条非常明显的沟，它被称为小脑幕的附着线。小脑幕是一种类似羊皮纸的隔板或隔层，在头骨未剥制时介于大脑和小脑之间，以防止大脑压迫小脑（图16）。

因此，这条沟是颅腔中大脑和小脑的分隔线。由于大脑正好充满颅腔，显而易见，颅腔与这两部分的关系立刻告诉我们这两部分内含物的关系。在人类中，在所有旧大陆的猿猴类中，在所有新大陆的猴中（除一种是例外），当面部朝向前方时，小脑幕的附着线（术语叫横窦压迹）则近于水平位置，而大脑腔总是覆盖在或者是向后突出于小脑室的上面。在吼猴中（参阅图16），附着线倾斜地向上向后延伸，大脑几乎完全没有覆盖小脑。而狐猴和低等

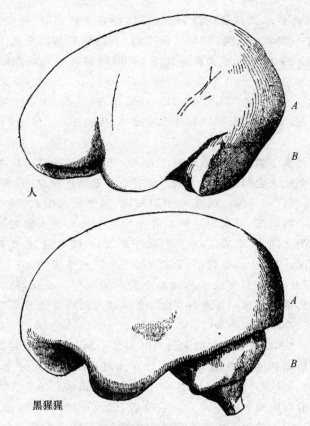

图 20　人和黑猩猩的头颅内模图

（用同样的绝对长度和置于相对应的位置绘成）

A. 大脑；B. 小脑　上图是按照皇家外科学院博物馆内的模型绘制；下图是根据马歇尔先生于 1861 年 7 月在《博物学评论》上发表的论文《论黑猩猩的脑》中的颅内照片绘成。黑猩猩大脑腔内模下缘的鲜明界线是由于小脑幕仍保留在它的头颅内，而在人的头颅内则没有保存。黑猩猩头颅内模比人的更为精确；而人的大脑后叶明显地向后突出，超过了小脑。

的哺乳动物一样，这条附着线更倾向上后方，而小脑室则大大地突过了大脑室。

正如权威人士所指出的那样，像后叶那样显而易见的问题，尚且还会犯如此严重的错误，那么，对于一些并不十分复杂，但仍需适当加以注意的观察对象，也许会产生更坏的后果就不足为奇了。对于一个不能见到猿脑后叶的观察者来说，就很难对于后角或小海马提出富有价值的意见，正像对一个从未见过教堂的人，却要他对教堂祭坛后面的屏风或窗上的绘画提出意见一样，同样是一件荒谬的事情。因此，我觉得对后角和小海马进行讨论是没有必要的。我将满足于让读者确信，猿类的后角和小海马至少像人类那样发达，而且往往更加发达，不仅在黑猩猩、猩猩和长臂猿是这样，而且旧大陆的狒狒和猴子以及新大陆的大部分猴类包括绢毛猴也是这样。[1]

_____

① 参阅本章后面关于人类和猿类大脑构造论战的简史的附注，在此处作了暗示。

大脑的后叶、后角和小海马是人类特有的构造这一论点至今被一再申述，甚至当与这一论点相反的确凿证据被公布后，有些人仍在固执己见。事实上，我们现在所掌握的所有丰富和可靠的证据（包括熟练的解剖学家针对这些问题所做的细致研究），促使我们坚信这些构造显然是人类和猿类大脑最明显的共同特征。它们是在人体上所呈现出来的最明显的猿类特征。

关于大脑的沟回情况，猿猴的脑呈现了演化过程中的每一个阶段，即从绢毛猴近于平滑的脑，到比人类稍微低级的猩猩和黑猩猩的脑。尤其值得注意的是，当大脑上主要的沟回一旦出现时，它们排列的方式与人脑上相对应的沟回是一致的。猴脑表面呈现出一种类似人脑的轮廓图式，在类人猿的大脑上，那个轮廓图中容纳了越来越多的细节，只是没有包括一些微小的特征，例如前叶上较大的凹陷，人类经常所缺的脑裂以及若干脑回的不同排列和不同大小，通过这些差别，就可以把黑猩猩或猩猩的脑从构造上与人脑加以区别[1]。

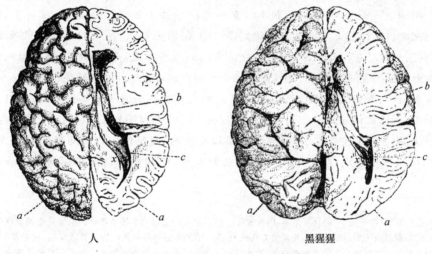

人　　　　　　　　　　　　　　黑猩猩

图 21　人和黑猩猩的大脑半球素描图

（按同一长度绘制，以便表示各部分的相对比例）

前一图取自皇家外科学院博物馆，并请管理员弗劳尔先生帮我解剖一块标本后绘成；后一图是从前面提到过的马歇尔先生论文中一幅照片绘成的。a. 后叶；b. 侧室；c. 后角；x. 小海马。

因此，就大脑的构造而言，可以清楚地看到，人同黑猩猩或猩猩的差别，要比它们和猴类的差别还要小，人脑和黑猩猩脑之间的差别与黑猩猩脑和狐猴脑之间的差别相比，几乎是微不足道的。

可是，我们一定不能忽视，最低等的人脑和最高等的猿脑之间在绝对质量和重量上存在非常显著的区别。当我们想到，一头完全发育的大猩猩的体重可能要比一个男性博斯杰斯人（Bosjes Man）或许多欧洲女人大致重一倍时，这个差别就更明显了。也许我们

_____

① 图 21，原书漏注。——译者注

还不能肯定一个健康成年人的脑重是否会小于 31 啊或 32 啊,或大猩猩最重的脑是否会超过 20 啊。

这是一个尤其值得注意的情况,无疑将来有一天会**有助于**解释为什么最低等的人和最高等的猿类之间在智力上会出现如此巨大的鸿沟。① 但这并无系统分类上的价值,理由很简单,即从上面提到有关脑量的论述中,就可以推断最高等和最低等的人之间脑重量的差别,无论在相对或绝对重量来说,都要比最低等的人和最高等的猿的脑重之间的差别大得多。正如上面已经看到,后者脑的绝对重量差是 12 啊,或用 32:20 来表示其相对重量。但是,人脑重量的最高纪录是 65 啊与 66 啊之间,人脑绝对重量差在 33 啊以上,或相对值为 65:32。就分类学而言,人和猿的大脑之间差别还未超过属一级特征的价值,而科一级的差别主要取决于齿系、骨盆和下肢特征。

因此,不管研究哪一种器官系统,在猿猴的系列中,通过对它们的变异进行比较,都会得出一个相同的结果,即人类和大猩猩、黑猩猩在构造上的差别并不像大猩猩和较低等猴类在构造上的差别那样大。

但在阐明这一重要的事实时,我本人必须谨防一种非常流行的误解。实际上,我发现那些力图把大自然已经非常清楚地向我们展示的事情进行宣讲的人们,他们的见解易被误传,他们的措辞也易被断章取义,以致公众认为他们似乎在说,人和动物中最高级的猿类在构造上的差别微不足道。为此,让我借此机会明确声明:人和猿之间的差别不但不小,而且是举足轻重;在大猩猩的每块骨头上均可以找到与人类相应骨头的不同特征;而且在当今宇宙万物中,无论如何还没有找到人属和黑猩猩之间的中间环节来连接它们之间的空隙。

否认人猿之间存在着差别,固然是错误和荒谬的,但是任何夸大两者的差别、或者只停留在承认其存在差别,却拒绝追究其差别的大小,也同样是错误和荒谬的。假如你愿

---

① 我提到的"**有助于……**"的意思是指,因为我决不相信人类与猿类两个族系最早的原始分歧甚至现今两者之间存在的巨大差别是由于原先的大脑在质或量方面的差别。所有功能的差异是构造差异造成的,或者换句话说,是生命物质的最初分子力在组合上的差异造成的;这在某种意义上说无疑是完全正确的。然而反对者就凭这个无可辩驳的原理出发,偶尔貌似有理地提出异议,认为猿类和人类之间巨大智力上的差别就意味着在智力机器官构造上存在相应的差别。这就是说,如没有发现这种巨大的差别,并不证明它们是不存在的,而是目前科学还无力去发现它们。但是,我只要稍加思索,就可以看出这个理由是站不住脚的,它完全基于智能全部取决于大脑这种猜想。也就是说,大脑只不过是智能表现所依赖的许多条件中的一个,而其他主要是感觉器官和运动器官,尤其是那些与理解和产生发音清晰的说话能力有关的器官。

一个人若生下来就是哑巴,如果他只局限于生活在一个哑巴社会里,即使他有巨大的脑子和强大的智能遗传性,但其智能表现不可能比猩猩或黑猩猩高。与此同时,他的脑子与一位有高度智力和受过教育的人的脑子相比,可能不易识别出他们之间极细微的差异。哑病可能是由于口部或舌头构造上的缺陷,或者仅仅是这些部位神经感应的缺陷,或者也可能是内耳某些微小的瑕疵引起的天生性的聋病所造成。而这些毛病只有细心的解剖学家才能发现。

人的智力与猿类智力之间之所以存在很大的差别,一定是由于他们的脑子也同样存在差别的这种论点,在我看来,似乎和人们必须尽力加以证明的理由大致是一样的。正如一只走得很准的表和另一只一点也走不动的表之间必然存在巨大的差别,所以这两只表之间也一定存在一个很大的构造上的差别。但是诸如在平衡轮上夹着一根毛在副齿轮上一点锈斑,表的卡子内的一个齿有点弯曲等,这些情况是那样的细微,只有修表匠的熟练眼睛才可能发现它。而这点可能是产生所有差别的根源。

我和居维叶一样,都认为具有清晰的语言能力是人类最重要的特性(不管这一特性是否绝对只限于人类),我为这就很容易理解某些同样的不显著的构造上的差别,可能曾经是人猿两族系之间广大无边和实际上无限分歧的主要根源。

意，就要记住大猩猩和猩猩之间，或者猩猩和长臂猿之间存在鲜明的界线，也同样完全缺失任何过渡类型。我说它存在鲜明的分界线，即使它稍微小些。根据人和类人猿在构造上的差别，而把两者分为不同的科是合理的；但是鉴于人科和猿科之间的差别要比在同一目中其他科之间的差别要小，因此如把人归为不同的目是不合理的。

因此，伟大的动物分类学立法者林奈的卓见是正确的，而且，通过一个世纪以来的解剖学研究，使我们回到了他所提出的人和猿及狐猴一样属于同一目的结论（由于灵长目是林奈创立的，这一目的名称应当保留）。目前这一目分为七个科，它们均具有大致相等的分类价值：第一科，人科（Anthropini），只包括人类；第二科，狭鼻猴科（Catarhini），包括旧世界的各种猿猴类；第三科，阔鼻猴科（Platyrhini），除了绢毛猴外，包括新大陆的各种猿猴类；第四科，绢毛猴科（Arctopithecini）包括绢毛猴；第五科，狐猴科（Lemurini），包括狐猴，但其中的指猴似应从本科划出而另成立第六科，即指猴科（Cheiromyini）；而第七科，蝙蝠猴科（Galeopithecini），只包括飞狐猴（*Galeopithecus*），这是一种很接近蝙蝠的奇异动物，正像指猴穿上了啮齿类的衣裳，或狐猴模仿食虫类动物一样。

或许还没有一个哺乳类的目，能向我们展示如此卓越的渐变系列，引导我们不知不觉地从动物演化的顶峰往下追溯，似乎只要经过一步，就回到了有胎盘哺乳类中最低级、最微不足道和智力最不发达的动物。这就好像大自然已经预见到人类的傲慢，于是在人的智力中注入罗马人的刻苦节制这一美德，尽管罗马人凯旋而胜，但秉持这一美德，就应当收回在奴隶面前的架子，同时告诫征服者，他其实微不足道。

我在这篇论文的开始所提到的结论，就是直接通过这些重要的事实所得出的。我深信这些事实是无可争辩的，既然如此，这一结论在我看来，也是合情合理的。

但是，如果人类与兽类的区别，并不超过兽类之间在构造方面的差距的话，那么似乎可以依此得出这样的看法，即假如我们发现了形成一般动物的属或科的自然因果关系的过程，那么这一过程就能充分地用来说明人类的起源。换句话说，譬如，假如绢毛猴有可能被证明是由普通的阔鼻猴逐步地变异演化而来的话，或者绢毛猴与阔鼻猴两类动物都是由一个原始祖先变异来的分支，在这一情况下，就不可能有合理的根据来怀疑人类很可能是由一种类人猿经过逐渐变异演变而来；而在另一种情况下，则是和那些猿类由同一原始祖先分支演化而来。

目前，仅有一种自然因果关系得到了证据的支持；换句话说，只有达尔文先生提出的有关一般动物物种起源的假说才具有科学的依据。拉马克（Jean-Baptiste Lamarck，1744—1829）虽然是一个较严肃和谨慎的思想家，他的很多看法是明智的，但亦掺杂了不少粗糙甚至不合理的东西，从而冲淡了他的创造性可能产生的有益结果。拉马克曾经提出"生物按预定方式连续发生"的定则，但是，显而易见，科学假说的首要责任就是要使人能够理解。像这样一个涉及面广的命题，应该从反面、正面或侧面去理解，均具有完全相同的意义。拉马克的假说虽然似乎可能做到这样，但实际上并没有真正做到。

所以，在当前情况下，有关人类和次于人的动物之间的关系问题，最终归结为一个更大的问题，即达尔文先生的观点是否能够站得住脚。但在此我们处于一个困难的局面，因此有必要以极其谨慎的态度来表明我们的明确立场。

我认为无可置疑的是,达尔文已经令人满意地证明了他称为"选择"或"选择变异"的在自然界一定存在,而且是已经存在的事实。同时,他还证明这种选择足以产生在构造上不同的新种,甚至一些新属。如果动物界只给我们展示构造上的差异,那我就应当毫不犹疑地认为,达尔文先生已经证明存在一种真实的自然原因,它足以阐明包括人类起源在内的物种起源。

但是,在动物和植物种中,除了构造上的差别外,它们至少还大量表现出生理上的特征。也就是说,这些在构造上不同的种,要么大部分完全不能进行互相杂交,要么即使能杂交,但产生的杂种也不能与同类的杂种互相交配,来繁殖后代。

可是,一种真正的自然原因能得到承认,必须具备这一条件,即应当说明在它适用范围内存在的所有现象。如果它与某一种现象相矛盾,就应当将它抛弃,如果对某一现象不能进行解释,那就说明它的理由还很不充分,只是推测,尽管它完全有权利要求得到暂时的承认。

现在,据我所知,达尔文先生的假说同生物学上所有已知事实并不互相矛盾。相反,如果承认达尔文的假说,就可以把发育学、比较解剖学、地理分布学和古生物学的所有事实联系在一起,并显示出前所未有的崭新内涵。为此,我完全相信达尔文的假说,即使它并不完全正确,但接近真理,就像哥白尼的假说是一种有关行星运行的真正理论一样。

但是,尽管如此,只要在这一系列证据的链条中还缺少一个环节,我们就得承认,达尔文假说应当是暂时的;只要是经选择性繁殖从一个共同祖先而来的所有动植物都具有繁殖能力,而且其后代之间也有繁殖能力,那么,就存在这一缺失环节。因为选择性繁殖尚无法证明有能力达到产生自然种的全部要求。

我将尽全力把这个结论介绍给各位读者,我很愿意在我最近表明的立场中,说明我是达尔文假说或其他相同观点的鼓吹者或拥护者。这一观点的拥护者应当意识到自己的任务,就是要排除实际存在的困难,并说服那些对达尔文的假说还不信服的人们。

因此,为了能客观公正地对待达尔文先生的假说,我们必须承认我们对有关繁殖和不育的条件还了解得很少。但是随着知识日新月异的增长,我们将会更充分地意识到,他提出的有关证据中存在的不足将越来越无关紧要,因为目前大量的事实,都与他的学说相符合,或者可以用他的学说加以解释。

因此,我认同达尔文先生的假说,是因为它提供了这一证据,即生理学意义上的种也许可通过选择性的繁殖而得到,正如一位物理学家,他可以接受光的波动理论是因为存在这一证据,即假设中的以太是成立的;或者正如一位化学家,由于证明原子的存在,才接受了原子学说。正是由于相同的理由,我才接受达尔文假说,也就是说,它拥有大量显而易见的可能性:它是眼下使得混乱的观察事实理出头绪的唯一手段;最后,它是自从自然分类系统建立和胚胎学系统研究开始以来,给博物学家们提供的最强有力的研究工具。

即便抛开达尔文先生的观点,自然各种作用机制的整体类似性却是如此强而有力地提供了一个论据,以此反对在宇宙所有现象的产生过程中,有所谓次级因干预的说法。也就是说,人和生命界的其他生物之间存在着内在的关系;由后者所施加的力与所有其他力之间同样存在内在关系。我看没有任何理由来怀疑这一点,即,所有从不定形到定形,从无机到有机,从盲目力量到有意识的智慧和意志,都是大自然的伟大进程中相互联调的因素。

科学在确定和阐明真理之后便完成了它的使命；假如我这篇论文仅仅是为科学家而写的话，那么我现在就可以结束了。但我知道我的同事们学会了只尊重事实，而且相信他们的最高责任就是服从证据，即使事实与他们的意向相违背。

在这方面，我已竭尽所能做了最为细致和审慎的研究，并由此得出结论，如若惧怕大多数读者对我的结论持反对态度，我就不敢将之公布，那我就不是一个真正的科学工作者，然而，正如我所做的，我渴望能将这些成果向知识界进行广泛的传播。

我将会听到来自各个方面的叫喊声——"我们是男人和女人，而不仅仅只是高明些的某种猿类，比起你那些具兽性的黑猩猩和大猩猩，我们的腿长一些、脚更加结实些，大脑也更发达些。不管它们看起来和我们有多么相近，但是，知识的力量，即善恶的意识，和人类情感中的怜悯之心，都使我们要高居于那些具有兽性的同伴之上。"

对此我只能这样回答，假如这些点出了实质，也许就是一种合情合理的表达，我自己对此也会深有同感。但是，这绝不意味着我根据人的大脚趾作为确定人的尊严与否的基础；也不意味着由于猿脑也有小海马，就以此来暗示我们人类因此而失去应有的尊严。事实恰恰相反，我已经尽最大的努力来消除这种虚荣心。我还一直在努力证明，人类和动物之间，其分界线绝不比动物本身之间的分界线更为显著。而且，我还可以对我的信念加以补充，即企图从心理上来划分人类和兽类的界线是徒劳的；而甚至像感情和智力等最高级的能力，在某些低级的动物类型中，也已经开始萌发。[①] 与此同时，没有人比我更加深信，文明人和兽类之间存在巨大的鸿沟；或者，我更深信，不论人类是否由兽类起源，他决不是兽类。没有人会更少考虑或者轻视在这个世界上，唯一具有意识和智慧的居民的现有尊严，或者会放弃他们未来的希望。

我们的确听到一些自称是这方面权威的人士说，上述两种意见是互相矛盾的，只要相信人兽同源，这就涉及人类的兽化和退化。但是难道果真如此？一个明白事理的儿童，岂不就可以用这些显而易见的论据，来驳倒那些肤浅的雄辩家，正是他们把这一结论强加于我们。难道说，一位诗人、哲学家或艺术家，他们的天才是他们时代的光荣，会由于这种无可置疑的历史可能性，不说是必然性吧，亦即他是某种裸体或具有兽性野蛮人的后代，这种野蛮人的智慧只是刚好让他比狐狸稍有狡猾，并且比老虎更为危险，于是，这些天才的高贵地位便会因此而贬低？难道说，就因为他曾经确凿无疑是一只卵，并且不能采用一般的辨别方法与狗卵加以区别，所以他就得跳起来狂吠，并用四只脚趴在地

---

① 我非常高兴地发现欧文教授的见解和我的观点完全一致，我忍不住要引用他的论文《论哺乳动物》中的一段。他的论文于 1857 年发表在《伦敦林奈学会会报》。但两年后，他在剑桥大学"利德讲座"（Reade Lecture）的讲稿中，却莫名其妙地删去了这一段。除去删掉的这一段，它几乎就是上述论文的重印本。欧文教授在书中写道："我不能理解或想象黑猩猩和博斯杰斯人（Boschisman）（这一名词与上文中的 Bosjes 应为同义——译者注）或阿芝特克人（Aztec）[墨西哥的古代民族——译者注]之间在心理现象上的差别，就大脑生长这一点而言，这一性质是如此本质以至难以在它们之间进行比较，或者这种比较也仅具程度上的差异。我不能闭着眼睛无视在构造上广泛类似的重要特点，即每个牙齿，每根骨头在严格意义上说都是异体同形的。仅这点就使解剖学家在区别人属和猿属这两属上增加了困难。"

诚然，有点奇怪的是，这位"解剖学家"在发现"难于确定"人属和猿属之间的差别之后，根据解剖学的依据，仍然将它们归为两个不同的亚纲中！

上吗？难道说，因为对人类天性的研究从根本上揭示人性只不过具有四足兽的利己邪念和兽性的欲望，慈善家或圣人就要放弃过一种高尚生活的一贯努力吗？难道说，因为母鸡表示出母爱，所以人的母爱就微不足道，或者因为狗具有忠诚性，人的忠诚性就变得毫无价值？

公众的普通常识就能毫不犹豫地回答这些问题。健全的人性，发现自己迫切需要从现实的罪恶和堕落中解脱出来，把诸多有害的胡思乱想留给讽刺家和"过分公正者"吧！这些人反感一切事物，对于现实世界中的高尚竟然愚昧无知，因此对人类所处的崇高地位竟然不能欣赏。

善于思考的人们，一旦从传统偏见的盲目影响中解脱出来，他们不仅会在人类的低等祖先中找到人类伟大能力的最好证据，而且还会从人类过去漫长的进化过程中，找到人类对达到更壮丽未来这一信心的合理依据。

人们应该记住，在把文明人与动物界进行对比时，就好比在阿尔卑斯山上的一位旅行家，他只看到高耸云天的巍峨群山，却看不到在深山里还隐藏着悬崖和玫瑰色的山峰，也看不见天上云彩是从何处开始的。地质学家会告诉他，这些巍峨的群山，曾经是原始海洋底部硬结的泥土，或者是从地下熔炉中喷发到地面后冷却的火山熔岩，它们与上述暗色的泥土，原来就是同一物质，但是后来由于地壳内部力量的作用而形成了在外观上高不可攀的壮丽景象。的确，这位深受震撼的旅行家，如果一开始不愿相信地质学家的这番话，也许情有可原。

但是，地质学家的看法是正确的，应当考虑地质学家的教导，它并不会损害我们的尊严和减少我们的好奇心。相反，对于那些未受过专业训练的观光者来说，地质学家的教导还会给单纯的审美直觉增添智力上的崇高趣味。

在激情和偏见消失以后，博物学家关于生物界里壮观的阿尔卑斯山和安第斯山脉的教导会得出同样的结果。我们对于人类高贵性的尊重并不因为知道人在物质和构造上与兽类相同而有所减少。因为，只有人才拥有这种非凡的天赋去掌握可理解和合理的语言，凭借这种语言，他得以在长期的生存期间逐步积累和创造经验，而这些经验在其他动物那里却随着每一个个体生命的结束而完全丧失殆尽。所以，目前人类就好像是站在高山顶上一样，远远超出他的更为低等的同伴们，并且通过反思褪去他那粗野的本性，从真理的无限源泉中处处放射出光芒。

关于人类和猿类大脑构造论战的简史

　　直到 1857 年为止，所有像居维叶、蒂德曼、桑迪福特、弗鲁利克（Vrolik）、希莱尔、科尔克（Schroeder van der Kolk）、格雷蒂奥莱特（Gratiolet）等从事猿类大脑构造研究的权威解剖学家，都一致认为猿类大脑具有一个后叶。

　　蒂德曼于 1825 年在他的《图解》（Icones）一文中，描绘和承认猿脑的侧室具有后角，他不但在"后角处的小沟"（Scrobiculus parvus loco cornu posteriors）这一标题下，作为事实列出于标题之中，而且还刻意保留在背景内。

　　居维叶在《演讲录》（Lecons）第三卷 103 页中提到："只有在人和猿类的前脑室或侧脑室内，才具有一个指状的腔（后角）……它的存在取决于后叶的出现。"

　　科尔克和弗鲁利克，以及格雷蒂奥莱特也对各种猿类的后角进行绘图和描述。蒂德曼曾错误地认为猿类并不存在小海马。但是，科尔克和弗鲁利克曾经指出，在黑猩猩中存在一种他们认为发育不全的小海马；而格雷蒂奥莱特曾经特意肯定这些动物存在小海马。所有这些信息都是我们在 1856 年掌握的。

　　但是，欧文教授在 1857 年向林奈学会提交一篇题为《论哺乳动物纲的特征、分类原则和原始类群》的论文，该文刊登于林奈学会的杂志上。他在文中不是对这些众所周知的事实熟视无睹，就是采取其他不正当的方法对事实加以隐瞒，他在下面的一段中是这样写的："人类大脑在发育过程中呈现出一种上升态势，相比于更为低等的种类来说，这是更高级也是更为突出的标志性特征所在。大脑半球不但覆盖嗅叶和小脑，而且延伸到前面嗅叶，并进一步向后延伸到小脑。其后部发育如此明显，致使解剖学家将这一部分作为第三叶的特征。**这是人属所特有的，同样每一脑半球后叶所特有的侧室后角和'小海马'也是独一无二的。**"[①]

　　正如上述引文所表明，欧文怀有对哺乳动物进行重新分类的不凡抱负，他可能想以特别负责的精神进行写作，而且特别小心地验证他已大胆提出的论述。鉴于上述抱负过于宏大，以致因过于匆忙或没有机会而进行仔细的考虑，但这些都不能成为掩饰缺陷的理由，因为同样的主张，他在两年之后的里德讲座上曾多次提及，而且 1859 年以前在剑桥大学这样重要的学术机构中也讲述过。

　　上面摘录中用黑体字标明的观点，首先引起我的注意，它显然与当时的学说相矛盾，但那些见识广博的解剖学家对此的反应却是如此平静，真使我大惑不解；但可以想象，一个有责任感的学者所提出的慎重主张，事实上肯定有一些依据。在轮到我来讲课之前，我意识到自己的责任就是要重新调查这一问题。调查结果证明，欧文先生的三点主张，即"第三叶、侧室的后角和小海马"是人属所特有的三种器官的看法与事实大相径庭。于是我把这一结论告诉给班上的学生。然而，我并不打算介入这一场并不能为英国争得荣誉的辩论中去。因此，不管辩论结果如何，便一头转向我更加感兴趣的研究中去。

---

①　《林奈学会会报》，2 卷，19 页。

然而,情况却演变为,如果对这场辩论仍保持沉默的话,我就会陷入是非不分的尴尬境地。

1860年,在牛津召开的英国学术协会的会上,欧文教授当着我的面,反复讲述他的论点,我理所当然对他的观点提出直接和针锋相对的反驳,同时,我还承诺要在其他场合对那种非同寻常的作法进行辩护。我通过发表论文来履行我的承诺,1861年,我在《博物史评论》一月号上发表了一篇论文,文中我对以下三个命题的真相作了充分的论证:

1. 第三叶既不是人所特有的,也不是人的特征,因为所有高等四足类都有第三叶。

2. 侧室的后角既不是人所特有的,也不是人的特征,因为它也存在于高等四足类中。

3. **小海马**既不是人所特有的,也不是人的特征,因为它亦发现于某些高等四足类中。

此外,这篇论文还包含了下面的段落:

"最后,虽然科尔克和弗鲁利克特别做了说明:'这一侧室与人的侧室有所不同,它在后角处所占的比例完全不同于人类,在后角处只见到一条痕迹用以指示小海马的存在。'但在他们的第2图版图4中,显示了一个保存完整和明显的后角构造,它与人的构造中所常见的一样大。尤其值得注意的是,欧文教授势必忽视了上述两位作者明确的陈述和图片,因为通过对比这些插图,就能明显地看到他的一只黑猩猩的木刻图正是上述两位作者第1图版第2图的缩小复制品。

"但是,正如M.格雷蒂奥莱特谨慎地指出的那样:'不幸的是,被他们作为模型的脑,都已经做了很大的更改,因此,在某种意义上,根据这一模型所绘制的脑的一般形态都是错误的。'的确,很明显,用这些图来作为黑猩猩的一个切面进行对比,就是出于这种情况。令人非常遗憾的是,他竟采用这一很不合适的图作为黑猩猩大脑的典型代表。"

自此以后,欧文教授其实和其他人一样,显然意识到自己的观点是站不住脚的,至此他应当收回导致他失败的这一重大错误,但是,他却一直坚持和反复申明他的错误主张。最初,在1861年3月19日英国科学知识普及会的讲座之前,他提交了一份报告,该报告被接受后于同月的23日原原本本地刊登在《学术协会》杂志上,也翻印在欧文教授于3月30日写给该杂志的一封信中。发表在《学术协会》的论文中附有一幅表示黑猩猩大脑的图解,但实际上,欧文教授虽然不是很明确,但大体上在那封有问题的信中意外地收回了这一误述。但欧文教授在改正这一错误的同时,却又陷入另一个更大的错误。正如他信中以此作为结尾:"有关最高等猿类大脑覆盖小脑的真实比例,应参考我在'里德讲座上关于哺乳类动物分类等的报告(1859,25页,图7,8vo.)'中已做出的黑猩猩未剖开大脑的插图。"

不幸的是,这幅图不是真实的,然而,在把它推荐给轻信的公众时,欧文教授只字未作引证说明,就说这图是"有关最高等猿类大脑覆盖小脑的真实比例",实际上这张图正好是科尔克和弗鲁利克所绘制的不被承认的复制品。格雷蒂奥莱特在几年前就指出这图是完全错误的。我本人也将该图放在上述我发表于《博物学评论》的论文中,以使欧文教授了解我对这张图的看法。

　　鉴于这种情况，为了再次引起读者对这一问题的注意，我在1861年4月13日《学术协会》杂志上发表了对欧文教授的答复。但是这个被否定的图解再次被欧文教授翻印在1861年6月出版的《博物学年鉴》论文中！而文中他对自己的过错并没有丝毫的表示。

　　这就证明该图原作者科尔克先生和弗鲁利克先生是多么的富有容忍心。他们两人作为阿姆斯特丹科学院的成员，曾向该院提交了一份备忘录，以明确的态度宣称，尽管他们确为各种进化演变学说的反对者，但对真理的追求是高于一切的。因此，尽管这样做客观上有利于他们所憎恶的观点，但他们还是感觉到有责任利用公开的机会，来否认欧文教授滥用他们的权威。

　　就在这份备忘录上，如上述所引，他们坦率地承认了格雷蒂奥莱特的公正批评，同时，用新的和审慎的图解，绘制了猩猩的后叶、后角和小海马。此外，他们在一次科学院的会议期间，在确证了这些构造以后，作了以下补充："这一部分的无可争议的存在得到了与会解剖学家的共识。存在的疑问仅是有关小海马的问题……从目前的情况看来，小的痕迹显然有可能就是小海马的标志。"

　　欧文教授在1861年英国学术协会的会议上，重复他的错误主张，此外，这些报告既没有任何明显的必要，也没有引证一个新的事实或新的论证，甚至不顾基于大量猿脑的原始解剖标本中使人信服的证据。这些证据是在这一期间，由皇家学会会员罗尔斯顿（Rolleston）教授[1]、皇家学会会员马歇尔（Marshall）先生[2]、皇家学会会员弗劳尔（Flower）先生[3]、特纳（Turner）先生[4]和我[5]所提出的，于是这一论题的讨论，在1862年英国学术协会召开的剑桥会议上又重新活跃起来。欧文教授对D组分会场前所未有的会议记录对他持相当严厉的否定表示不满，他承认在他本人陈述的意见中，附有对我的一个观点的不可思议的曲解，我的这一观点刊载于1862年10月11日《医学时代》（*Medical Time*）中（通过与《时代》中的讨论报告进行比较可见到两者的区别）。我于10月25日在《医学时代》上增补了我对欧文教授回答中的结论：

　　　　"假如这是一个观点问题，或者是对器官或术语的解释问题，甚至仅仅只是一个观察问题，我借此观察来确证自己的观点同时反驳他人的观点，我应该会采取一种非常不同的语气来讨论这件事。我会以谦卑的态度承认这一可能性，即由于本人判断错误、知识缺乏或为偏见所蒙蔽而犯错。

　　　　"但是现在还没有人自称这是一场术语或观点之争。尽管欧文教授提出的某些定义新颖又缺乏权威性，但它们也许会被接受，若要被接受，前提就是这场争议的主要特征不发生改变。然而，在过去两年间，艾伦·托马森博士、罗尔斯顿博士、马歇尔先生和弗劳尔先生众所周知，他们都是在英国颇有名望的解剖学家，还有在欧洲大陆的施罗德·范·德·科尔克教授和弗罗利克（欧文教授曾过于自信地力图迫使其为自己服务），他们对此问题都有过特殊研究，而所有这些能干和具有良知的观察

①　"论猩猩脑的亲缘关系"，《博物学评论》，1861年4月。
②　"论一只年轻黑猩猩的脑"，《博物学评论》，1861年7月。
③　"论四手类大脑的后叶"，《皇家学会会报》，1862年。
④　"论人和低等哺乳动物脑幕表面与大脑和小脑解剖的关系"，《爱丁堡皇家学会会报》，1862年3月。
⑤　"论蛛猴的脑"，《动物学会会报》，1861年。

家,都一致证实了我的主张的正确,并且认为欧文教授的主张毫无根据。甚至德高望重的鲁道夫·瓦格纳,还未有人对他的进步主义倾向进行过指责,也提高了嗓音说,要站在和我相同的立场上;与之形成对比的是,还没有一个解剖学家,不管是声名卓著的,还是默默无闻的,曾经支持过欧文教授的主张。

"在此,我绝不是主张应当依靠投票来解决科学争端,但是,我认为可靠的证据必须根据事实,而不是靠空谈和不被人支持的主张。但是,在这两年期间,这场无谓的争论已陷入疲惫不堪的境地,欧文教授再也不能提出任何一个理由来支持他三番五次重复提出的主张。

"因此,现在的情况就是这样:我提出的主张,不但和最古老的权威及现代所有研究者提出的学说完全一致,而且,我要向他们展示我得到的第一个猴子的标本;相反,欧文教授的主张不仅与新、老权威的学说相抵触。而且,我还要附带说明一下,他并没有提出任何一个证据来论证他的主张是正确的。"

目前,我权且先搁置这一问题。为了职业上的荣誉,我本应当乐于对此永远保持沉默,但遗憾的是,争论无可回避。对术语的误解和混淆是可能发生的,故在确定某些猿类是否存在后叶、后角和小海马时,我将或者指出哪一个是真的,或者指出哪一个我知道一定是假的。这就涉及我个人是否诚信的问题。就我个人而言,不管问题如何严重,在目前的辩论中,我只能接受某些猿类存在着后叶、后角和小海马这一论点。

第三章　论几种人类化石

·On Some Fossil Remains of Man·

　　总之，我可以说，迄今已发现的人类化石，似乎还不能使我们认为其接近于哪种猿人，而人类可能就是通过这种猿人的变化而形成的。考虑到现在我们对最古老人种的了解，从他们能制造和现今最下等的野蛮人所制造的相同式样的石斧、石刀和骨针这点看来，我们有充分的理由相信，这些野蛮人的习性和生活方式，从猛犸象和披毛犀的时代一直到今天，并没有发生多少变化。我不知道这个结果是不是和其他人可能预料到的结果正好相反。

　　那么，我们必须到哪里去找寻最原始的人呢？最古老的智人（*Homo sapiens*）是生活在第三纪上新世还是中新世，或者还要更久远一些呢？在更老的地层中寻找更近似人的猿骨化石，还是更近似于猿的人化石，这些问题还有待于尚未诞生的古生物学家去探索。

　　时间将会给出答案。如果进化论是正确的话，那么，最古老人类出现的时代，应当比原来估计的时间更早。

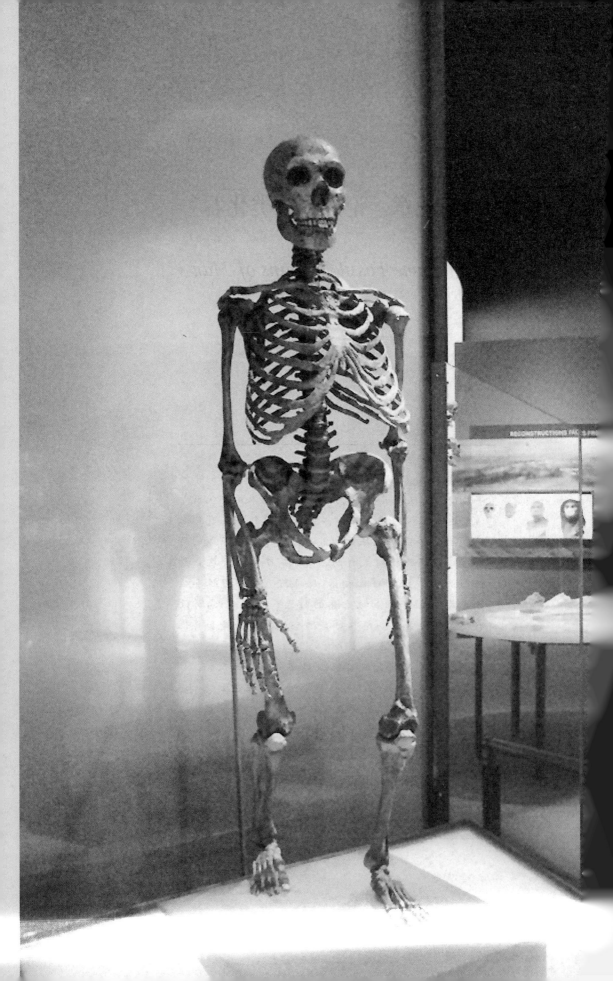

在第二章里,我曾力图表明:人科在灵长类中,组成了一类界限明确的类群。在现在的世界中,在人科和其紧邻的狭鼻猴类之间,正如在狭鼻猴类和阔鼻猴类之间一样,完全不存在任何过渡类型或者连接两个类群的中间环节。

假如我们考虑到动植物演变时期的漫长和不同的继承次序,只有通过研究比现存生物更为古老的化石生物,现存生物各种变异之间存在的结构间断才可以缩小,甚至可以消失。上述这一理论一般是可以接受的。但是,这种理论是否有理有据呢?另一方面,从我们现有认识的立场出发,对具体事实的陈述,并根据这些事实合理推断出来的结论是否存在夸大呢?这些都是非常重要的问题。但是,目前我不打算对这些问题加以讨论。上述这种"灭绝生物和现存生物之间存在联系"的观点,使我们迫不及待地要提出这一问题,即最近新发现的人类化石在多大程度上支持或否定上述观点呢?

在讨论这一问题时,我们只涉及在比利时默兹(Meuse)河谷内的恩吉(Engis)和德国杜塞多夫(Düsseldorf)附近的尼安德特(Neanderthal)山洞里发现的一些保存不完整的人类头骨化石。查尔斯·莱伊尔(Charles Lyell)爵士对于这两个山洞的地质情况已作了非常仔细的研究。由于他的高度权威性,对此我确信无疑。恩吉头骨与猛犸象(*Elephas primigenius*)和披毛犀(*Rhinocerus tichorhinus*)的化石是一起被发现的,它们均属同一时代。而尼安德特人头骨的年代,虽还不能肯定,但非常古老。不管后一头骨的地质时代如何,根据通常的古生物学原理,我认为以下的推测是非常稳妥的,即恩吉头骨至少带给我们某种模糊的生物学意义上的断代标志,亦即它把当下的地质时期①与前一时期②相分开。同时可以肯定,自从人骨、猛犸象、鬣狗和犀牛等骨头,被杂乱无章地冲到恩吉山洞沉积以来,欧洲的自然地理面貌已发生了惊人的变化。

恩吉洞穴里的头骨最初是施默林(Schmerling)教授发现的,也正是他将此头骨和其他同时发掘出来的人骨遗骸一起进行了描述。他在1833年发表了一篇有价值的著作《列日省山洞中发现的骨化石研究》,在此我尽可能准确地保持原著措辞来引用他的下面几段译文。

> 首先,必须指出,我手头所拥有的这些人类遗骸,以及我最近发掘到的成千块骨片,就其所经历的分解程度来看,都和已灭绝的种类相同。除少数外,这些骨骼都已破碎。有些已被磨圆,就像在其他动物化石残骸中常见的情况一样。骨头的断面或垂直或倾斜,全都没有受到剥蚀。它们的颜色和其他化石骨骼的颜色没有什么不同,都是从浅黄色到淡黑色。除表面包裹有石灰质的硬壳,以及骨腔中也充填了这种石灰质外,所有骨骼都要比现代的骨骼轻些。

> 这块我曾绘过图的颅骨(图版Ⅰ,图1,2)是一位老年人的颅骨。它的骨缝正开始愈合。所有的面骨均缺失,颞骨(太阳穴骨)只保存右侧的一块骨片。

◀1856年在尼安德特山谷发现了人类头骨化石,尼安德特人的名字由此而来。赫胥黎认为,尽管这些头骨是迄今为止所发现的最接近猿的遗骸,但它不是来自介乎猿与人之间的生物。

---

① 全新世。——译者注
② 更新世。——译者注

当头骨在山洞堆积以前，面骨和颅骨的底部已经散失，虽然我们在洞里顺次进行寻找，但都未能找到这部分骨骼。这一颅骨是在大约一米半的深处找到的，它在一块含骨化石的角砾岩下埋藏着，这些角砾岩是由小动物的骨骸组成，而且包含了一枚犀牛的牙齿和几枚马和反刍动物的牙齿。上面提到的角砾岩有一米宽，并从洞底起堆积到一米半的高度，在洞壁附近处胶结得非常坚硬。

保存这一人类头骨的土石，并未显示出受过扰动的痕迹，在头骨的周围还发现犀牛、马、鬣狗和熊的牙齿。

著名的布卢门巴哈[①]把注意力集中于不同人种颅骨的不同形状和大小上。假如面骨对于人种的确定或多或少具有关键性的作用，而在我们的头颅化石中，不缺少面骨，那么，他的这一重要工作将给我们很大的帮助。

可以肯定，即使这一头盖骨原来保存是完整的，但是，仅仅根据一块标本就肯定它是属于哪一个人种是不大可能的；因为同一人种的头盖骨之间的个体变异是那么大，我们不能单从一块头盖骨的碎片就推断其所属头部的总体形态，否则就会犯错误。

尽管如此，为了不致忽略这一头骨化石的任一形态特征，我们自始至终对头骨的狭长额骨倍加注意。

事实上，从其稍为隆起的狭长额骨和眼窝的形态来看，把它与一块埃塞俄比亚人（Ethiopian）的头骨或欧洲人的头骨相比，显得更加接近前者而不是后者。我们认为，从我们当前化石标本所观察到的头骨特征看来，也具伸长的头形和突出的枕骨。为了消除这一问题的所有疑点，我决定描绘一块欧洲人和一块埃塞俄比亚人头骨的轮廓，并显示其额骨的特征。图版Ⅱ图1-2和同一图版的图3-4，对这两者之间的区别显示得十分清楚；稍微考查一下图谱要比阅读冗长和乏味的文字描述更加有益。

不管我们正在研究的头骨化石将对探讨人类起源这一问题会得到怎样的结论有什么影响，在此我可以表达一种看法，以便我们不致卷入一场毫无意义的争论之中。每个人都可选择他认为最有可能的假说。就我本人看来，从其显示的特征判断，我认为这一头骨是一位智力有限的人的化石。因此，我们可以断定头骨代表一位开化程度较低的人，这一推论是根据头骨额骨的容量和枕骨部位进行对比后得出的。

另一块未成年头骨是在洞穴底板保存的一根象牙附近被发现的。当头骨发现时，它还是完整的，但经取出后，整个头骨很快就变成碎片，至今还不能将之黏合复原。我在图版Ⅰ图5中，已将他的上颌骨加以展示。从其齿槽和牙齿的状态看，他的臼齿还未长出。一些分散的乳齿和一具人的头骨的几块碎片是在同一地点发现的。图3显示的是人的一枚上门齿，门齿的大小确实值得注意。[②]

图4是一段上颌骨，其上面的臼齿都已磨蚀到牙根处。

① 《德卡（Deca）的不同人种颅骨搜集品的说明》，哥廷根，1790—1820年。
② 在下面的段落中，施默林记载了恩吉霍尔（Engihoul）洞穴中发现的一块"巨大的"门齿。从所附的插图看来这枚牙齿稍微长些，但我认为其大小似乎不那么突出。

我得到了两块脊椎骨，一块第一胸椎，另一块最后胸椎。

一块左侧的锁骨（参看图版Ⅲ，图1）；虽然还是一个未成年人的锁骨，但这一骨头的特征显示它必定有巨大的身躯。①

两块保存很差的桡骨碎片，表示它是一位身高不超过五英尺半的人的桡骨。

至于上肢骨的遗骸，我只有一段尺骨和一段桡骨（图版Ⅲ图5-6）。

图版Ⅳ，图2是一块掌骨，保存在我们上面提到的角砾岩中。它是在头骨上面的角砾岩层下部发现的。除此以外，在间隔不远处，还发现一些掌骨，六块蹠骨，三块指骨和一块趾骨。

这里简单地列举了我们在恩吉洞穴内所采集的人骨化石，共采得三具不同个体的人类化石，在它们的周围，还发现象和犀牛的化石以及一种在现存生物类群中没有的食肉动物。

在默兹河的右岸、恩吉洞对面的恩吉霍尔（Engihoul）山洞里，施默林采到了另外三个人的遗骸，其中只有两块是顶骨的碎片，但有很多肢骨。有一段桡骨的碎片和一段类似尺骨的碎片被石笋胶结在一起。这种情况只见到一次，但在比利时洞穴里的洞熊（*Ursus spelaeus*）骨化石中却是常见的。

就在恩吉的洞穴内，施默林教授发现了一件尖形的骨器，它被石笋包裹，并被胶结在一块石头上。他已将这件尖形骨器绘到图版ⅩⅩⅩⅥ图7上。而且还在富产大量骨化石的那些比利时岩洞内，发现了一些打制过的火石。

希莱尔在一封发表于1838年7月2日巴黎科学院会议记录的短信内，谈到他去列日市参观（显然是很匆促的）"施米德特"（Schermidt）［大概是施默林（Schmerling）的印刷错误］教授的采集标本。写信人简要地批评了施默林著作中的插图，并且肯定，"人的头骨比图上画的要稍微长一些"。其他值得引用的意见只有如下一段：

> 现代人类骨骼的样子，和我们熟悉的、并在同一地点所采集的大量洞穴骨头相比，差别甚为微小。若是对洞里头骨的特殊形态与现代人类头骨的变异特点进行比较，提不出多少可以肯定的结论。因为具有明显特征的变种的不同标本之间的差异，要比列日市的头骨化石和一个作为对比而被选出的变异标本之间的差异大得多。

我们可以看出希莱尔的意见，不过是对这些化石的发现者和描述者进行哲学怀疑的一种反映。至于对施默林插图的批评，我发现施默林的侧视图确实比原来标本要缩短 $\frac{3}{10}$ 英寸左右，而他的前视图也大致缩小了 $\frac{3}{10}$ 英寸。除此以外，这些图总体看来，并没有不正确的地方，而且和我手头的石膏模型完全一致。

施默林可能未曾描述的一块枕骨，后来经过列日市的一位成就卓著的解剖学家斯普林博士之手，将此枕骨与其他头骨粘接起来，并在他的指导下，查尔斯·莱伊尔爵士制成了一个完美的石膏模型。我的观察就是根据这一复制品进行的；附图是我的朋友巴斯克

---

① 这块锁骨的插图，从一端到另一端的直线长度为5英寸，因此，与其说是块大锁骨，还不如说是块小的锁骨。

(Busk)先生根据复制品的非常精确的照片描绘的,比原大缩小一半。

正如施默林教授所观察到的那样,头骨的底部已损坏,面骨完全缺失;但是头骨的顶部,包括额骨、顶骨和枕骨的大部分,直至枕骨大孔的中部,都是完整或几乎是完整的。左颞骨缺失;右颞骨紧邻外耳部分,乳突和相当大的颞骨鳞部都保存得很好(图22)。

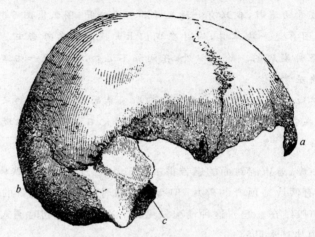

图22　恩吉洞穴的头骨

右侧视图　*a*. 眉间；*b*. 枕外隆凸(*a—b*,眉间—枕骨线)；*c*. 外耳门。

保存于调整后的头骨碎片之间的裂缝,在施默林的图中已正确地显示出来,它在模型上易被找到。骨缝也可以辨认,但在图上显示的骨缝有复杂的锯齿型排列,而在模型上就不明显。虽然肌肉附在头骨上形成的隆脊并不格外突出,但是已经颇为明显。但结合其显然发育很好的额窦(frontal sinuses)和骨缝的特征一起考虑,我肯定,这一头骨如不是中年人,也是成年人的。

头骨的最大长度为7.7英寸。其最大宽度不超过5.4英寸,和两侧顶结节之间的间隙长度几乎一致。因此,头骨的长宽比例非常接近100∶70。如果从眉部向鼻根弯曲处称之为'眉间'[glabella,(a)](图22)的部位到枕外隆凸[occipital protuberance,(b)]画一条直线,同时又从头骨弧线的最高点画一条垂直于上述直线的线,并对其距离进行测量,那么其长度为4.75英寸。图23,A为一顶视图,其额部呈现出一条平坦的圆形曲线,它与头骨的侧部和后部的轮廓连在一起,就可以描出一个相当规则的椭圆形曲线。

头骨的前视图(图23,B)显示头骨的顶部在横向上为一非常规则和优美的弧形,同时也表明顶结节(parietal protuberance)下的横径要比顶结节以上的横径稍为短些。额部与头骨其他部分相比并不算狭窄;也不能称之为是一种向后退缩的前额;相反,头骨前后轮廓形成了很好的弧形,因此沿着这一轮廓,从鼻凹处到枕外隆凸的距离约为13.7英寸。头骨的横弧,从一侧的外耳门(auditory)孔,通过矢状缝的中部到另一侧的外耳门孔的测量长度约13英寸。矢状缝本身的长度为5.5英寸。

眉脊(supraciliary prominences)(图22,a的两侧)发育良好,但并没过度发育,而且被一个位于眉脊的中间凹陷所分隔。我认为眉脊的主要隆起位置如此倾斜,应该是很大的额窦部造成的。

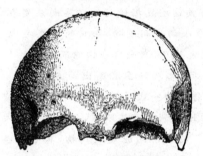

图 23　恩吉洞穴的头骨

A. 顶视图；B. 前视图

若联结眉间和枕外隆凸（图 22，a，b）的一条直线处于水平位置，那么突出在这条直线后端的枕骨部的长度不会超过 $\frac{1}{10}$ 英寸；而且外耳门的上缘（图 22，c）几乎与头骨外表面的这条平行线相接触。

联结两侧外耳间的横线，如通常见到的情况一样，横过枕骨大孔的前部。这块不完整的头骨的内部容量，尚未经过测定。

有关尼安德特洞穴内发现人类遗骸的历史，最好是引用原描述者沙夫豪森（Schaaffhausen）博士[①]的原文，据巴斯克先生的译文如下：

> 1857 年初，在杜塞尔多夫和埃尔伯费尔德（Elberfeld）之间的霍赫达尔（Hochdal）附近的尼安德特河谷一个石灰岩的洞穴内，发现了一具人类的骨骼。但是，对于这一人

---

① "关于最古老的颅骨"——波恩的沙夫豪森著（发表于 1858 年的米勒的"记事录"，453 页）。由皇家学会会员巴斯克翻译，并附有说明和依照尼安德特人头骨的一个模型绘制的原图。发表于《博物学评论》，1861 年 4 月。

类骨骼,我只能从埃尔伯费尔德那里得到一个石膏模型。我根据对这一模型的研究,写了一篇有关头骨特殊构造的论文。1857年2月4日,我在波恩的下莱茵地区医学和博物学学会的例会上,首次宣读了这篇论文①。其后,幸亏富罗特博士保存了这些最初他并不认为是人类骨骼的骨化石。后来,他把这些标本从埃尔伯费尔德带到波恩,并委托我作更精确的解剖学研究。1857年6月2日,在波恩举行的普鲁士莱茵地区和威斯特伐利亚博物学学会的例会上,富罗特博士本人亲自对发现人骨的产地和现场发现的情况作了全面介绍。他的意见是:这些骨头也许是骨化石。在他得出这一结论时,他特别强调覆盖在骨头表面的树枝状沉积物,这一特征是马耶(Mayer)教授最早注意到的。在这篇通讯中,我还补充了一个简报,报道了我对这些骨头的解剖学观察的结果。我的结论如下:第一,这一头骨的特异形态应该是自然形成的,即使在最野蛮的人种中也从未见过;第二,这些奇异的人类遗骸是属于凯尔特人(Celts)和日耳曼人以前时代的,很可能是拉丁作家们提到的欧洲西北部的一种野蛮人种,他们是日耳曼人移民时所遇到的土著居民;第三,这些人类的遗迹无疑可以追溯到这一时期,当时洪积层最晚近的动物还生存着。但是,这种推测尚得不到证实,而且也无法证明他们所称的化石发现时的情况。

由于富罗特博士有关这些发掘情况的描述尚未发表,我从他的一封信中抄录下列一些记载:'这是一个小的岩洞或洞穴,它的洞高足以容纳一个人,洞深自洞口往里达15英尺,洞宽7或8英尺,洞坐落在由它而命名的尼安德特峡谷的南壁,离杜塞尔(Düssel)河约100英尺,比河谷谷底高出约60英尺。在早先洞穴尚未受到破坏前,这个洞的开口位于前面的一块狭窄的高地上,而且岩洞的岩壁几乎从这里垂直向下延伸到河里。尽管进入洞里有些困难,但是人们可从上面进入。洞穴底板高低不平,上面覆盖了4或5英尺厚的泥质沉积物,其中混杂有极少圆的燧石碎块。在清理沉积物的过程中,发现了那些骨骼。首先引人注目的是在离洞口最近的地方发现了人的头骨;接着向内清理时,发现其他的骨头保存于同一层的层面上。我对此表示确信无疑,因为我在现场亲自向被雇用来发掘的两位工人询问了有关情况。最初,根本没有想到这些骨头会是人类的骨头,自发现起过了好几个星期,才被我辨认出它们是人的骨头,并将它们安全地保存起来。但是,当时并没有认识到这一发现的重要性,因此,工人们在采集时非常粗心,主要只是采集较大的骨头;于是在这种情况下,只有那些保存比较完整的骨骼才能为我所采集到。

我对这些骨头进行了解剖学的观察,提供了下列的结果:

头颅异常巨大,形状呈长椭圆形。一个最明显的特点是它的额窦特别发育。由于这一特征,使中部完全接合的两侧眉脊非常突出,从而使额骨上面或后面显出一个明显的空洞或凹窝;同时在鼻根的地方也形成了一个深的凹窝。虽然颅顶弧的中部和后部非常发达,但是前额却狭窄而低平。遗憾的是,已保存的那块头骨碎片只包括了眼眶顶部和上枕脊或上项线(superior occipital ridges)以上的一部分头骨上枕脊(上项线)十分发育,这样几乎就联结成为一水平的隆起。头骨几乎包括了整

---

① 普鲁士莱茵和威斯特伐利亚州博物学联合会会刊。第14卷,1857年。

个的额骨、左右颅顶骨、颞鳞的一小部分和枕骨上方的三分之一。头骨新的断面表明它是在挖掘过程中弄断的。头骨的颅腔可容纳 16,876 格令①的水；因此，它的容积估计为 57.64 立方英寸，或 1 033.24 毫升。在进行测定时，假定把水注入颅腔内，使水面和额骨的眶板、颅顶骨鳞缘最深的缺刻和枕骨的半圆形上项线保持在同一水平面上。根据颅腔内能容纳干燥"谷粒"（millet-seed）的量来测定，颅腔的容量相当于普鲁士药局衡量为 31 啊。标志颞肌附着点上限的半圆形线虽然不十分明显，但是它已上升到顶骨高度的一半以上。在右侧眉脊上面有一条斜沟或凹窝，猜想可能是活着时造成的伤痕②。冠状缝和矢状缝（coronal and sagittal sutures）在外面几乎是闭合的，而它们在里面的缝却完全骨化，以致未留下任何痕迹，而人字缝（lambdoidal suture）依然是张开的。蛛网膜颗粒（Pacchionian glands）的凹注深且多。而且冠状缝的正后方有一条非常深的脉管沟。由于沟的末端为一小孔，它无疑是一条静脉发出的小孔。额缝经过的路线可通过骨头外面一条纤细的脊显示出来；在与冠状缝连接处，这一纤细的脊凸起成为一个小的隆起。矢状缝经过的路线成沟状，在枕骨角上面的顶骨是下陷的。

	毫米③	英寸
头骨长度（从额骨的鼻突起到枕骨的上项线顶点距离）	303（300）＝	12
通过眉脊和枕骨半圆形上项线的周长	590（500）＝	23.37 或 23
额骨宽度（从一侧颞线的中部到另一侧同一点之间的距离）	104（114）＝	4.1～4.5
额骨长度（从鼻突起到冠状缝之间的距离）	133（125）＝	5.25～5
额窦的最大宽度	25（23）＝	1.0～0.9
垂直高度（从两侧顶骨鳞缘上最深凹口之间连线向上的高度）	70 ＝	2.75
头骨后部宽度（两侧顶结之间的距离）	138（150）＝	5.4～5.9
从枕骨上角到半圆形上项线的距离	51（60）＝	1.9～2.4
顶结节处的头骨厚度		8
枕骨角处的头骨厚度		9
枕骨半圆形上项线的头骨厚度	10	0.3

① 衡量的最低单位，1 格令（喱）＝0.064 克。——译者注
② 巴斯克先生曾经指出，这伤痕可能是容纳额部神经的缺口。
③ 括弧内的数字是我根据石膏模型所测得的不同数字。——巴斯克注

除了头骨以外,还得到下列一些骨头:

1. 两根完整的大腿骨(股骨)。这两根大腿骨和头骨及所有其他骨头一样,都以它们罕见的厚度和非常发达的、供肌肉附着的隆起和凹窝为特征。在波恩解剖学博物馆保存了一些称之为'巨人骨'(Giant's-bones)的现代人大腿骨,将它们与前面保存的化石腿骨相比,在粗大的程度上几乎完全相当,尽管化石大腿骨的长度较短。

	巨人大腿骨			化石大腿骨	
	毫米	英寸		毫米	英寸
长度	542	= 21.4	⋯	438	= 17.4
大腿骨(femur)头的直径	54	= 21.4	⋯	53	= 2.0
从内踝(candyle)到外踝下端关节部直径	89	= 3.5	⋯	87	= 3.4
大腿骨中部直径	33	= 1.2	⋯	30	= 1.1

2. 一个完整的右上臂骨[肱骨(humerus)],依它的大小可和大腿骨相匹配。

	毫米		英寸
上臂骨长度	312	=	12.3
上臂骨中部粗度	26	=	1.0
上臂骨头的直径	49	=	1.9

还有一个和上臂骨大小相当的完整的右桡骨(radius)和与上臂骨(肱骨)及桡骨相配合的、保存上方三分之一的一个右尺骨(ulna)。

3. 一个左上臂骨的上方三分之一缺失,它比右上臂骨要细得多,显然表明它是属于另一个不同的躯体。一个左尺骨虽然保存完整,但是呈病态畸形,冠突(coronoid process)由于骨质增生变得很大,以致肘部的弯曲肯定不可能超过直角。容纳冠脊的上臂骨前窝也被类似的骨质增生物所充填。同时,鹰咀(olecranon)强烈地向下方弯曲。由于骨头上一点也看不出佝偻病的(rachitic)萎缩迹象,推测它可能是在活着时因受伤而引起了关节的僵硬。假如将左尺骨和右桡骨加以比较,乍看起来,有可能断定这些骨头可能分别属于不同个体,与其相应的桡骨相比,尺骨关节也要短半英寸多。但是,很明显可看出尺骨的变短,以及左上臂骨的变细,这两种结果都是由于上面提到的病变所形成的。

4. 一块近乎完整保存的左髂骨(ilium),与大腿骨属同一躯体。还有一块右肩胛骨(scapula)的碎片,一根右肋骨的前端,一根左肋骨的前端,一根右肋骨的后部最后还有两根肋骨的后部和一根肋骨的中部。从这些肋骨的圆形和突然的弯曲来判断,与其说是人的肋骨,还不如说是更像食肉动物的肋骨。但是,赫·冯·迈耶博士(H. v. Meyer)不敢将它们鉴定为任一动物的肋骨,我也赞同他的判断;我认为这种异常的形态,只能猜测它们可能是由于非常发达的胸肌而形成的。

虽然,通过盐酸的处理方法证明绝大部分的软骨保存在骨头里,而且冯·比拉(v. Bibra)的观察认为,似乎这些骨头已经转化成胶质,但是当我们用舌头舐骨时,却仍被骨片牢牢地黏住。所有骨化石表面的不少地方布满许多小黑斑点,特在放大镜下观察，可以看到这些斑点是由极细小的树枝状晶体形成的。迈耶博士在这些沉积物中，首次在骨头上发现了这一现象，它们特别在头盖骨的内面更加明显。这种物质的成分中含有铁质的混合物，从它们呈黑色看来，可以推测其中含有锰的成分。类似的树枝状晶体的构造也经常发现在片状构造的岩石中，同时，通常在岩石的小裂沟和裂缝中亦可见到。1857 年 4 月 1 日在波恩召开的下莱茵协会的会议上，迈耶教授提到，他曾经在波佩尔斯多夫（Poppelsdorf）的博物馆内保存的几种动物的骨化石中，特别是在洞熊的骨化石中看到过相似的树枝状晶体；然而，在博尔夫（Bolve）和桑德维希（Sudwig）的洞穴中所产的马（Equus adamiticus）和猛犸象等的骨头和牙齿的化石中所显示的这种树枝状结晶更加丰富和更加美丽。类似的细微树枝状结晶的形迹也在济克堡（Siegburg）发现的罗马人头骨上可以见到；但是在地下埋藏了几个世纪的其他古代头骨中却未见到类似形迹①。我要感谢赫·冯·迈耶关于这个问题所引的下列看法：

以前认为树枝状结晶的沉积是真正化石的一种痕迹，它的最初形成情况极为有趣。我们甚至曾经认为，在洪积物中是否存在树枝状结晶可作为一种可靠的标志，用以区别稍晚期形成的，与骨头混杂的洪积物和仅仅局限于洪积物的沉积遗迹。但是我长期以来确信，既不能把沉积物不含树枝状结晶就认为是现代沉积的标志，也不能认为沉积物中含树枝状结晶就确认其是古老的。我本人亲自注意到存放还不到一年的纸上出现了树枝状结晶，它与骨头化石中存在的树枝状结晶很难加以区别。像这种情况，我从附近罗马人的侨居地赫德谢姆（Heddersheim）得到了一块狗的骨头（Castrum Hadrianum），它无法和弗兰肯岩洞②中发现的骨头化石相区分；它们具有相同的颜色并且都对舌头具有黏性。因此，曾在波恩举行的德国博物学者会议上，由于这一特征曾经引起巴克兰（Buckland）和施默林两人之间的一场有趣的舌战，但是，现在已不再有任何的价值。在这种情况中，骨头的保存状况很难提供一种手段来肯定它是否属于化石，也就是说，不能确定这块骨头是属于地质时代的远古物，还是属于历史时期的古物。

由于我们目前不能把原始世界看做是由那些与现代全然不同情况的万物组成的，它们与现代的生物界不存在过渡类型，所以化石这一名称应用到这块骨头上时，已经和居维叶时代对化石的含义不再一样。有充分的根据来推断，在洪积层中发现人类与动物共生；而且很多未开化的野蛮人种可能在史前阶段就与古老世界的其他动物一起灭绝了，只有那些组织构造得到改良的人种才能继续演化成如今的人属。这篇论文中所论述的骨头特征，尽管不能确定其地质时期，但是可以表明它是很古老的遗物。同时还可以指出，这些普遍发现于岩洞内泥质沉积的洪积物中的动物骨头的残骸，至今还从未在尼安德特的岩洞内发现过。而这些骨头之上覆盖了不超过 4 或 5 英尺厚的泥质沉积，其间并没有被任何石笋所掩盖，它们保存了绝大部分的有机物质。

这些情况或许可以得出否定的结论，即尼安德特骨化石不可能是地质时代的远

---

① 见《博物史状况》波恩协会，14 卷，1857 年.

② Frankish caves，位于德国巴伐利亚州中北部。——译者注

古化石。我们也不应当把这个头骨的形态作为代表人种最野蛮的原始类型,因为在现今存在的野蛮人种之中,它的头骨虽没有显示其额部有很特殊的形态,从而与大型猿类的头骨形态特征有点相似;可是,在其他方面,例如颞窝(temporal fossae)很深、颞线显著地突出呈嵴状(鸡冠状),以及一般具较小容量的颅腔,这些都表明其处在低级的演化阶段。我们没有理由认为额部的深穴与人为使之变为扁平有关,正如旧大陆和新大陆的一些未开化民族采取各种方法使额部变扁。头骨两侧完全对称,枕部亦未显示任何对应的压痕,反过来,按照莫顿的看法,哥伦比亚扁头人(Flat-heads)的额骨和顶骨总是不对称的。这种头骨前部发育不良的形态在最古老时代的头骨上却是屡见不鲜,这就为人类头骨形态受到文化和文明的影响而发生变化提供了一个最突出的证据。

在其后的一段中,沙夫豪森博士指出:

凡是把尼安德特人奇特头骨上的额窦的异常发育归之为是一种独特的畸形,或者是病理上的残疾是毫无理由的;毫无疑问,这是一种典型的人种特征,而且在生理学上是和骨骼中其他部分异常的厚度紧密相关的,其骨骼的厚度大致超过正常的一半。额窦的这种扩大的气道附属部分也表明躯体在运动时所表现出的一种非凡力量和耐久力,正如从所有脊和突的大小可以推断出附在其上的肌肉或骨骼的大小及情况一样。从其庞大的额窦和突出的较低的额部大致得出的结论,也可以通过其他各种观察得到多方面确认。根据帕拉斯(Pallas)的研究,可以用同样的特征将野马和家养的马加以区别;而按居维叶的看法,亦可将化石岩熊和现代的各种熊加以区分;与此相反,依据鲁林(Roulin)的报道,在美洲,家养的猪已经变成野猪,它已重新获得与野猪相似的特征,为此,可与同一种动物的家养状态加以区分,正如高山羚羊与山羊也可用此法区别开来。最后要提到的是,斗犬(bull-dog)可以根据它的巨大骨骼和强健发育的肌肉与其他各类不同的狗加以区别。据欧文教授的意见,对大型猿类面角的测定及对其测定结果的确定,由于其有非常突出的上眉脊(supra-orbital ridges),因而就较有难度。另在目前的情况下,由于外耳门和鼻前棘(nasal spine)都缺失,要对面角作出测定和确定就更加困难。但是,如果根据眶板的残余部分将头骨适当地放在水平位置,在突出的上眉脊后面引一条上升线与额骨的表面相切,可见面角的角度不超过56°①。遗憾的是,在表达头部形态时具有决定性作用的面骨完全没有保存下来。与躯体的异常力量相比,颅腔的容量似乎表明颅腔的发育程度较低。实际上头骨可盛31啊谷粒;如把缺失的相当部分计算在内,应当还要增加6啊左右,这样完整的头骨容量可容纳37啊谷粒。蒂德曼测定的黑人脑容量为40、38、35啊。头颅可以容纳相当于36啊以上的水,即相当于1 033.24毫升;胡希凯(Huschke)测得一个黑种女人的脑量是1 127毫升,一个老黑人的脑容量是1 146毫升。马来亚人头骨的容量,用水测量时,等于36.33啊,可是矮小的印度人可以降到27啊。

因此,沙夫豪森教授在把尼安德特头骨和许多其他古代和现代的头骨进行对比后

---

① 我用这种方法在石膏模型上,测得面角的数值是64°～67°。——巴斯克注

得出下面的结论：

> 但是，尼安德特人的骨骼和头骨在所有特殊形态上都不同于其他人种，依此可以推断它们属于一种未开化的野蛮人种。尽管在发现他们头骨的洞穴中并未找到有任何人类制品的痕迹，也不知道此岩洞是他们的墓穴，还是像在其他地方灭绝的动物骨骼一样被水冲进洞里，但是这些骸骨仍然可以被认为是欧洲早期居民最古老的遗物。

沙夫豪森博士的论文翻译者巴斯克先生把尼安德特人头骨的轮廓和一个黑猩猩头骨的轮廓，按同一比例大小绘成插图，将之并排在一起，由此使我们对尼安德特人头骨的退化特点得到了一个非常生动的概念。

沙夫豪森教授论文的译本发表后不久，因为我想要为查尔斯·莱伊尔爵士提供一个在和其他人类头骨对比时，能显示这个头骨特异点的图解，于是我就对过去观察过的尼安德特头骨的模型进行更加仔细的研究。为此，必须对头骨上的一些特征，从解剖学上进行相应的比较，以便能作出精确的鉴定。在这些特征中，眉间的特征格外突出。但是，当我识别出位于枕外隆凸和上项半圆形线的另一特征时，我把尼安德特人头骨轮廓放置到恩吉头骨轮廓相对应的位置上，即放到两个头骨的眉间和枕外隆凸被同一条直线所横切的位置上时，两个头骨的差别非常明显，更显出尼安德特头骨的扁平度尤为突出（对比图 22 和图 24A），最初我甚至以为自己一定犯了某些错误。随后我更加怀疑自己有错，因为在普通人的头骨上，枕骨外面的枕外隆凸和上项线和枕骨内面的"横窦"（lateral sinuses）和小脑幕的附着线之间是密切对应的。但是，在我前面一篇论文中曾提到，脑后叶的位置是在小脑幕之上。因此，枕外隆凸，和我们所说的上项线，就大致指示了脑后叶的下缘。那么，一个人有无可能具有这样扁平和低陷的大脑，要不然就是头骨肌脊是否已经改变了位置？为了解决这些疑问，并弄清巨大的眉脊到底是否是额窦发达所引起这一问题，我请求查尔斯·莱伊尔爵士能为我找到头骨的保管人富罗特博士为我解答某些疑问；并且，如可能的话，帮我搞到一只头骨内腔的模型，或者，无论如何给我弄到几张头骨内腔的图片或照片。

我非常感谢富罗特博士对我的询问作了礼貌和及时的答复，他还送给我三张精致的照片。其中一张是头骨的侧视图，据此照片加上明暗线条示于图 24A；第二张（图 25A）是头骨额部的下部表面，显示额窦的宽广开口。富罗特博士针对头骨写道："一根探针可插入口内深达一英寸。"由此表明在脑腔之外加厚的眉脊（supraciliary ridges）扩展到很大程度。最后的第三张（图 25B）是头骨后部（或枕部）的边缘和内部，它非常清楚地显示了横窦的两个凹陷，从内面进入头骨颅顶的中线，并形成了纵窦（longitudinal sinus）。因此，很明显，我的解释并没有错，而且尼安德特人的脑后叶，正如我推测的那样扁平。

实际上，尼安德特人头骨有着非常异常的特征。头骨的最大长度为 8 英寸，而宽度只有 5.75 英寸，换句话说，长宽比为 100∶72。头骨很扁，从眉间枕骨线（glabello-occipital line）到颅顶的高度只有 3.4 英寸左右。用测量恩吉头骨的相同方法测得其纵弧长为 12 英寸。由于颞骨（temporal bone）缺失，横弧不可能准确地测量，但是其长度肯定要超过 $0\frac{1}{4}$ 英寸，大致和纵弧长度相似。头骨水平周长为 23 英寸。但是这个大周长的测值大

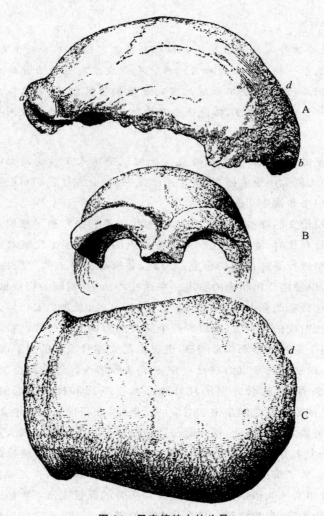

图 24　尼安德特人的头骨

A. 侧视图；B. 前视图；C. 顶视图。$\left(\times\dfrac{1}{3}原大\right)$

头骨的轮廓是巴斯克先生绘制的，$\times\dfrac{1}{2}$原大；头骨的细节是根据模型和富罗特博士的照片绘制的。

a. 眉间；b. 枕外隆凸；d. 人字缝。

多是由于眉脊的高度发达而造成的，尽管脑壳本身的周长并不算小。粗大的眉脊隆起使额部显得比从颅腔内部见到的轮廓更向后倾。

从解剖学的角度看，头骨的后部特征甚至要比前部更加显著。当眉间枕骨线置于水平位置时，枕外隆凸处于头骨的最后端，与延伸至其外的枕区的其他部分相距很远。头骨的枕部向上和向前倾斜，这就使人字缝的位置正好到达颅顶的上面。与此同时，尽管头骨很长，但是矢状缝明显地短（$4\dfrac{1}{2}$英寸），而鳞状缝却很直。

富罗特博士在回答我的问题时写道，枕骨"上项线以上的部分都完好地保存着。上项线是一条非常强壮的脊，其两端成线状，但向中部增大，形成了两条脊（隆起），其间由

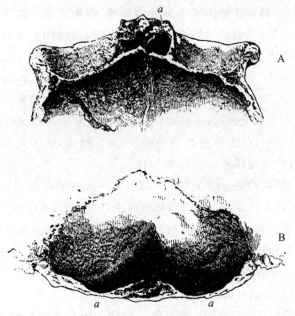

图 25　尼安德特人颅骨的内部(据富罗特博士的照片描绘)

A. 额部的下内面观,示额窦向下的开口(*a*)；B. 头骨枕部的下内面观,示横窦的两个印痕(*a a*)。

一条位于中部微微下弯的线相连接"。

"在左侧隆起的下面,这块骨头显示了倾斜的表面,长为 6 拉因①,宽为 12 拉因。"

最具权威性的就是图 24A 中 b 以下所示轮廓的平面。正如人们认为的那样,特别有趣的一点是,虽然枕骨呈扁平状态,但是后脑叶相当突出,以致大大超过了小脑,而这点正是尼安德特人颅骨和某些澳洲人颅骨的几个相似点之一。

以上就是最著名的两个人类头骨,它们可以认为是在化石状态下发现的。这两个头骨能否在一定程度上显示其可以填补或缩小人类和类人猿之间在构造上的间断呢？或者,从另一角度说,这两种头骨中任何一种是否都与形成现代人正常头骨的平均构造相差不大呢？

如果不了解人体一般构造的变异范围的基本知识,就不可能对上述问题提出任何见解。也就是说,对这一问题的研究还只是刚起步,而且,即使根据已有的知识,我也只能对这些问题提出一个非常粗浅的轮廓。

解剖学者完全知道,在不同的个体中,人体的单一器官都存在不同程度的变异。骨骼在大小比例上、甚至在骨的连接上,多少都有些变化。这就使骨骼移动的肌肉在其附着点上都非常不同。基于动脉移动方面的知识对外科医生有重要的实际意义,因此动脉分布模式的变化曾被仔细地进行过分类。大脑的特征变化很大,大脑半球的大小、形状,表面沟回的丰度比大脑其他部位的变化更大。而人类大脑最具可变性的结构就是侧脑

---

① 　line,法国度量单位,1 拉因＝2.25 毫米。——译者注

室的后角、小海马和大脑后叶突出于小脑的程度等,因而若是以此来界定人类特征就是一种不明智的作法。最后,正如所有人都知道的那样,人类的毛发与皮肤在颜色和结构上可能呈现最大的变化。

就我们现在所知,这里所提及的构造上的变异,大多数是个体方面的。在人类的白种人中,偶尔可看到和猿类相似的某些肌肉的排列方式,但在黑种人或澳洲人中却并不常见。即我们不能因为霍屯督(Hottentot)美女的脑子要比普通欧洲人的脑子平滑、沟回排列更为对称,而且,到目前为止更相似猿脑,就得出结论,认为人类的低等人种普遍都是如此,尽管结论可能是这样的。

事实上,遗憾的是我们缺乏除了欧洲人以外每一人种的柔软和易损器官的配置方面的信息。而且,即使在骨骼方面,我们博物馆内也只有头骨,其他各个部位的骨头都少得可怜。头骨标本是够丰富的。在布卢门巴哈和坎佩尔时代,自从他们首先促使人们注意到头骨所具有的显著和奇特的差异以来,对头骨进行采集和测量已成为博物学中一个热门的研究分支。许多学者对已经取得的成果作了整理和分类,他们当中,无例外地首先应当提到的是已故的、活跃而有才能的雷济斯(Retzius)。

人类头骨彼此间所见到的差别,不仅限于脑壳的绝对大小和绝对容量上,而且也在于脑壳的直径彼此之间的大小比例上,同时也在于面骨(尤其是颌骨和牙齿)和头骨之间对比的相对大小上。此外,还在于上颌骨(当然亦包括了下颌骨)在脑壳前下部向后、向下,或脑壳前面和以上向前、向上的延伸程度上。头骨的差别还进一步表现在通过颊骨面的横径和头骨横径之间的关系上;表现在头顶有比较圆或比较像三角状的形态和头骨后部扁平程度或向后超出供颈肌附着的骨脊的程度上。

一些头骨的脑壳可以说是"圆形的"(round),其最大长度与最大宽度之比不超过100:80,而其长宽差别可能更小些。[①] 雷济斯将具有这种头骨的人称之为"短头型人"(branchycephalic),而卡尔美克人(Calmuck)的头骨就提供了这类头骨的一个极佳例子。该头骨的侧视图和前视图载在冯·贝尔的杰作《颅骨精选》一书里,图26就是据该图缩小后的轮廓图。另一些如从巴斯克先生所著的《典型颅骨》一书中转载的图27的黑人头骨,和前述的头骨大不相同,这种头骨延伸得很长,可以称为"长头型的"(oblong)。这种头骨的最大长度与最大宽度之比为100:67或小于67,而人类头骨的横向直径甚至可能低于这一比例。具有这种头骨的人,雷济斯称之为"长头型人"(dolichocephalic)。

非常粗略地看一下这两个头骨的侧视图,就足以证明它们在另一方面的差异也非常突出。卡尔美克人头骨面部的轮廓几乎是纵向的,即面骨在头骨的下面垂向下方。而黑人面部的轮廓则特别倾斜,即颌骨前部向前突出,远远超过头骨前部的水平面。前一种情况的头骨称为"直颌"(orthognathous),后一种称之为"突颌"(prognathous),"突颌"这一术语,相当于撒克逊语的"突吻",虽不太优雅,但更为符合原义。

为了对给定的任一头骨能精确地表达其突颌化和直颌化的程度,人们已经想出了各种不同的方法。而为了得到彼德·坎佩尔称之为面角的数据,他所设计的面角测定法对

---

① 正常人的头骨,脑壳的宽度不超过其长度。

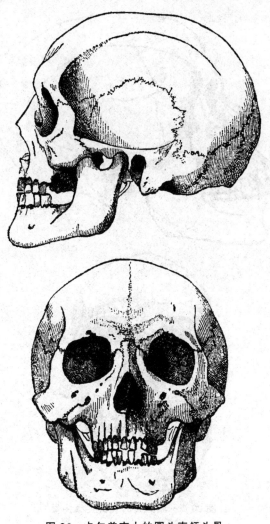

图 26　卡尔美克人的圆头直颌头骨

侧视图（上）和前视图（下）$\left(\times\dfrac{1}{3}$原大$\right)$（据冯·贝尔）

上述大部分的方法作了重要的修改。

　　但稍为考虑一下，就可明白任何一种面角测定法只能将突颌和直颌的构造变化用粗略和一般的方式加以表达。这是因为通过头骨上的各个点的交叉形成面角的任何直线，是依据头骨上每一点的位置种种情况而改变的。因此，所得出的面角是所有这些情况的一种综合结果，它不能表达头骨各部分之间任何一种固定的有机联系。

　　我明确地认为，如果不建立一条在任何情况下，作为测量必须参照的相对固定基线，那么头骨与头骨之间的对比是没有多大价值的。我认为要确定这样的基线并非难事。头骨的各部分，就像动物的其他骨架一样是按顺序发育的，即头骨的基底是在侧壁和顶壁形成之前发育的，它比侧壁和顶壁转化成软骨要早些而且更完全；软骨基底的软骨化并结合成为一整块骨片的时间比顶壁要早得多。因此，我认为，从发育学上来看，头骨底

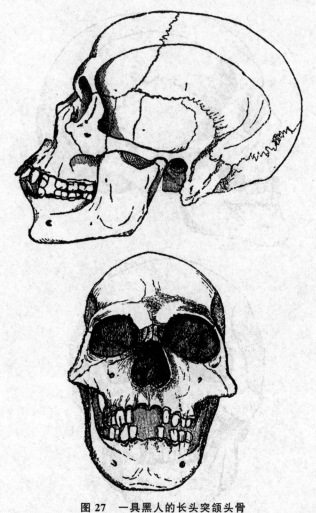

图 27 一具黑人的长头突颌头骨

左侧视图（上）和前视图（下）$\left(\times \dfrac{1}{3}\, \text{原大}\right)$

部是相对比较固定的部分，而顶壁和侧壁是相对可动的。

从对低等动物到人的头骨变化的研究也证实了这个真理。

例如在河狸（Beaver，图 28）那样一种哺乳动物中，通过称之为基枕骨、基蝶骨和前蝶骨等骨头所引的一条直线（ab），这条轴线比容纳大脑半球的脑腔长度（gh）相对要长得多。枕骨大孔的平面（bc）与这条"颅底轴"稍微形成一锐角，而小脑幕平面（iT）与"颅底轴"却成 90°角以上的倾斜；嗅神经纤维通过头骨筛板平面（ad）也是如此。此外，在称之为筛骨和犁骨的骨头之间，引一条通过面轴的线——"面底线"（fe），此线引出时，在该处就与"颅底轴"（ab）相交，形成特别大的钝角。

如把 ab 线和 bc 线形成的角称为"枕角"，而把 ab 线与 ad 线形成的角称为"嗅角"，把 ab 线和 iT 线间的角称为"幕角"，那么，在上述提及的哺乳动物中，其角度几乎都成直角变化范围介于 80°和 110°之间。efb 角或者颅底线与面轴的夹角，也可称之为"颅面角"

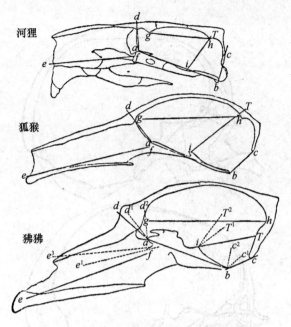

图 28 河狸、狐猴和狒狒头骨的正中纵切面

ab,颅底轴;bc,枕骨大孔平面;iT,幕平面;ad,嗅平面;fe,面底轴;cba,枕角;Tia,幕角;dab,嗅角;efb,颅面角;gh,容纳大脑半球的颅腔的最大长度,或"大脑长度"。

以颅底轴的长度为100,在三个头骨中大脑的长度分别是:河狸70;狐猴119;狒狒144。雄性成年大猩猩的大脑长度与其颅底长度的比例是170:100;黑人(图29)是236:100;君士坦丁堡人(图29)是266:100。这样,最高等猿类的头骨和最低等人类的头骨的差异可从上述数字明显地显示出来。

在这三个头骨图上的颅底轴(ab)长度是相等的。狒狒头骨图中虚线 d_1d_2 等,分别是狐猴和河狸头骨图中的 d 以颅底为基准的投影。

它是一个很钝的角,在河狸的头骨上,这个角至少是150°。

但是,如果对啮齿类和人类之间的几种哺乳动物(图28)进行一系列的切面研究,就可以发现,颅骨越高,颅底轴与大脑的长度相对之比就变得越短,"嗅角"和"枕角"就变得更钝。而"颅面角"似乎由于头盖轴上的面轴向下弯曲而变得更尖锐。与此同时,颅骨的顶壁越来越拱起,以致大脑半球的高度不断增高,这一点是人类最显著的特征;同时,大脑向后扩张并超过小脑。这种大脑向后扩张的现象在南美的猴类中达到最大限度。因此,最后人的头骨(图29)的大脑长度要比颅底轴长度多两倍到三倍。嗅平面在颅底轴的下面成20°或30°角。枕角不是小于90°,而是大到150°或160°。颅面角可能是90°或稍小。而头骨的垂直高度可能与长度之比要更大。

仔细审视这些图解,就可以清楚地了解到在从低等到高等哺乳动物的演化系列中,它的颅底轴是一条相对比较固定的线。在这条线上颅腔的侧壁和顶壁以及面部的骨头,可以说是随着它们的位置而向下、向前或向后旋转。但是,任何一块骨头或平面所画的弧线,并不总是与其他骨头或平面所画的弧线成比例。

此时,就出现一个重要的问题,即我们能否从最低等和最高等人类颅骨的特点上,看

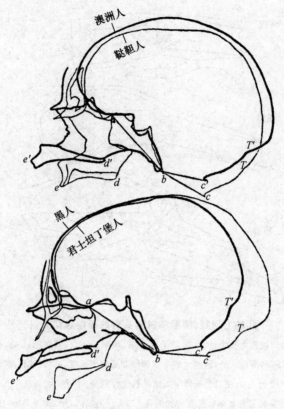

图29 直颌头骨(细线)和突颌头骨(粗线)的切面图$\left(\times\frac{1}{3}原大\right)$

ab,颅底轴;bc,$b'c'$枕骨大孔平面;dd'腭骨后端;ee',上颌前端;TT'幕的附着线。

出哪怕是有一点符合像我们在哺乳动物一系列头脑侧壁和顶壁显出的大范围绕着颅底轴那样旋转的情况呢？大量的观察使我相信，我们对这一问题的回答必须是肯定的。

图29是一幅经过非常仔细缩绘的四个头骨的切面：两个圆头直颌头骨和两个长头突颌头骨的正中纵切面图。这两张切面图是以颅底轴的前端方向为准，即作为固定的基线，将这两种不同类型的正中纵切面投影在一起，不相重叠的轮廓线(只代表头骨的内部)就表明两个头骨彼此间的差异。

粗轮廓线条是指澳洲人(图29上图)和黑人(图29下图)的头骨。细轮廓线条是指保存在皇家外科学院博物馆的一个鞑靼人(Tartar)头骨(图29上图)；图29下图的细轮廓线条是指我收藏的一个发育完好的圆形头骨，它是从君士坦丁堡(Constantinople)的一个坟墓里发掘出的，属于哪一人种还未确定。

从这些图中似乎马上就可以看出，突颌头骨和直颌头骨就它们颌骨部分的真正差异而论，在很多方面与低等哺乳动物和人类头骨的差别是相同的，尽管前者的差异程度远不如后者大。此外，这些特别的突颌头骨的枕骨大孔平面(bc)与颅底轴形成的角，要比直颌头骨所形成的角稍小。而且筛骨的筛板也可能有相似的情况，虽然这点并不像枕骨大孔那样明显。但在另一方面，必须特别指出，突颌头骨比直颌头骨更不像猿，突颌头骨的大脑腔超出颅底轴前端的程度无疑要比直颌头骨更大。

我们可以看到,这些图解显示在不同的头骨中,其脑腔不同部位的容积和其对颅底轴的相对比例上有很大变异。大脑腔覆盖小脑腔的程度也并非没有明显差别。一个圆形头骨(图29,君士坦丁堡人)与一个长形头骨(图29,黑人)相比,脑颅要更向后突出。

只有在对人颅骨的研究中广泛采用类似本书建议的方法;只有端正对人种学收藏品的态度,将收藏一个没有纵剖面的头骨视为对学术的不尊;只有把在这里提到的测量角度、测量项目和许多在此处未及提到的其他项目确定下来,并以颅底轴为基准制成一览表,当处理大量不同人类种族的头骨时,我们才能牢牢以人种头骨学为基础,提供不同人类种族的头骨解剖学特征。

目前,我认为对于上述问题的可靠依据,可以用非常简要的话做一概括性总结。在地球上从非洲西部的黄金海岸①起到鞑靼草原之间绘一条线,这条线的西南端居住着头最长、突颌、鬈发和黑皮肤的真正黑人;在同一条线的东北端居住着头最短、直颌、直发和黄皮肤的鞑靼人和卡尔美克人。的确,这条假想线的两端可以说是民族学上的对蹠点。在这条极线上作一条垂直或近似垂直的线通过欧洲和南亚到印度斯坦,就能得到一条类似赤道的线。在赤道线的周围住着圆头、卵圆头、长圆头、突颌的和直颌的、浅肤色和深肤色的一些种族。但是这些种族都不具有卡尔美克人和黑人的明显特征。

值得注意的是,上述对蹠点在气候方面形成了最强烈的对比,或许它将世界分为两种极端,一边是非洲西岸的潮湿、炎热闷人的滨海冲积平原;另一边是中央亚细亚的干旱、高海拔的草原和高原,冬季酷冷,比地球的任何地方都远离海洋。

从中亚细亚向东到太平洋各群岛和次大陆为一方,而从中亚到美洲为另一方;短头和直颌的类型逐渐减少,并为长头和突颌类型所代替。但是美洲大陆(整个大陆主要以圆形头骨占优势,但也有例外)②与太平洋地区相比就不太明显。而在太平洋地区的澳洲大陆及其邻近的岛屿,长头形头骨、突颌和深色皮肤的人种终于重新出现。这种人在其他方面与黑人类型有很大的差别,因此民族学者们给这些人以一个特别的称号,即"小黑人"(Negritoes)。

澳洲人头骨的最显著特点是头骨狭窄和骨壁较厚,特别在眉脊部分最厚,这一特征很普遍,虽然并不总是固定不变,额窦依然不甚发育。此外,鼻下陷特别突然,从而使额部突出,形成特别卑下可怖的面目。头骨的枕区也往往显得不太突出,不但不能超过沿眉间枕骨线后端所作的垂直线,而且有时甚至在垂直线前方就开始几乎立即形成斜坡。有鉴于此,位于隆起(tuberosity)上、下方的枕骨之间互相形成一个比通常更加小的锐角,于是颅底的后部呈现为刀削过一样的斜面。许多澳洲人头骨具有一相当的高度,虽与其他人种的平均高度差不多相等,但另外一些人的颅顶却显得异常低平,同时头骨的长度却增大,以致其脑腔容量或许并不减小。我在南澳洲阿德莱德港(Port Adelaide)附近看到的头骨,多数具有这些特征,而且当地人将这种头骨作为盛水的器具,他们把面部的末端敲掉,并用一根绳子穿过空洞和枕骨大孔,于是依靠颅底的大部分将整个头骨悬挂

---

① 即现在的加纳。——译者注
② 参阅 D. 威尔逊博士的重要论文《论美洲原住民中一种假想优势的头盖骨类型》,加拿大杂志,Ⅱ卷,1857.

起来。

图 30 是代表产自澳洲西港并带有下颌骨的这类头骨和尼安德特头骨的轮廓图,两者都缩小为原来的三分之一。这使澳洲人的脑壳变平和有所拉长,其眉脊亦相应地有所增高,于是澳洲人的脑壳和尼安德特这一异常的化石头骨的形态趋向一致。

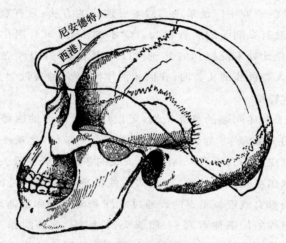

图 30　西港的澳洲人头骨与尼安德特人头骨的轮廓线

(前一头骨保存于皇家外科学院博物馆)$\left(两者均 \times \frac{1}{3} 原大\right)$

现在,让我们回到化石头骨,看看它们所处的位置,是在现今头骨类型的变异范围内,还是超出了这个范围。首先,我必须指出,正如前述施默林教授在充分观察恩吉头骨后做出的评论一样,即由于恩吉头骨和尼安德特头骨都缺失颌骨,因此大大妨碍了对这一问题进行可靠的判断,使我们无法肯定他们的颌部是否多少比现存的低等人种更突出一些。可是,正如我们所了解到的,人类头骨在颌部特征上是接近兽型还是与兽型不同,这比其他任何特征更为重要。例如一个普通的长头型欧洲人脑壳和一个黑人脑壳的对比远不如颌部的差异明显。因此,在缺失颌骨的情况下,对化石头骨与现代人种的关系的任何判断,在接受时必须有一定程度的保留。

但是,以现有证据来看,我首先考虑的是恩吉头骨。假如它是属于现代人的头骨,我承认我找不出任何特征作为可靠的线索,把它归属为现代的某一种族。它的轮廓和所有的测量数据,特别是枕部趋于扁平这一点都和我研究过的一些澳洲头骨的情况完全一致。但不是所有澳洲人头骨都呈现扁平的倾向,而且恩吉头骨的眉脊跟典型的澳洲人也完全不同。

另一方面,恩吉头骨的测量数据与某些欧洲人头骨所测得的数据非常一致。的确在恩吉头骨的任何结构都没有找到一点退化(degradation)的痕迹。总之,它是一个普通人的头骨,或许是一个哲学家的头骨,也可能是一个愚钝野人的脑子。

但是,尼安德特头骨的情况则非常不同。无论从它头盖的低平程度、硕厚的眉脊、倾斜的枕部、或者是长而直的鳞缝等特征来看,都与猿的特征一致,这是迄今为止已发现的被认为是最类似猿的人类头骨。但是沙夫豪森教授指出(见前文),这一头骨从目前看

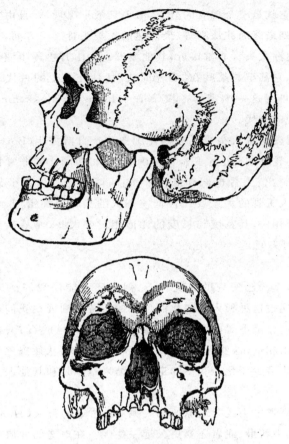

图 31 博雷比古坟的古代丹麦人头骨

$\left(\times\dfrac{1}{3}$原大。由巴斯克先生采用显微镜描绘。$\right)$

可容纳 1 033.24 毫升或大约 63 立方英寸的水,如果是完整的头骨,还可增加 12 立方英寸的水,这样头骨的容量就可能达 75 立方英寸左右,这一容积与莫顿所测定的波利尼西亚人(Polynesians)和霍屯督人头骨的平均容量相同。

　　仅从脑容量如此之大,就可以推测尼安德特头骨具有与猿相似的趋向,但这一趋向没有在躯体组织内部得到体现。这一结论被沙夫豪森提供的除头骨以外的其他骨骼大小所证实,它表明尼安德特人的绝对身高和上、下肢的相对比例等情况与一个中等身材的欧洲人接近。尼安德特人的骨骼确实较粗壮,但粗壮的骨骼与沙夫豪森注意到的充分发育的肌脊,都是野人所具有的特征。巴塔哥尼亚人(Patagonians)以其四肢强壮而称著,他们可以风餐露宿而无须窝棚保护,他们所处的气候条件和尼安德特人当时生活的欧洲,也许没有很大的差别。

　　因此,决不能把尼安德特人的骨头看做介于人类和猿类的中间型人骨化石。他们的骨骼化石至少表明当时存在着这样一种人,他的骨头有点回复到与猿相似的类型。正如信鸽(Carrier)、突胸鸽(Pouter)或翻飞鸽(Tumbler)一样,它们有时亦长出其祖先岩鸽(*Columba livia*)那样的羽毛。虽然尼安德特头骨在已知的人类头骨中的确是最似猿类的，但这绝不意味着它就是一个独立的分支，似乎是最早出现，并且由它出发构成一个逐渐演化的系列，该系列最终通往最高等、最发达的人类头骨。一方面，尼安德特人头骨与我前面提到的扁平澳洲人头骨非常接近，其他澳洲人种由其再逐步演化为极像恩吉颅骨型的头骨；另一方面，它甚至与某些在"石器时代"居住在丹麦的古代人的头骨有亲缘关系，而且他们可能与丹麦这一国家的古坟（refuse heaps 或 Kjokkenmöddings）的建造者处于同时代或者稍晚的时代。

巴斯克先生对尼安德特人头骨的纵向轮廓图和产自博雷比（Borreby）古坟（tumuli）的某些人头骨的纵向轮廓图①进行了非常精确的绘制，两图之间非常接近。其枕部同样凹进、眉脊几乎一样突出、头骨也同样低平。而且，博雷比头骨由于其前额更明显的后倾，使其与尼安德特人头骨的关系要比任何澳洲人的头骨更加密切。另一方面，博雷比头骨与尼安德特头骨相比，其宽度与长度的比值相对要大些，而某些头骨横径与长径之比达 80：100，属于短头型。

总之，我可以说，迄今已发现的人类化石，似乎还不能使我们认为其接近于哪种猿人，而人类可能就是通过这种猿人的变化而形成的。考虑到现在我们对最古老人种的了解，从他们能制造和现今最下等的野蛮人所制造的相同式样的石斧、石刀和骨针这点看来，我们有充分的理由相信，这些野蛮人的习性和生活方式，从猛犸象和披毛犀的时代一直到今天，并没有发生多少变化。我不知道这个结果是不是和其他人可能预料到的结果正好相反。

那么，我们必须到哪里去找寻最原始的人呢？最古老的智人（Homo sapiens）是生活在第三纪上新世还是中新世、或者还要更久远一些呢？在更老的地层中寻找更近似人的猿骨化石，还是更近似于猿的人化石，这些问题还有待于尚未诞生的古生物学家去探索。

时间将会给出答案。如果进化论是正确的话，那么，最古老人类出现的时代，应当比原来估计的时间更早。

---

① 图31，原文漏注。——译者注

第四章　有机界的现状

The Present Condition of Organic Nature

　　谦虚地讲，我认为自己只是这么一个向导而已。通过这个向导，我们来理解多年以来最具争议的一本书——达尔文先生的《物种起源》——中的观点。……作为一个人，我当然也会有疏漏，但是要知道，对这类问题进行判断正是我本人的专业所长。

5 cms.

25 cms.

　　在筹划这个系列讲座的内容时，我发现在这六个讲座[①]中，我所能做的只是给大家做个向导。谦虚地讲，我认为自己只是这么一个向导而已。通过这个向导，我们来理解多年以来最具争议的一本书——达尔文先生的《物种起源》——中的观点。我敢肯定，你们中有很多人都读过这本书。为什么呢，因为我看出你们拥有强烈的探究欲望。不管怎么说，你们通过这个或者那个报告都多少听说过这本书，你们大家的注意力或好奇心都曾多少为该书的内容所吸引。我所要做的、我所能做的就是与大家交流一下我的观点。作为一个人，我当然也会有疏漏，但是要知道，对这类问题进行判断正是我本人的专业所长。

　　如果把这么简单的几个讲座称之为一个课程的话，那么面对这么大的一个题目，这个课程的大部分精力就不得不侧重于一些基础性的东西或者该书中最基本的事实和原则直接摆在大家面前。我不能预设你们或你们中有人是博物学家。即便有人是博物学家，但盛行于博物学家之中的错误观念和错误理解也会迫使我按我的既定方案来讲授。一切从零开始，我应该讲清楚有机界的现状和过去、达尔文先生所投身的事业的性质、对于从事这项事业有什么要求、该书的作者在多大程度上满足了这些要求，又在多大程度上未满足这些要求以及其他人又在多大程度上满足或者未满足这些要求。

　　作为今晚的第一个问题，我将粗略地介绍一下生命世界的基本知识。当然有很多方法来介绍这些知识，今天我将采用图示的方法来进行。我将仿照洪堡《自然侧影》（*Aspect of Nature*）中的形式向大家展示各种气候和其他条件下无限多样的生命形式。虽然这样做对我们大家来说非常有意思，但是对于我们今天的话题来说显然并非最佳选择，因为我们必须走得更远，挖得更深。我们必须找出生命界（living nature）（如果可以这么说的话）最隐秘活动的基本规则。因此我建议用我们大家都熟悉的动物为例，通过其中显而易见的例子来展示生物体的各种问题。然后我会向大家证明所有的生命体都有同样的问题。首先，我要向大家解释一下"有机界"（organic nature）一词的意思。在有关有机界的科学中，这个词等同于"生命"，而在所有的生物体中，你总可以划分出几个形式特殊、功能特定的部分，这些部分叫做"器官"（organ），而生物整体则叫做"有机体"（organic）。因为这个特征适用于所有的生命体，"有机体"一词就被用来描述整个生命世界——整个植物界和整个动物界。

　　对于你们来说，没有几种动物会比这幅骨骼图中的这个动物更为人熟知了。你们不必为了下面的 *Equus caballus* 一词犯愁。那只是它的拉丁名，意思就是马，仅此而已。要想全面了解马，我们首先得研究这个动物的结构。马的身体外被马皮，马皮上附有马毛；如果剥

◀要想全面了解马，我们首先得研究这个动物的结构……随着时间的延续，由于疾病、意外或年老，这一台机器的很多功能严重退化，马失去了它的活力，在经历构成和状态上一系列的神秘变化之后，它最终腐烂分解，完成其生命历程，回归于其绝大部分物质所来源于的无机界：它的骨骼变成了碳酸钙和磷酸石；肉体和其他部分最终变成了碳酸、水、氨。（见 p95）

① 指本书第四至第九章。——编辑注

去马皮,我们会看到马肉或者专业术语所称的肌肉。通过这些肌肉的收缩,使得动物体内的固定结构能相对移动,从而产生运动,这样一来,马就有力气和能量为我们人类效力。

现在剥掉马皮和马肉,你们看到的是一套骨骼——固定的结构——通过肌腱连接起来组成现在看到的骨架。

在这个骨架中可以识别出几部分。那一套从头颅到尾巴的骨骼叫脊椎骨,前面这些叫做肋骨;这儿还有两对肢体,一对在前、一对在后,即我们所谓的前腿和后腿。如果进一步深入到动物的内部,我们会发现骨架中有巨大的腔,或者应该说两个巨大的腔——一个从头颅开始穿过颈椎骨、脊椎到尾骨,其中容纳着极为重要的器官——脑和脊髓;另外一个从嘴开始,通过食道、胃到肠和其他重要的消化内脏,还有心脏及相连的血管、呼吸器官肺、肾脏和生殖器官等等。现在我们来试着省去末节,把马的观念简化为人们毫

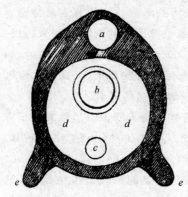

图32 马的横截面

不费力就可以记住的简单图式。如果做一个横切面,就是把马从中间锯断,并略去其中的细节。假设切面通过包含前肢的身体前半部分,我们会看到这样一个马的横截面(图32)。这里是动物的上半部分,即我们所说的脊椎(图32的a)。这里是消化道(图32的b)。这里是心脏(图32的c);这儿你会看到两个管。所有这些都包裹于马皮之中;脊髓位于上面的管中(图32的a),消化道(b)和心脏(c)位于下面的管中(图32的d);这里两边是两条腿。为了简单起见,我只画两根棒棒儿在这儿(图32的e)。按照数学家的观念,这就是马最简约的表达式。如果可能,记住这个简化的马的结构图。

我现在所呈现给大家的,用术语来讲,就是马的"解剖学"。现在假设我们要研究其中几个部分——肉、毛、皮和骨,用手术刀剖开各个器官,用放大镜仔细观察,看看我们能看到什么。我们会发现肌肉是由强劲的纤维组成。同样,脑和神经是由神经纤维和这些看起来有些奇怪的神经末梢组成的。如果拿一块骨骼去观察,我们会发现,虽然它与鸵鸟骨骼在细节上不尽相同,但却十分相似。如果取任何组织的一部分来观察,我们会发现它们都有在显微镜下才能看得到的微细结构。这就是显微解剖学或"组织学"。所有这些部分都处于不断变化之中;在动物的一生中,每个部分都在不断地生长、分解和代谢。组织不断地被新的材料所替代;如果追溯到肌肉、皮肤和任何其他器官的初期,你会发现它们都处于同一状态。每一根微丝和纤维(我这里只说整个过程的大概特征)都是一种组织的某种变形,它又可以细分成很小的、由元素碳、氢、氧、氮组成的(图33)"肉质粒子"

这些构成基本组织的单粒子叫细胞。如果把我手上的皮肤做一个切片,会发现它是由细胞组成的。如果对所有动物不同器官的纤维进行观察,你迟早会发现它们由包含类似元素的材料组成。因此你可以看出,如同我们在图32中把马的身体简缩成那样的表达式,我们在这儿同样可以把显微结构单元缩到更为简单的形式。如同整个生命体的结构某种程度上可以简化如图32,各种组织的原始结构都可以表达为一团细胞(图33)。

图33 细胞的截面

通过这种简化的方式,我们勾勒出了马的身体结构(专业上称之为形态学),现在我们来看马的另一侧面。马的结构不是死的,它是有生命的、活动的机器。到目前为止,我们看到的只是这台蒸汽机在呼呼地冒气儿,一点儿都没看见它内部的锅炉和零件;但是动物的躯体是一架构造精致的活动机器,它的每一个零件在机器的运转中发挥着不同的作用。这个机器的运转我们称之为它的生命。工作一天以后,你会看到马也许在野地里吃草,或者在马厩里咀嚼燕麦。它在干什么呢?它的颚骨就像一盘磨子,一盘非常复杂的磨子,它把玉米或青草磨成浆。这项工作完成以后,食物会被送到胃中,并与胃液搅拌混合在一起。胃液的特性是它能够溶解青草中的营养成分,而只剩下那些没有营养的部分。这儿你可以看到,先是磨碎、化学溶解,然后是那些经过溶解后剩下的食物残渣通过肠道的肌肉蠕动被运送到后半截消化道中去,而那些溶解的营养成分则被吸收到血液中。血液在遍布全身的血管中循环,血管与心脏相连,后者通过收缩和阀门的开闭使血液一刻不停地沿着一个方向循环运动。正是通过满载消化产物的血液循环,皮肤、肌肉、毛发和身体的其他各个部分才能获得它们所需要的营养。各个器官从这些营养中获取它们发挥功能所需的物质。

这些器官的运转、各个功能的实现都和从血液中持续不断地吸收所需的营养物质以及不断地形成代谢产物并将之运输到肺和肾有关,而肺和肾的功能是提取、分离和排泄这些代谢终端产物。这样一来,整个机器的营养、运转和维护过程就会井然有序地进行了。但是马不仅是能够自己进食维持自身所需营养的机器,它还是一台能够提供动力的发动机。马会从一个地方跑到另一个地方。为了实现这种功能,马有着连接四肢骨骼的可以伸缩的强壮肌肉,这些肌肉又通过大脑和脊柱中的脊髓神经来控制其运动。脊髓又与很多遍布全身的叫做神经的纤维相连接。通过眼、鼻、舌、皮肤等感官,各种印象和感觉会被传给大脑这个中枢,它负责接收信息并发号施令给各个器官,并通过肌肉运动来实现欲行使的动作。因此,你所看到的是一个极其复杂而又配置精美的机器,它的各个部分和谐地为实现一个共同的目标而努力奋斗——维持该动物的生命。

现在我们来看,马吃下草、燕麦或其他植物,然后排出废物。因此,这台复杂机器的所有物质来源最终都是依赖于植物界的。但这些草、燕麦或其他植物又是从哪儿获取营养的呢?最初,它只是一粒种子,很快它便开始从土壤和空气中吸收没有任何生命活性的物质。它吸收的水分是一种无机物;它吸收的碳酸是一种无机物;还有空气中的氨是另一种无机物。然后通过一些奇妙的、化学家尚不太了解也不愿多谈的化学过程,将它们合成为一种物质——蛋白质。蛋白质是由碳、氢、氧、氮组成的能够单独具有活性并能持久维持动物生命的复杂化合物。现在你可以看到动物的经济学中,动物身上的废料通过有机物质的形式不断排泄掉,这些废料不断地被来自植物的修补和重建材料所替代,植物又把同样的无机材料通过神秘的方式转化成有机材料。

现在我们来看看马的生活史的另一方面。过了一段时间,由于疾病、意外或年老,这个动物迟早会死去。这一台机器的很多功能严重退化,马失去了它的活力,在经历构成和状态上一系列的神秘变化之后,它最终腐烂分解,完成其生命历程,回归于其绝大部分物质所来源于的无机界:它的骨骼变成了碳酸钙和磷灰石;肉体和其他部分最终变成了碳酸、水、氨。也许现在你看明白了动物和植物之间、有机界和无机界之间的神秘关系,就像这幅图中所画的一样（图 34）。

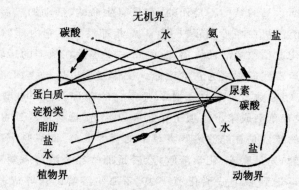

图 34　图示植物、动物和无机界之间的物质关系

　　植物吸收这些无机物并把它们转化成自己的一部分。动物吃下这些植物,留一部分维持自己生存,把其余部分排出体外;最终,动物自己也会死掉,它的躯体会分解并再归还给无机世界。因此存在着一个永续不断、周而复始的循环,无机物不断形成有机物,有机物又不断还原成无机物。这样看来,组成你身体的物质很有可能曾经属于很久以前早已灭绝的动物,就在你们两者一生一死这段时间里,这些物质很可能以无机的形式存在着。

　　于是,我们会得出一个乍看起来有些滑稽的结论:组成生命世界的和组成无机世界的物质是完全一样的! 同样,动物的力量或者力要么与无机界的力完全一样,要么能够转化成无机界的力,如同物理学家所说的热电转换,电磁转换,磁力转化成机械力或化学力,或者一种力转化成另一种力,相互之间可以等量代换,也就是说这些无机界的基本原则同样适用于生物界。想一想,没了如同这根粉笔中物质分子之间存在的亲和力,马的骨骼如何能承担得起它身体肌肉和各个器官的重量? 马肌肉的力量,除了某种程度上能够表达为或转化为用来克服重力的力以外,还会有什么? 或者,如果我们更进一步,消化过程和实验室中化学家进行的过程又有什么区别? 即使动物界最为神秘而复杂的神经活动,虽然我不能说它们和电过程完全一样,但是近年来研究表明,二者之间有这样或那样的联系:即任何的神经活动都伴随有神经元中的电波动。这样,就如同热和电有关一样,神经活动也和电流有关;如同论证热电关系一样,同理可证神经力和电流之间的关系。正如杜伯瓦·雷蒙(Dubois Reymond)先生和别的学者所证明的那样,每当神经处于兴奋状态、向肌肉发送指令或向大脑传递信息的时候,神经会处于平时没有的电波动状态。类似的现象或事实还有很多。这样我们可以得出一个不仅是关于生物而且关于它们的力的伟大结论:就我们所知,有机界和无机界密切相关,二者之间的差别源于相同力的千差万别的组合和排列。

　　我刚刚讲过,马最终会死亡,除了其中非常小的一部分可以忽略不计外,绝大部分物质被转化成其所来源于的无机物。这一小部分物质的漂游就跟印度神话中的灵魂附体一样。在死亡之前,雌性或雄性的,实际上是两性的某些部分会分离出来,随着两性的某些器官相互接触,发生融合,就会产生新的个体。母马到了一定时间会从身体中一个叫做卵巢的器官中排出一个很小的细胞来,这个细胞与我们前面所说的细胞在各个重要特征上都非常相似,含有一个位于中央的核,四周布满透亮的空间和含蛋白质的胶状物(图33)。虽然在外观上与我们所熟知的卵——鸡蛋——有所不同,但它是真正意义上的卵。不久,这粒还没一颗谷粒重的物质团便进行了一系列奇妙而复杂的变化。最后,它的表面会形成一个突起,这个突起会分裂形成一个沟。沟的两侧向上下延伸,最终形成两个管。上面一个小的管中形成脊髓和脑;下面一个大的管中形成消化道和心脏;最后,在身体的两侧生出两对突出物,就是四肢的雏形。实际上,这时候做一个胚胎的截面,会和我前面所画的马最简约的表达式(图32)在各个方面都非常相似。

渐渐地变化发生了。最初整个身体由很多细胞团组成。这些细胞团在一个地方形成肌肉,另个地方形成肌腱和骨骼,再个地方形成纤维组织,别处又形成毛发。逐渐地各个部分成了形,好像这些部分都有人在操纵似的。这个所谓的胚胎还会进入新的状态。我应该提醒大家,有一段时间,狗、马、海豚、猴子和人类的胚胎是根本无法区分开来的,有时它们又全都和狗的胚胎十分相似。但是随着时间的推移,各个部分开始分化,直到最后这些胚胎变成了它们父母的样子。在这里你会看到,这个小动物——马——开始只是一小团含氮的物质,随着不断吸收来自无机界的营养,慢慢地按照父母亲的形态和结构来发育,不断进行新陈代谢并排出那些最初来源于无机界的废物。这些废物直接还给了无机界。最终,动物自身也要死亡,它的整个躯体也通过分解作用重归于其最初来源的无机界。

应当说,这个规律适用于包括从最低等的植物到最高等的动物——我们人类——的所有生物。你可以把这个规律不折不扣地运用到所有的生命体身上,所不同的只是从最低等到最高等的各个生命体在发育变化的复杂程度、结构形态和生理功能上有所不同。

如果把橡树作为植物界的一个范例,我们会发现,它从一粒橡籽开始,而这个橡籽也是从一个细胞开始的。橡籽被埋在地下,迅速吸收我们刚刚提到过的各种无机营养,体积不断膨大。年复一年,这棵植物向上下延伸,吸收无机物质并赋之以生命,最后达到成熟阶段,结出它自己的橡籽。而这些橡籽又开始新一轮同样的旅程。我看没有必要举更多的例子了,从最高等到最低等,所有生命的基本特征都跟我前面所说的一模一样。

关于有机界的特征我们就说这么多了。这些东西只要你潜心研究一种生物,就不难搞清楚。

大家知道,马并非这世界上唯一的动物,而且马跟所有的动物一样分布于我们所生活的地球表面的特定区域。这个问题简单,让我们就从它开始吧。在发现美洲大陆和西班牙人对自然状态有所干预之前,野生的马只生活于地球上地理学家称之为旧大陆的那一部分:你能在欧洲、亚洲和非洲看到马,但是在澳洲和美洲,从拉布拉多到合恩角,绝无马的踪影。这是一个经验事实,用所谓的专业术语,叫做马的"地理分布"。

为什么马会分布在欧洲、亚洲和非洲却不在澳洲和美洲,要回答并不容易。要说美洲的环境不适宜于马的生存因而在那儿就没有马,显然不对,因为当西班牙人或我国的农民把马运到美洲来为其效力后,这些动物就在当地迅速兴盛繁衍起来。很多马现在就生活在这片领土上,与自然融为一体。如果我们对其他动物进行同样的调查,标记下它们所生活的区域,就制成了一个"动物地理分布图",同样对植物我们也会得到一个"植物地理分布图"。

现在我要放下这个话题，因为在此我只是想向大家解释一下"地理分布"这个名词而已。我说过，还有另外一个更加重要的方面，那就是各种不同动物种类之间的关系。我敢说，你可能已经看出，在整个动物界里，马跟斑马和驴最为相似。但是我要请你们看一下这组图。这儿是马的骨骼，那儿是狗的。你看这马有头骨、脊柱、肋骨、肩胛骨和髋骨。前肢有一根上臂骨、两根前臂骨、腕骨（有人错叫为髋骨）、掌骨、最后是趾骨，其中趾骨被前腿的角质蹄包裹着。后肢有一根股骨、两根腿骨、踝骨、掌骨、最后是三根趾骨，其中趾骨被后腿的蹄包裹着。现在掉过头来看狗的骨骼。我们会发现完全相同的骨头，只是每只脚多了些趾骨，因而趾骨总数变多了。

好了，现在开始有点意思了。如果没有外边皮毛的遮挡，人们会发现实际上狗和马是按完全相同的形式构成的。假若在狗身上做一个截面，我们会看到与组成马的身体相同的器官。这里还有另一副骨架，狐猴的骨架，你看它有着同样的骨骼。做一个横截面，结果还是一样。现在你来想象一下，把它的脊椎转成向前倾斜的位置，就跟这三副图中猩猩、黑猩猩、大猩猩的骨架一样了，你就不难把它们每一块骨头对上号。现在来看整个系列中的最后一个——人的骨架，你会发现结构上没有大的变化。同样的骨头之间有着同样的相互关系。从马开始，我们一步一步逐渐最终过渡到了已知的最高形式的动物。另一方面，如果沿着另一个方向，从马向下到鱼的骨架，虽然变化大了些，但基本的骨架组成还是没变。例如这个海豚，这儿是其强壮的脊柱，其中有贯穿脊髓腔的脊髓，这儿是肋骨，这儿是肩胛骨，这儿是短的上臂骨，这儿是两个前臂骨、腕骨和指骨。

这难道不奇怪吗？海豚前鳍的构造和马、狗、猿甚至人的前肢构造基本一样！不过在此你会看到奇怪的事情：它的后腿没有了！让我们再跳一步吧。来看看鳕鱼，在它的胸鳍中是它的前肢——想象一下海豚的前鳍。在这儿它的后肢又恢复成腹鳍的形状。如果从这里做一个截面，我们会看到刚刚见过的同样的器官。通过这些观察，你会得出一个奇怪的结论：马跟其他动物比起来并没有什么特殊的，恰恰相反，世界上有大量的动物拥有排列相同的脊柱、肋骨、腿和其他部位，它们的结构体现出一个共有的通性。

我敢肯定，如果不是我一步一步向你们展示博物学家是怎样从那些千差万别的动物身上总结出其内部结构的统一性或规范性的话，我想，即使面对动物中极其简单的结构关系时，你们也不见得会心领神会。

于是你看到了所有有脊柱的动物——术语上叫做脊椎动物——结构上统一性的证据。但是世界上还有很多很多动物，如螃蟹、龙虾、蜘蛛等等，这些都叫有环节类。在它们身上我可找不到跟马身上相对应的部位，例如脊椎，因为这些动物是按照跟马不同但它们自身之间却相同的原则来构成的：即龙虾、蜘蛛和蜈蚣共享着同样的结构，如同马、狗和海豚共享着同样的结构一样。

还有另外一些动物——蛾螺、墨鱼、牡蛎、蜗牛和它们的同类（软体动物）——同样相互相似，但是却与脊椎动物和有环节类不同。同样的情况也出现于腔肠动物（水螅虫）和原生动物（微体动物和海绵）中。

通过这种对比，博物学家确信整个动物界有五到七个——最多不过七个——不同的动物构架模式。成千上万生活在地球表面上的动物都可以归结到这五个——最多七个——不同的构架模式中去。

但是我们就此打住了吗？到了这一步，人们不禁要问，是否还能再向前追溯一步，把所有的生命形式理解成对同一个原型的不同变异。这个任务解剖学家完成不了，但他可以借助发育过程的研究来实现这个目标。因为我们发现，尽管它们的结构千差万别，但不管是海豚、人类，还是龙虾或者前面提到的其他动物，它们都是由同一个原始的形式——卵开始的。我们知道，卵是由含氮的物质组成的，中央有一个小小的核，而且每种动物最初的变化都是一样的。正是基于这个事实，多年来人们一直在猜测动物界真正的"结构统一性"，但是这一切今天只能通过对发育过程进行仔细研究来证明。但是我们到底能不能再向前走一步，用同样的方式证明整个有机界可以归结到同一个原型？植物界是否也存在一个统一的原始形态，这种形态是否与动物界完全相同？对这个问题的回答还不确定。现已证明，每一个植物开始于同样的形态，即细胞——一团状态基本相同的含氮物质。所以如果追溯橡树、人、马、龙虾、牡蛎或任何一种你能叫出名字的其他动物到它们的第一个细胞，你会发现它们中的每一个开始时的形式彼此之间都十分相似，而且最初的生长过程和后续的很多变化几乎全都一样。

总结一下，让我简要重述一下我的观点。你们必须记住，我并非一味奢谈理论，我一直在谈跟欧几里得数学中最常用的命题一样简单明了的东西——这些事实是所有生物学中的假说和理念所必须依赖的基础。我们一步一步追踪了所有的生命形式，换句话说，我们剖析了动物界的现状，最后发现每一种动物开始的状态都和其他动物开始的状态差不多。我们发现了生活在我们周围的一系列生命形式，它们在不断生长、增大、分解、消失；动物在不断地吸纳、改造植物材料来维持自己的生存，而植物则通过吸收和转化无机物来维持其生存。这个吸收、排泄和繁殖的过程是如此持续而广泛地进行着，以致完全可以这样说，我们每一位的躯体组成中，保留下来的最初形成时的物质，连百万分之一都不到。我们再次看到，不仅生命物质来源于无机界，而且它们的力都可以和无机界的相互对应、相互转化。

就目前情况来说，这就是我所能够给你们的关于有机界现状的最好的观点：但这只是一个大的框架，其中还有许多细节需要你们通过学习去充实。

下一节我们将用同样的方式来解读过去的世界，从而勾勒我们这个时代之前的生命历史。

达尔文雀

第五章　有机界的过去

·The past Condition of Organic Nature·

　　我们这个星球过去历史的记录是什么，它的完整与否又和哪些问题有关系呢？这个记录是由泥沙组成的，我们今天晚上要面对的问题的答案就深藏在泥沙是怎样形成的这个问题之中。也许你会觉得从思考世界过去的历史一下子跳到思考泥沙是怎样形成的，这一步跨得有点儿太大了，简直是从阳春白雪一下跌到下里巴人！但是自然界中没有什么低劣而不值得我们注意的东西，她的杰作没有一样是荒唐可笑或令人鄙视的。我希望你们会很快明白，我们的这些探究将把我们引向问题的本质。

在上星期一晚上的讲座中,我在时间允许的限度内简单地勾画了有机界的现状,在这个大题目下指出,那些勤勉工作的人们发现的有关现代有机界各种现象的宽泛原则。我们考察的结果可以总结如下:我们发现,尽管动物的形态千差万别,但是这些不计其数的动物都可以归结到少数几个构建模式或类型中去;进一步的发育过程研究表明,无限多的动物,甚至还有植物,都可以追溯归结到同一个基本的形式——细胞。

我们通过分析发现,有机界——不管是动物还是植物——最终都可以追溯到同样的组成成分,而且实际上就是由同样的组成成分构成的。我们看到,植物通过对来自无机界的物质进行特殊的组合来合成组成自身的各种材料;动物通过不断地摄取植物的含氮物质来获取营养,排除废物归还给无机界;最后,动物死亡,它的躯体成分又被分解转化成它们最初所来源于之的无机物。因此,在草的叶片和马的身体中,我们看到的是同样的元素,只是组合和排列不同而已。我们发现了一个持续不断的循环链,植物吸收无机界的元素并组合成动物所需的食物;动物从植物身上获取营养维持自身生存,排出代谢垃圾直接还给无机界;最后,动物和植物的组成成分都归还给它们的无机来源:这里有一个持续不断的从一个状态到另一个状态,然后再返回来的转换过程。

最后,当谈及生物力的性质的时候,我们发现这些力——即使不能完全按照分析它们成分的方式进行同样仔细的分析的话——是可以与无机界的力对应或对等的。用现在的术语来说,就是它们可以转化成无机界的力。这就是我们上次讲座的主要内容。

现在,撇下现代的不说,我们用同样的方法来介绍一下生命世界过去的历史——有机界的过去。今晚,我们得谈一些历史的事实。这是一段让我们的人文记录显得相形见绌的历史,一段人类历史和生活现象无法对其事件的复杂程度和剧烈程度提供任何借鉴的历史,一段变化多端而又错综复杂的历史。

要想研究其他历史,我们先得学习一下历史学。学历史的学生都明白,他要做的第一件事是考究证据的有效性、保存证据的文献性质,他也许能够通过考察这些证据来推测由此得出的结论的可靠性。因此,我们在这儿首先要考虑一些看起来好像与本话题无关的东西。我们必须考察记录的性质及其所含证据的可信度;在我们研究其内容和意义之前,我们必须检查这些记录的完整程度。所幸的是,我们在这儿不需要考虑太多历史的可信度,因为,不像人类起源的历史,在我们研究的历史中不存在吹毛求疵,也不存在有关构成历史的事实和真理的争议。在这里事实不言自明,直接就摆在我们面前。

虽然我们无须像历史学研究者那样面临巨大的困难,但是其他困难还是有的——如何正确地解释我们面对的事实。这个困难足以和任何历史学研究中的最大困难相提并论。

我们这个星球过去历史的记录是什么,它的完整与否又和哪些问题有关系呢?这个记录是由泥沙组成的,我们今天晚上要回答的问题的答案就深藏在泥沙是怎样形成的这个问题之中。也许你会觉得从思考世界过去的历史一下子跳到思考泥沙是怎样形成的,

---

35亿年以前太古代初期地球可能的模样。

这一步跨得有点儿太大了，简直是从阳春白雪一下跌到下里巴人！但是自然界中没有什么低劣而不值得我们注意的东西，她的杰作没有一样是荒唐可笑或令人鄙视的。我希望你们会很快明白，我们的这些探究将把我们引向问题的本质。

那么，泥沙是怎样形成的呢？除了我无须讨论的极少数情况外，泥沙总是水的杰作：水磨蚀它们接触的泥沙和岩石表面，使之解体，连研带磨，把它们带到不受机械扰动的地方，使之在那儿安静地沉淀下来。我们知道，海洋中由于风浪的作用，长长的海岸线和携带着从海岸上冲刷下沙砾的波浪跟这个解体过程有关。这样一来，即使最坚硬的岩石也肯定会渐渐地磨成粉末。这样形成的泥沙，不管其粗细，会被潮水或海流搬运到较深的海中，在那儿沉到海底。那里的水深达到 14 或 15 英寻①，水常常处于静止状态，当然那些细小的尘埃——我们称之为泥沙——会沉到水底。

或者河流从它的山区源头咆哮而下，一路冲刷着沿途的岩石，使之松动，然后携带着两岸的沙砾顺流而下，跟海浪的磨蚀作用一样冲刷着周围的岩石和泥沙，形成沉积的物质从山边剥离滚落进山谷，缓慢地穿过平原，进入河口，最后融入大海。很显然，一旦水流并入海洋中的深水便会失去运输能力，那些粗重的岩屑首先沉淀下来，较轻的细小颗粒会被带得更远一些，最终沉淀到更深更为静止的海洋中。

由此可见，泥沙就是一本历史记录。这一点很明显，因为，就像我这儿画的一样，假设这儿是海底，这儿是海岸线，海浪的洗刷作用使岩石变成泥沙，泥沙被搬运到深海，最终沉到海底，形成一层沉积。在第一层固结的时候，其他从同一地区来的沉积物会被搬运到同一地点来。后来的泥沙显然不可能沉积到前一层的底下，它们只能在上面又形成一层，这样一来你们会得到一层层不断固结的泥沙，从而记录下时间的先后。

按照重力规律，最上层必然是最新的，最下层必然是最老的，任何一层岩层的年龄都和它们离表面的距离成正比。如果后来它们被抬升，这些泥沙层会转化成砂岩或灰岩，你们能肯定底下的层先沉积，上面的层后沉积。这是研究历史学的第一步——这些泥沙层会告诉我们时间。

概括地说，整个地球的表面是由这些泥沙层组成的。这些泥沙层很硬，所以我们叫它们岩石，灰岩、砂岩或者其他种类的岩石。看到地球的地壳都是由这样的岩石组成，你们也许会想，确定时间顺序和地壳形成的时间应当是比较简单的事情。做一个广泛的统计，确定泥沙在海底或河口以多快的速率形成；假设是每年一、二或三英寸，或者其他你所估计的任何值；然后把所有层状岩石的总厚度——地质学家估计是 12～13 英里或者 70 000 英尺——用每年的沉积速率一除，结果当然是形成地壳所需的年数。

的确，看起来这是一个十分简单的过程！可惜的是，要真正这么做有些困难。第一个困难就是确定沉积物形成的速率。但是主要的困难在于形成沉积的海底处在不断运动之中。这个困难使得任何精确的计算都无法进行。

与常人想象的静止不动恰恰相反，地球表面处于不断运动之中，就像海面一样，只是它的波动更加缓慢而且幅度更加巨大而已。

那么，这种波动有什么作用呢？回想一下我前面说到的情况。正如我们前面看到

---

① 长度单位，合 6 英尺或 1.829 米，主要用于测量水深。——校者注

的，或粗或细的沉积物被河流搬运过一定距离以后，到了相对静止的水体中会沉积到海洋的底部。

假设图 35 中 Cy 是海底，yD 是海岸，xy 是海平面，那么粗的沉积物就会沉积到区域 B，细的沉积物沉积到区域 A，比区域 A 更远的地方没有任何沉积。因为根本就没有形成任何沉积物，因此该区域没有任何记录。现在设想，我们认为固定不变的陆地 CD 下沉了，$x'y'$ 是新的海平面，这样一来区域 A 和 B 离海岸线 y' 更远了。结果是到区域 A 的距离比水流能够运输最细的**尘埃**的距离还要远，因而无法接受更多的沉积物，该区域的沉积物厚度就不再增加了。

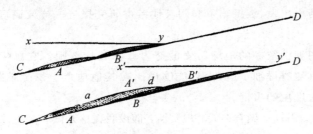

图 35　穿过海底和海岸沉积物的剖面

每当我们看到这层沉积物的时候，因为我们看到的只是一个残缺的、不完整的记录，如果按照上面的概念来解释，我们就会被误导：它似乎代表的是非常短暂的一段时间。

现在假设陆地 CD 逐渐缓慢地抬升——大约每世纪 1～2 英寸，这种运动的后果又如何呢？嘿，已经形成的沉积物 A 和 B 就会离海岸线更近了，它们又会受到海浪的浸蚀，海洋再次对其发生作用，它们迟早会被搬运到更远的地方形成二次堆积。

由于完全有可能地球表面上没有一个点不经过多次这样的上下运动，因此即使我们知道了沉积物形成的速率，我们也无法认定某一点的沉积厚度就是代表了形成沉积物的时间。既然在这儿我们的记录完全由一层层叠覆的泥沙层形成，在另一个形成沉积的地方地壳却在上下运动，一会儿无法形成沉积，一会儿沉积物又被重新搬运，因此我们的记录绝对会有缺陷。很多情况下我们没有很厚的沉积，对它们形成的区域也并不完全了解。记住这一点！既使一个地质学家能够到达地球上任何一点、地球的任何部分，他能够对所有地方的剖面进行测量并把这些剖面拼接起来，他的记录也一定不会是完美的。

那么，人到底能够到多少地方呢？看看这幅地图，看看上面海洋和陆地的比例：这个颜色代表陆地，剩下的是海洋。你们一眼就能看出，地球表面的五分之三是海洋。这种状况自从有人文记录以来（更别提我们这么短暂的地质研究历史了）就是如此。这么一来，世界上五分之三的面积对于我们来说是不可及的，因为它们在水下。我们来看看剩下的五分之二，看看其中有哪些国家进行了哪怕是一丁点儿可以称之为地质研究工作的：法国、德国、英国和爱尔兰的大部分，西班牙、意大利和俄国的一部分，但是整个非洲除了最南端的一部分以外我们都知之甚少，印度有一点儿了解，但是整个亚洲大陆一无所知，美国和加拿大有一点儿了解，但是广袤的北美大陆的大部分和南美洲的更大部分我们是压根都不知道。

　　这样看来，既使满打满算上我们已有的残缺不全的信息，人们也只对地球上大约1％的地区进行过适当的研究。所以那些关心这些研究的、极具思考能力的人物一直在强调地质记录的不完整性是完全有道理的。我要重复一下，自然的原因决定了这份记录绝对是残缺不全的。不幸的是，这一点总是被人们忘却。就像一群小马驹来到一片陌生的草原上，完全忘记了上面的沟沟坎坎，只顾一路狂奔一样。从事科学的人们也容易为进入一个崭新的研究领域兴奋不已，看不到他们研究的局限性，忘记了我们知识的极度不完整性。地质学家一度梦想着他们能够说出某一段时期地球上任何一点发生的事情。他们说这套沉积和那套沉积是同一时间形成的，直到最后他们能够从地球上有限的几个点不甚了解的变化历史出发，编撰出一套同其他考古研究报告一样充满奇迹和疑问的统一的地球历史。

　　但是他们试图编撰统一的地球历史的努力意味着什么呢？它意味着人们不仅对某一地点所发生的事情有详细了解，而且能够说出在其他地点上发生某些事情的同时，地球上任何一点正在发生的事情。

　　现在让我们来看看这么做有多大的现实性。假设我在这儿做一个凯拉尼湖（Killarney）的剖面，在那儿做一个苏格兰罗蒙德湖（Loch Lomond）的剖面。河流源源不断地把泥沙带到湖底，在那儿形成一层摞一层的沉积物。毫无疑问，两个湖中底层的沉积物比上层的老——尽管这一点确定无疑，但是要谈到罗蒙德湖中某一层沉积物相对于凯拉尼湖中的某一层之间的年龄关系，这一点又能帮多少忙呢？很显然，如果两套沉积物是相互隔断不连续的话，沉积物的天然本性决定了确实没有办法分辨出哪个更新哪个更老。很多人跟你们一样，也许想说，如果要对比的沉积物是连续的话，情况就会不一样了！现在假定剖面中的泥沙层 A 和 B 固结成岩（图 36）。

图 36　穿越两层泥沙的剖面

　　你们会说，嗨，大家都知道最下面的是最老的。很好，那么 B 比 A 老。总体来说，或者对于这两层中位于同一竖直线上的各个点来说，这一点无疑是对的。但是假若你们很自然地向前再迈出一步，说层 A 中的 a 比层 B 中的 b 更新。这么听起来是否有些道理？如果你们发现 b 中有某些事件发生，那么它们是否都是在 a 形成之前发生的呢？虽然这样说听起来似乎顺理成章，但是没有任何证据能证明它。正如这个研究所前所长拜舍（H. De Beche）先生很久以前所说的，这个推理中隐含着一个错误。极有可能 a 是在 b 之前即已形成。要弄明白这件事其实也不难。先回到图 35，当形成 A 和 B 沉积的时候，它们实质上是同时形成的，只是 A 的沉积碎屑细小一些，B 的沉积碎屑粗大一些而已。现在假设海底下沉了（如图 35 所示），细的沉积物不会被搬到比 a 更远的地方，形成层 A'，粗的沉积物不会被搬到比 b 更远的地方，形成层 B'，结果是形成了两层连续的沉积，细的一层 AA'在粗的一层 BB'之上。现在设想整个海底被抬升起来，在 A'有一个剖面暴露出来。毫无疑问，在这一点上边的岩层比下边的更新。但是如果我们说上面的岩层 A 比下面的岩层 B 更新，那我们就犯了个大错，因为我们刚刚看到它们是同时形成的。如果我们说上面的岩层 A 比与 B' 相连的岩层更新，那我们就更是大错特错了，因为 A 是在 B' 之前形成的。如果不是对近邻地区层序叠覆的岩层进行对比，而是对两个相去甚远地区的岩层进行对比的话，很有可能上面的岩层比下面的岩层老若干年，而下面的岩层比上面的岩层新若干年。

希望你们不要认为我说这些只是为了提出一些令人费解的问题。实际情况是，大量的沉积物是在不断逐渐下沉的海底里形成的，它们形成的环境正如我假设的那样。

千万别以为这些东西颠覆了我最初讲的原则。错就错在把这个在同一竖线上各点完全成立的原则套用到了不具备这种空间关系的情况上去。

只有在这种情况和其他我提到的情况下，只要我们局限于同一个纵向剖面上，我们关于记录的结论和解释就是完全成立的。我并不是说在任何情况下我们都无法肯定相互叠覆的地层比别的地层更老或者更新。但是一旦地层不连续或者对比的两点相距较远，我们就无法下特别肯定的结论。

好了，关于记录本身就讲这么多了，关于它的不完整性也就讲这么多了，还有，有关我们一旦超越了纵向剖面这个条件以后，在解释记录和它的时间意义时，应当注意的条件也讲这么多了。

下面我们将重点从记录本身转移到其中记载的内容上，如同从书本身转移到其中的文字和图片一样。这些文字和图片就是动物和植物的遗迹，大多数情况下它们就生活在我们发现它们化石的地方或附近。你们都必须记住一个我上回曾提到过的事实，海底生活着大量的动物。跟别的动物一样，这些动物迟早会死去，它们的壳体和硬的部分会留在海底。随着河流的搬运和海洋的浸蚀，细的泥沙会把它们掩盖起来、保护起来，使其不再变化。随着时间推移，泥沙固结成岩，这些动物的壳体得以保存并牢固地镶嵌在由此形成的灰岩或砂岩中。在这座博物馆楼上的展廊里，你们会看到灰岩标本中镶嵌着很多这样的动物遗骸。有些标本中还有乌龟的蛋镶嵌在钙质砂岩中。在阳光孵出小乌龟之前，这些乌龟蛋被钙质泥沙所掩盖，从而被保存下来形成了化石。

这个掩埋和化石化的过程不仅作用于海洋或水生动植物，而且同样作用于飘到海洋里或埋在沼泽里的陆地动植物，以及那些因为到河边来饮水而被同类践踏入岸边泥沙的动物身上。无论如何，这些生物在腐烂前后会被压碎或解体，因此我们看到的也许只是它们身体的一部分。非常重要的一个事实是，世界上有成千上万的野生陆地动物不断地被猎杀或自然死亡，但是它们的骨架却非常少见：它们被别的动物捕猎、吞食或自然死亡于没有泥沙来掩埋其遗体的地区。海洋中还有其他的动物，它们的壳体会形成大量的沉积物。也许你们知道，在铺设穿越大西洋的电报电缆之前，政府曾经雇用了一批船只对大西洋底进行了一系列的仔细观察和测量。虽然很遗憾到现在这项工程尚未完工，但我们对它为科学作出的杰出贡献深感满意。它必须穿过整个大西洋的海底进行测深，有的地方有好几英里深，并仔细确认底质。人们对东西长大约 1000 英里，南北的距离我不太清楚，但是也有 600 或 700 英里宽的广大区域进行了仔细的考察，发现在整片大范围海底形成了由极细的白色泥沙组成的沉积物。这些沉积物完全由沉积到该区域的动物硬体组成,而且无疑正在逐渐固化成白色的灰岩。由此可见,动植物的可靠记录很可能就是通过这样的方式而形成。每当由于前面我提到的地壳波动使海底得到抬升,当我们测量剖面或钻孔或挖坑时,就能有机会观察这些古代海底的成分和组成,看到那个时候有什么样的动物生活在海底。

考察这些生物灰岩中动物遗骸在多大程度上保留了当时生活的动物的准确而全面的信息,对于研究记录的完整性来说十分重要。因为这样一来,我们便能够得出一个清晰而又千真万确的判断。当然有很多动物没有硬体,如水母和其他动物,我们就别指望发现它们的痕迹:它们没法保存下来。你们会注意到,把它们捞出水,用不多久,它们会干得几乎没有什么了。显然它们的本性决定了它们在白垩和泥沙中无法留下任何痕迹。再回头看看陆生动物。我已经说过,要想在陆生动物死后发现一具全尸是极其罕见的事情。昆虫和其他食肉动物很快会把它们分解成小块,随即腐烂开始了,因此尽管每年有成千上万的动物死亡,但发现一具动物的尸体能够完整埋藏、长久保存却是一件非常稀罕的事。不仅如此,有幸被完整埋藏的动物尸体还会被大自然全部毁坏、从而不被化石记录所保存。

几乎所有的动物硬体——骨头等等——都主要由磷灰石和石灰石组成。多年前,我曾经研究过一些从北苏格兰邮寄来的很有意思的化石。化石常常是以我前面所讲述的方式镶嵌在岩石中的一些坚硬的骨骼结构,它们慢慢具有围岩的性质和坚固程度,但是那次我看到的化石,除了岩石中一连串的空洞外一无所有。这些孔洞有一定形状。我后来请来了一个能工巧匠,给这些空洞做了个模子,发现它们是一个至少有12英尺长的大型爬行类的脊椎骨关节和鳞甲的印痕。这个大家伙死了以后被沙子埋了起来,沙子逐渐固结但还是充满了空隙。富含碳酸的水溶液缓缓地渗入,溶解掉骨骼中的磷灰石和石灰石,骨骼自身分解并完全消失。但这时碰巧砂岩已经固结,因而骨骼的形状被准确地保留了下来。假若砂岩再缓一点固结,那么这个动物曾经存在的证据就会荡然无存了。

要想证明有很多动物过去曾经在地球上确实存在却没有留下任何痕迹,还有别的办法。在世界各地有很多沙漠,那里除了脚印以外别无他物。没有一件骨头,只有大量的脚印。这一点毫无疑问。在康涅狄格州有一个峡谷到处布满脚印,而留下脚印的动物就是没有留下任何其他踪迹。让我再告诉大家一件比这个例子更令人惊奇的事情。在牛津附近有一个地方叫斯登斯菲尔德(Stonesfield),在那里的石灰岩组中发现了一种很有意思的哺乳动物化石。如果我没记错的话,到目前为止已经发现了七件下颌的标本,但别的一无所获,既没有肢骨,也没有头颅,或者身体的其他任何部分!如果想象那个动物除了下颌以外什么都没有,显然是荒诞不经的。正如巴克兰(Buckland)博士对泰晤士河中死狗的研究结果所显示的那样,下颌骨由于没有强有力的肌腱和头骨相连,而且较重所以在漂浮于水中腐烂的过程中容易脱落,这样下颌骨会很快沉下来,而身体的其他部位则会继续漂流最终进入海洋,并在那儿被毁坏殆尽。由于下颌骨被埋藏保存到河中的淤泥里,因而才有我们所看到的斯登斯菲尔德有关下颌骨的奇怪一幕。现在你们看到既然地球地壳的岩石层如此复杂,它们的记录如此残缺,它们关于当时生命现象的记录当然肯定是更加支离破碎、残缺不全。

对各位强调这些是十分必要的,否则,你们就会被我下面要讲的事实所误导,从而对我们知识完整性的判断会有所偏颇。

在过去的大半个世纪中,研究人员确实在岩石中发现了非常丰富的生命遗迹,至少发现了三四万种化石。如果你相信海滩上的贝壳代表着动物的话,你就没有理由怀疑这些动物确实曾经生活过,并就死在离化石产地不远的地方。有关的证据比比皆是。

接下来我们要考察一下这些化石的总体特征。这是一个必须认真考虑的话题。首先要考察的是这些灭绝的植物群和动物群在总体上——先不管它们的成员演替,这个问题我们以后再谈——跟现代的植物群和动物群有多大区别;在我们所知道的(别管那些我们尚不知道的)方面,它们有什么不同。

我想象如果不是这些化石动物的特殊外形,那些没有受过特殊培训的人们很可能直接穿过布满了现代生物和化石的博物馆,而根本就意识不到这二者之间巨大或奇妙的差别。如果仔细观察,首先你们会发现很多和你们所熟悉的动物十分相像的化石:它们在形状和比例上有所区别,但大体上是相似的。

前边我在讲到动物界可以分成亚界、纲和目的时候,曾经解释过目的意思。如果把动物界分成目的话,总共有大约 120 个。确切的数字或大或小,但是这个数字是个很切近的估计。这就是我们所知道的现存和所有过去曾经存在并留下遗迹的动物的总目数。

那么,这些目中有多少已经完全灭绝了? 就是说,有多少目的动物在地球历史上曾经存在过、但是当今却没有后裔活着? 这就是我们所说的"灭绝"一词的意思。我的意思是,那些动物确实在地球上一度生活过,但是当今的世界上却没有它们的同类。估计灭绝动物的数量是把过去的和现代的动物进行整体对比的一种办法。哺乳动物和鸟类中没有灭绝的目;但是爬行类中情况大不相同:爬行类大约八个目中,有一个半灭绝了。从这张蛇颈龙、鱼龙和翼龙的图画中,你们可以对这些灭绝的动物有个概念。这儿是一个翼龙的模型,这儿是蛇颈龙和鱼龙的骨头,就跟刚刚从教堂的院子挖出来一样。在爬行类中有至少一个半的目已经灭绝了。两栖类中有一个目——迷齿目——已经灭绝了。该目的目型就是图中这个像蝾螈的动物。

我们还不知道鱼类中有灭绝的目。我多次提到的地层中发现的鱼类,个个都能够鉴定到今天还存在的目中。昆虫中也没有一个目灭绝。甲壳类中有两个目灭绝了。这些寄生虫和其他蠕虫中,还没有一个目灭绝。棘皮动物纲中有两个——如果不是三个的话——目已经灭绝。腔肠动物和原生动物所有的目中,只有一个灭绝了,那就是皱纹珊瑚。

所以,总体来说,动物中大约 120 个目中,你们找不出 10~12 个灭绝的目。所有留下遗迹的动物的目中,你们找不出 10 个或 12 个放不到现在的目中去的。这就是说,二者的差异不超过 10%。而植物中灭绝的目的比例更加小。考虑过去已经流逝的悠长时光,这个数字不仅是一个十分令人震惊的事实,而且是一个最令人震惊的事实:确实,灭绝的目所占的比例太小了!

但是现在,关于这些动物还有另外一个观点。假设我现在顺着一个竖井穿过地板到地底下去,我从这儿挖一个朝向新西兰方向的剖面,我会发现我所经过的每一层都有其固有的化石。开始,我遇到砾石和含有大型动物如大象、犀牛和老虎骨头的堆积物。要知道在皮卡迪利大街上这些可全都是稀罕货啊！再往下挖,我会碰到一层叫做伦敦黏土层。在这儿,就跟在楼上的展廊中一样,你们会看到奇怪的牛、乌龟、棕榈树和大型热带水果的化石,还有现在只有热带地区才能看到的有壳类。再往下挖,我会碰到白垩,这里的动物完全不同,包括鱼龙、翼龙、菊石等等。

我不知道戈德温·奥斯汀(Godwin Austin)先生会说再往下是什么,但很可能是含有更多的菊石、更多的鱼龙、蛇颈龙和大量其他东西的岩石。再往下,应该是更老的岩层,含有大量奇怪的有壳类和鱼类。在从地面到地球地壳最底部的过程中,我在各个地层中所看到的动植物类型,大体来说越往下跟现代的越是不同。换句话说,按照我们前面的原则,即在一系列自然堆积的泥沙层中最底的最老,我们会得出结论,随着时间往回推移,当时的动植物与现代的动植物之间的差别越来越大。这就是我希望大家在这次讲座以后记住的信息。

第六章　揭示有机界过去及现状背后成因的方法——生物的起源

The Origination of Living Beings

　　不用说你们也知道，化学还远未达到我要求的目标。我想跟你们说的是，谁要说将来这个目标也不可能实现，那可就保不准了。很可能是我们这些人无法创造生命起源所需的条件，但是我们必须恰当地评价这件事，并且记住科学已经把脚跨上了那架梯子的第一阶。说实在的，现在谁也不敢预测50年以后她会爬到多高的地方。

前面两次讲座我们考察了我们所从事的研究的客观程度，现在大家对于有机界的过去和现状有了个大致的概念，接下来我要转到我们面临的一个大问题——一个事关有机界现象背后的根源，以及我们如何揭示这个根源的问题。

还没开始，我们就遇到了反对的声音。这个世界上有很多伟大的人物，由于他们的诚实品格，他们的结论和意见得到人们广泛的尊崇。他们认为，生命现象——尤其是有关生命起源的——跟我们能够进行的研究格格不入，问题的性质决定了我们无法解决这个问题。他们说，所有这些现象是奇迹般地发生的，或者说，跟自然界的常见现象完全不同，因此他们认为研究这些问题即使不是狂妄的也是徒劳的。

对于这些诚实而严肃的人物，我只能说，我不会因为某个理论或者假说的缘故而把这些问题束之高阁。你们也许还记得这个故事：有位智者（Sophist）曾经用最严密的逻辑和令人信服的方式向第欧根尼（Diogenes）证明他不能行走，第欧根尼驳斥他的办法很简单：他站起来绕着自己坐的大桶走了一圈。从事科学的人会以同样的方式来回答这些反对者：只管站起来，向前走，向人们展示科学干了些什么，科学正在干什么，让人们看看形态学、发育学、地理分布等等学科中，我们已经证实并条理化了多么大量的事实。他会看到大量的生物学事实和规律如同其他自然规律一样扎实可信。鉴于这么大量的事实和规律，鉴于它们在目前已知的有机界中能通过科学研究被人们掌握，我们有理由认为秩序和规律在有机界和在其他自然现象中一样统治着一切。从事科学的人面对这些诘难会一言不发，心中抱定一个信念：如同我们能够接近无机界的规律和原则一样，我们同样也能够接近生命的起源。

但是也有人是出于无知和恶毒而反对的。对此，我会说这些反对者心怀叵测，他们真正的妄想——我几乎要说他们真正的野心——在于他们想要限制探究现象背后根源的努力，而正是这些努力才是我们人类福祉的源泉、人类财富和进步的源泉。既然我们的能力有限，我们能够得到的如此微不足道，我们的观察能力也如此微不足道，在这种情况下，那些还想再来限制我们研究范围的人最终所做的很可能只是对他的同类造成伤害。

现在让我们假设——我也希望如此——对这些现象可以进行适当的研究，可以把我们的研究范围扩展到有机界现象背后的根源上去，或者至少可以去弄清楚关于这些深奥的物质我们现在知道多少，如今我们面临的问题是我们前进的道路是什么，我们应当遵循哪些方针原则。我的回答是，我们的方针必须跟别的科学研究的方针一模一样，科学研究的方针不管面对什么样的事实和现象都是一样的。

关于这一点，我得多说两句，因为我要让你们在离开的时候心中确信科学研究不像很多人所想象的那样，它不是一种现代魔术。你们也许很容易从很多人谈起科学研究、归纳、推理或者培根哲学原则时的神态得出这种印象。我强烈反对这些虚套套，世界上有很多很多虚套套，但是在我眼中，没有比那些空谈培根哲学的伪科学虚套套更令人鄙视的了。

年轻时的赫胥黎。

听到人们谈起培根这位伟大的大法官——他确实是一个伟人——你们会以为是他发明了科学,在伊丽莎白女王之前就没有这种合理的东西存在。当然你们会说,这不可能是真的。稍加思索,你们就会感到这种想法是多么荒谬和错误。但是这种印象——我不能称之为想法或概念,简直荒唐得无法想象——是如此根深蒂固,如此牢牢地盘踞于人们的思想之中,多年以来它一直是我观察的目标。很多专业上不学无术、一无所知的人常常想诋毁那些跟他们观点不合的人。他们的行为不是别人能想到的处理问题的最佳办法——去实际调查研究对象,而是——总体来说——对他们质疑的人物进行肆意曲解,到最后说一句:"你看,这个人的原则和方法最终跟培根哲学的信条完全背道而驰。"然后所有的人欢呼鼓掌,同声附和。但是假若在鼓掌声中打断他们的话,你很可能发现,每一位演讲者和鼓掌者都不能说清楚到底是怎么回事儿,根本没有一个人知道他们所说的培根哲学是什么意思。

我希望你们明白,我没有一点儿跟风儿去攻击大法官培根阁下的道德、智慧或天赋的意思。毫无疑问,他是一个伟人,让别人想说什么就说什么吧。尽管他在哲学上颇有建树,但是认为现代科学的研究方法是从他而来的或是从他而始的想法是绝对错误的。不管世界上第一个人是谁,科学研究方法就是从这个人开始的。甚至早在他之前就有了,因为很多高等动物就能够跟我们人类一样进行完整有效的推理。至少我们看到很多动物有着我们一样的推理能力。

其实科学研究方法没什么神秘,它只是人类大脑工作必要模式的表现而已。它只是把所有的现象进行合理化和精确化的模式而已。一个从事科学的人和一个普通人的思维之间的差别,就跟一个面包师或一个屠夫用的是普通的秤来称量自己的商品,而一个化学家进行困难复杂的分析时用的是高精度的天平来称量试剂之间的差别一样,此外没有任何不同。这边用秤,那边用天平,总体的工作原理是一致的;但是其中的一个非常敏感,因而哪怕增加一丝一毫的重量,指针也会发生偏转。

也许我举一个熟悉的例子你们会理解得更好。我敢说,你们肯定不止一次地听说过,从事科学的人们以归纳和推理的方式工作,通过这些操作他们能够从自然中提炼出一些叫做自然定律和原则的东西,在此基础上,结合他们的机敏,再提出假说和理论。很多人想象,普通人的大脑活动和这些操作过程根本无法相提并论,这些技能是必须通过特殊的训练才能够获得的。听着这些豪言,你们不禁会想从事科学研究的人的大脑肯定和他的同类在组成上都不尽相同。但是如果你不被这些术语所吓倒的话,你们会发现这么想是错误的。其实你们在一生中的每时每刻都在用这些令人生畏的玩意儿。

在莫里哀的戏剧中有这么著名的一幕,当别人告诉男主人公,他一生一直与散文为伴出口成章时,男主人公表现出了无限的喜悦。同样,如果你们发现自己一生时刻都在实践着归纳和推理这些哲学原则的时候,我相信你们肯定会在心中沾沾自喜。恐怕这屋里没有一个人迄今从未进行过这一套同样复杂的推理活动,只是在追寻自然现象背后原因的程度上,跟从事科学的人有所区别而已。

一件小事就能说明这个问题。假设你到了一个水果店,想买点儿苹果。你拿起一个,咬了一口,发现是酸的,你一看,是个又硬又绿的。你再拿起一个,还是个又硬又绿的,结果也是酸的。这时店主人给你拿了第三个。尝之前,你会观察一下,发现又是个又硬又绿的,你马上会说:"我不想要这个,因为它跟前边尝的一模一样,肯定是酸的。"

你会想,没有比这更简单的事了。但是如果你花点儿力气来分析跟踪一下大脑中的逻辑,结果你会大吃一惊。首先,你进行了一个归纳过程。你发现,在前两次尝试中,硬度和绿色跟酸度直接相关。第一回是这样,第二回更证实了这个结论。要说这是少数的个例,那是对的;但是已经足以从中归纳出这个结论来了。你会推而广之,认为只要苹果有一定的硬度又是绿色的,就会是酸的。你就此发现一个普遍规律:所有又硬又绿的苹果都是酸苹果。这是地地道道的归纳过程。好了,有了这个自然规律,当别人再给你一个又硬又绿的苹果时,你会说:"所有又硬又绿的苹果都是酸的;这个苹果又硬又绿,所以这个苹果是酸的。"逻辑学家将这一套推理过程称为三段论,包括不同的部分和名词——大前提、小前提和结论。再通过两三个三段论式的推理,你会得出最后的结论:"我不要这个苹果。"你看,你首先通过归纳得到一个规律,在此基础上你进行了推理,针对这种具体的条件得出了一个具体的结论。假设在你得出这个结论之后过了一段时间,你跟一个朋友谈起苹果的质量,你会说:"有意思哎,我发现所有又硬又绿的苹果都是酸的。"你朋友会说:"你怎么知道的?"你会回答说:"因为我试了很多很多次,结果总是一样。"如果我们谈的是科学而不是常理的话,我们会把这个过程叫做实验验证。如果还有人反对,你会接着说:"萨默塞特郡和德文郡种植了大量的苹果,那里的人们都说他们看到同样的现象。在诺曼底和北美洲莫不如此。一句话,只要人们注意这件事,就会发现这是全人类的共同体验。"到了这一步,如果你的朋友还讲点儿道理的话,他会同意你的结论,认为你所得出的结论是很正确的。他相信——尽管也许他没有意识到他有这个信条——验证得越多——试验进行得越频繁,进行试验的条件越是不同,而结果总是相同——最终的结论就越是可靠,他就会不再争论这个问题了。看到试验在所有各种可能的情况下,包括不同的时间、地点和人群,总是取得同样的结果,他会跟你说,你所说的规律肯定是对的,他相信了。

在科学中,我们做的是同样的事情——与哲学家进行着同样的思维,只是方式更加微妙复杂而已。就跟前面苹果的情况一样,科学研究的任务就是让规律经受任何可能的考验,而且有意识地让它经受考验,保证不漏过任何个别情况。跟日常生活一样,科学中我们对于某一规律的信心跟实验验证结果的稳定性直接相关。例如,如果你一松手,你手中的东西马上就会落到地面上。这就是对于最确定的自然规律——重力规律的一个常见的验证。从事科学的人们得出这个自然定律的方法和我们在前面得出又硬又绿的苹果肯定是酸苹果这个没多大意义的结论的方法是一模一样的。之所以它得到这么广泛全面毫不犹豫的接受,是因为全人类的经验验证了它,我们每个人任何时候都可以验证它。这是所有自然定律所依赖的最坚实的基石。

这样我们就证实了科学中建立定律的方法跟我们日常生活中的行为是一模一样的。现在我们转到另一个问题上(实际上是同一个问题的不同阶段),那就是通过现象之间的关系来证明某些现象是另一些现象的原因的方法。

首先,我要把一件事讲清楚,然后我会用另外一个例子来说明我的意图。假设你们中的一位某一天早上起来,来到客厅,发现前一天晚上留在那儿的茶壶和勺子没了,窗户敞开着,你看到窗台上有泥手印,外面的石子路上还有带钉鞋的脚印。这一切马上引起你的注意,不到两分钟你会说:"噢,有人打开了窗户,进了房间,拿着勺子和茶壶溜走啦！"这些话你是脱口而出，你可能还会说："我知道就在这儿，我敢肯定！"你以为你说的跟你真的知道的一模一样；但是实际上，你所说的无论如何只能是一种假说的具体表达而已。其实你一点儿都不知道，那只是在你脑海中迅速形成的一个假说而已！而这个假说是建立在一长串的归纳和推理的基础之上的。

这些归纳和推理又包括些什么呢，你又是如何得出这个假说的呢？首先你看到，窗户是开的。但是经过一系列的归纳和推理，你很可能在很久以前就已经得出了一个普通的——一个很管用的——定律，首先，窗户是不会自己开的。这样你就得出结论，肯定有什么人打开了窗户。同样，你会得出第二个普通的定律，茶壶和勺子不会自己走到窗外去，现在它们不在原来的位置上了，所以你认为它们被人动过了。第三，你检查了窗台上的印迹和外边的鞋印，你会说基于以往的经验，除了人手以外的任何东西都不会形成窗台上的印迹，同样经验告诉你，除了人以外没有任何动物会穿在石子路上留下那种脚印的带钉鞋。我也不知道假若再找到一些我们所说的"缺失"环节是否会改变这个结论！不管怎么说，我们的经验定律在我们目前的情况下是足够有力的。下一步你会得出结论，既然除人以外的动物从未留下或者除了人的手脚以外无法形成这种印迹，所以这些可疑的印迹肯定是人所为。通过经验和观察，你还有一个通用的——对不起，我得说是一个放之四海而皆准的——规律：有的人就是贼。基于这些前提条件——它们构成了你的假说——你会认为，在外面和窗户上留下印迹的人打开了窗户，进了屋里，偷走了你的茶壶和勺子。现在你找到了真正的原因——你认为这个明显的原因能够造成你所看到的一切现象。用一个盗窃假说你能够解释所有这些现象。但是这只是一个假说性的结论，对此你没有任何绝对的证据。只是通过一系列的归纳和推理，看起来非常可能如此而已。

假设你是一个具有正常思维的人，你满意地得出了这个假说，我想你的第一反应很可能是报告警察，让他们去追踪窃贼，追回你的财产。但是就在你要这么做的时候，有人进来了，了解了你的情况后，说："朋友，你的结论未免下得太早了。你怎么知道就是留下脚印的人偷了你的勺子呢？完全可能是一个猴子拿了勺子，只是有人后来过来瞅了一眼而已。"你很可能回答说："对，很可能，但是这跟我们过去茶壶和勺子被盗的经验完全不合。所以啊，不管怎么说，你的假说成立的可能性比我的小。"当你们这么争论着的时候，另一个朋友加入了，他是我前面说到的那种非常好的人。他也许会说："噢，亲爱的先生，你的结论确实下得太早了。你太唐突了。你得承认这一切发生时你睡得死死的，那时候你不可能知道所发生的事情。你怎么知道自然的定律没有停止发挥作用呢？很可能有什么超自然的东西介入进来了。"实际上，他断定你的假说根本不能说明真实情况，你根本无法确定你醒着和你睡着的时候自然定律同样起着作用。

好了，现在你一时无法回应他的推理。你会感到你珍贵的朋友使你处于不利位置，但是你在心中十分清楚你是对的，你跟他说："我的好朋友，我只能按照自然界的可能性来判断。借光往边儿上挪点儿，让我过去，我要去找警察。"假设你很顺利地到了警察局，有幸正好见到了警察，最后窃贼被抓了个人赃俱获，他的手和靴子都和印迹相吻合。可能任何陪审团都会认为这些事实都是对你的假说的良好印证，找到了你客厅里异常现象的原因，进而依此作出判决。

在这个假设的案例中,我举了一个很常见的现象让你们明白——如果你愿意花点儿工夫来仔细分析的话——一个普通的推理过程有哪些步骤。你们看到,我所描述的所有行为都跟一个正常人想要抢劫成功和惩罚歹徒的心理活动有关系。整个事件中,你们得出结论的推理过程和一个从事科学研究的人试图发现异常现象的根源和规律的过程是一样的。这个过程是而且永远必须是一样的。牛顿和拉普拉斯(P. S. Laplace,1749—1827)在发现和定义天体的运动原因时所用的推理模式跟你们运用常理来发现窃贼的推理模式分毫不差。唯一的区别就是研究的性质更加抽象,每一步都得小心翼翼以防假说中有任何漏洞或瑕疵。日常生活中假说中有零星的漏洞或瑕疵不大会影响我们最终结论的总体正确性;但是,在科学研究中,一个错误不管大小总是至关重要,招来的后果即使不是致命的,肯定也是令人不快的。

有一个常见的误区,那就是一个假说是不值得相信的,因为它只是一个假说而已,不要被它所误导。常常有人提醒,科学结论说到底只是一个假说而已。但是指导我们日常生活中90%事务的除了假说以外,还有什么呢,是那些无稽之谈吗?在科学中,由于假说的证据会受到最严格的检查,所以我们可以正确地沿着同样的道路前进。你可以有一个又一个假说。如果愿意,一个人可以说月亮是由绿奶酪做成的:这是一个假说。但是另外一个人借助最强大的望远镜亲自进行观察,借鉴别人的观察成果,经过潜心研究宣布,按照他的看法,月亮是由跟构成我们地球差不多的材料组成的:这同样也是一个假说。不用我说,你们也知道这两个假说的分量有天壤之别。那个基于合理的科学知识的假说肯定有其相应的价值;那个只是一时性起随机猜测的则几乎没有什么价值。揭示现象背后根源的每一大步都是按照我给大家所讲的方式迈出的。观察到某些事实和现象以后,一个人自然会问,这种自然情况下的哪一个过程、哪一个操作会揭开和解释这个神秘的现象?这样你就有了科学假说;这个假说的价值跟检验和验证它依据的仔细和完整程度成正比。跟日常生活中的事情一样:傻帽儿的猜想就是愚蠢,智者的猜想就是智慧。毫无例外,结果的价值是建立在研究者对他的假说进行所有可能的验证时所用的耐心和诚实的基础之上的。

在后面我肯定还会时不时地回到这个话题上来。但是关于逻辑方法现在就讲这么多了,我得转到另外一个也许你们会认为更有意思的、至少是更具体的一个话题上。在现实中,没有比让你了解人的思维过程和得出科学结论和原理的方法更为重要的事情了。[①] 既然认为这个研究是恰当的,定下我们所遵循的方法的性质,弄明白哪个方法会把我们引向胜利,我现在必须转而反思我们关于造成有机界现状的过程性质的知识。

这儿我得先说两句,以免造成误会,让人认为我没什么话可说似的。有机界的现状是如何来的,这个问题可以分解成两个问题。第一个:有机物或生命物质是怎样开始的?第二个:它是怎么持续的?关于第二个问题,我有很多话说。但是关于第一个问题,我现在能说的话大部分是负面的。

要说关于这个话题我们有多少证据,有两种证据。一个是历史的证据,一个是实验的证据。例如,由于组成地球地壳相当一部分固化的泥沙中含有过去生命的忠实记录,由于

———————————

① 我这里只给出几个粗略的图示,那些想进一步了解有关理念的有必要去读一下密尔(John Stuart Mill)先生《逻辑系统》。

随着我们向下挖掘，它们跟现代生物的差异越来越大了。我们能够想象，也许我们会发现某一层岩石中含有地球生命起源之初的动物的遗迹。如果这是真的话，如果这些生命形式能够保存下来的话，那将是我称之为关于这个星球上生命开始模式的历史性证据。很多人会告诉你，很多地质学的书中也会这么说，这个任务已经完成了，我们确实已经有了这样的记录；在很多人想象中，我们已经发现的最早生命记录的形式实际上就是这个星球上动物生命开始时的形式。他们之所以这么想的原因在于：如果你们穿透厚厚的地球地壳，会看到更古老的岩石中间就不再有那些高等动物如四足动物类、鸟类和鱼类；在它们之下，你们只能看到些无脊椎动物；在那些最深最底下的岩石中，化石突然变得越来越少，直到最后，当来到人们认为最古老的岩石中时，那里的动物化石总是限于四种形式：扇叶迹（Oldhamia），人们还弄不清楚它是动物还是植物[①]；舌形贝，一种软体动物；三叶虫，一种甲壳类动物，虽然细节上它跟龙虾或螃蟹有很多不同，但是它们共有着相似的结构框架；有膜虾，也是一种甲壳动物。到了这个时期，所有的动物群都缩减到这四种形式：一种不知道是动物还是植物的，和三种确认的动物（两种甲壳类和一种软体动物）。

鉴于这些软体和甲壳动物的结构和复杂程度，我看要把它们当成所有生命的先祖确实需要很强的想象力。你们必须铭记在心，我们没一点证据能证明这些所谓的"最古老"的岩石真的是最古老的。我重复一遍，我们没有一点证据！当你在某些地方看到巨厚的岩石中生命的遗迹很少或干脆没有，在世界上别的地方同一组岩石中却充满了生命的记录，我想你是没法心安理得地认为，或者觉着有理由认为，这些生命就是生命开初的形式。在这儿我没有时间来讲我得出这个结论的原因——光是这个就需要六七个讲座来讲清楚——我不得不满足于说，我一点儿都不相信那些就是最古老的生命形式。

下面我来说说我们有什么样的实验证据。要想说我们有关于组织和生命起源的实验证据，研究者应当能够拿一些无机物，如碳酸、氨、水和盐类，经过无机的反应，组建成蛋白质，这些蛋白质应该在有机状态下能够开始生命活动。现在还没人能够做到这个，我也怀疑不久的将来会有人能做到。但是这件事情不像看起来那样绝对不可能，因为现代的化学研究——我不会说有一条道路通向这个目标，但是我可以说——已经树起了通向必由之路的导向牌。[②]

你们别忘了有机化学是门年轻的科学，不过一两代人的历史，所以你们不能指望它有太多成就。不久以前，人们还说人工完全不可能制造任何有机化合物，即任何有机体内的非矿物化合物。这种状态过去持续了很久，但是现在离杰出的外国化学家成功地制造出尿素——一种组成动物排泄物中性质非常复杂的有机物质——已经有些年头了。最近这几年，这个化合物名单上还增加了丁酸及其他很多化合物。不用我说你们也知道，化学还远未达到我要求的目标。我想跟你们说的是，谁要说将来这个目标也不可能实现，那可就保不准了。很可能是我们这些人无法创造生命起源所需的条件，但是我们必须恰当地评价这件事，并且记住科学已经把脚跨上了那架梯子的第一阶。说实在的

---

① 现在认为是动物。——译者注
② 1953年，芝加哥大学的米勒在实验室里成功地通过模拟很久以前在地球上可能存在的大气条件，并进行电以模拟当时的闪电，最后由氢、甲烷和氨等无机物，成功制得形成蛋白质的所有20种氨基酸。——校者注

现在谁也不敢预测 50 年以后她会爬到多高的地方。

另外还有一项研究跟这个问题间接有关,我得说上两句。你们都知道,有一个现象叫自然发生。早在大约 17 世纪,我们的先辈们都想象并且笃信某些动植物在腐烂过程中会滋生出昆虫来。因此,他们以为,如果你把一片肉放到阳光下任其腐烂,由于肉中含有的自然发生潜能起作用,很快就会形成虫蛆。他们甚至能够给你开出用不同的动物和植物来制造某种小动物的详细菜单来。意大利杰出的博物学家雷迪(Francesco Redi,1626—1697)在大家都对此深信不疑的情况下,开始研究这个问题;另外,同类的人物中还有我们自己的血液循环的伟大发现者哈维(Harvey,1578—1657)。虽然你们会发现,哈维总是被人当成自然发生论的反对者。但是实际上,如果花点儿时间去读读他的著作,你们就会发现,哈维跟他同时代的人一样对自然发生论深信不疑。但是他碰巧明确地阐述了一个十分奇怪的命题——所有生命都是从一个**卵**开始的。他所用的词跟我们今天的用法有所不同,他的意思只是所有的生命都是从一个有机物质的小圆颗粒开始的。很可能由于这种原因,哈维的理念跟原有的理念有所冲突。接下来是雷迪,他用很简单的方式推翻了自然发生的理念。他只是用一块很细的纱布把肉蒙起来,然后把它置于跟原来相同的环境下,结果是没有产生任何虫蛆或昆虫。这样他就证明了虫蛆来源于那些飞到肉上产卵的昆虫,太阳的热量使得它们的卵得以孵化。这一研究,至少在当时,完全推翻了自然发生论的理念。

接下来有人发明了显微镜并把它应用到科学研究中去,这时博物学家们看到除了那些已知的动植物之外,还有大量的微小生物,它们在腐烂的动植物身上随处可见。假若你拿些常见的胡椒和草秸,浸在水里,用不了几天,你就会发现水中充满了大量游来游去的小动物。这种事实使得博物学家再次拥抱自然发生论。带头的就是英国博物学家尼达姆(J. T Needham,1713—1781),随后还有法国学识渊博的布丰。他们说,这些东西绝对孕育在它们所来源的腐烂物质的腐液中。不管你是用动物还是用植物,只要把它放到水里然后晾着,你很快就会得到很多的小动物。就此他们提出了一个挺好的假说。他们认为,组成动物或者植物的物质看起来是死了,但是它们实际上有一种隐性的生命;在适宜的情况下,这些隐性的生命就会以这些小动物的形式展现出来,它们会跟它们曾经作为其一部分的动植物一样完成自己的生活史。

于是这个问题变成了争论的焦点。意大利博物学家斯巴兰扎尼(Spallanzani,1729—1799)跟尼达姆和布丰的观点截然相反,通过实验他证明,只要把水煮沸然后密封盛水的瓶子就有可能阻断上述的自然发生。他的反对者说:"噢,但是你怎么知道当你加热时会对上面的空气产生什么后果? 你有可能破坏了这些小动物自然发生所要求的空气特性呀。"

但是,尽管斯巴兰扎尼没能充分展示他的观点,人们仍然认为斯巴兰扎尼是对的,没有人相信他的对手。后来这个话题又反反复复被人们一再重新提起,好些人还做了实验,但是总体来说,这些实验并不令人满意。有人发现,如果你把暴露在空气下能够产生小动物的腐液放到烧瓶里加热至沸腾,然后封上烧瓶的口,加热到 212 度,这样就没有空气能接触到它的内含物,这时就没有那些小动物了;但是如果你用同样的烧瓶而把其中腐液暴露在空气下,那些小动物就又有了。而且有人发现,如果你把烧瓶的嘴接上一根红热管,使得空气在到达腐液之前必须经过这个管,你就看不到那些小动物了。另外一件值得注意的事是,如果你拿两个培养瓶,装上同样的腐液,其中一个完全暴露在空气下,另外一个瓶口塞上一团棉绒使得空气在到达腐液之前先经过过滤,尽管在第一个瓶中你可能看到很多那些小动物,但是在第二个瓶中你却找不到一个。

你们看到,这些实验都指向一个结论:这些小腐虫是由很小很小的、不断悬浮于空气中的孢子或卵发育而成的,这些孢子或卵受热后就失去了萌发能力。但是另外一个观察者①的实验似乎跟这个结论相抵触,因而把这位做实验的老兄给弄糊涂了。他取了一些前面所说的煮开过的腐液,通过汞浴——实验室用的一种槽——他巧妙地把装有腐液的烧瓶反过来放进汞中,使得汞的液面超过翻转的烧瓶瓶口的水平。这样他就有一定数量的腐液被一层汞与外界的空气隔绝开来,无法与之交流了。

然后他准备了一些纯的氧气和氮气,通过烧瓶外面的一个管,穿过汞送给里面的腐液。这样他就相当于把腐液置于跟外面空气组成一样的纯净空气之下。当然,他指望着在这些腐液中看不到任何小腐虫。但是令他极为郁闷和失望的是,每次他都能看到它们。

而且人们发现大多数的腐液按照上述的方式进行实验的结果是一样的。如果在烧瓶中装上煮过的牛奶,用棉绒塞上的话,你会看到小腐虫。所以呢,有两个实验让你得出这个结论,另外二个让你得出另一个结论。这是科学研究中最令人不解的状态。

几年之后,在法国这个问题争成了一锅粥。在卢昂(Rouen)有一个叫普歇(Pouchet)的教授,是一个很博学的人,但是肯定不是一个严格的实验者。他发表了他做的一系列试验,其中不乏聪明之作,试图说明如果你按照适当的方法去做,就会发现自然发生论是真理。普歇研究这个问题是这个世界的一大幸事,因为它引得法国杰出的化学家巴斯德(Louis Pasteur,1821—1895)先生从另外一个角度来研究这个问题。巴斯德以最完美的方式完成了这项工作。我很庆幸,他的文章发表得很及时,所以我能在这儿给你们讲述他的研究。他确认了前面我所说的所有试验,在发现了那些如同汞浴和牛奶实验中极为异常的现象后,他潜心研究去发现它们的本质。在牛奶的实验中,他发现温度是个关键。新鲜牛奶偏碱性,这稍微有点怪,但就是这么一点点碱性,似乎能够在212度的沸点温度下起到保护从空气中散落下的生物的作用。但是如果把煮的温度再增加10度,情况就不一样了。经过沸点烧煮后,如果与腐液接触的空气是通过红热管,你看不到任何生物存在的迹象。

然后,他着意研究了汞浴实验,发现汞的表面几乎总是漂浮着一些小的尘埃。他发现即使是汞本身也充满了有机物质,由于长期暴露于空气之下,汞中积满了大量来自空气的小腐虫。这样一来,他觉着情况很清楚了,汞并非施旺(Theodor Schwann,1810—1882)先生所想得那样——汞充当的不是一个阻挡生物的屏障,实际上它扮演的是一个向腐液提供大量腐虫的仓库。正是这一点使得施旺先生大惑不解。

巴斯德解释完别人的实验结果还不满足,他继续工作,不达目的绝不罢休。他想"如果我的观点是正确的话,如果实际上所有这些自然发生的假象是由于空气中悬浮的微小细菌的话,那么我就不仅应该让大家看到这些细菌,而且应该能够抓住它们,进行培养,并产生出这些生物来。"接着他天才般地制成了一套设备使得他能够完成捕捉空气

---

① 指施旺(Schwann)。——译者注

的细菌的任务。他在自己房间窗户上接了一个玻璃管,在管子中间放了一个硝棉球——你们都知道,那就是普通的棉绒经过强酸的浸泡后形成的具有很强爆炸力的物质,会溶于酒精和乙醚。当然玻璃管的一端对室外的空气开放;另一端他装了个抽气扇——一个使得外界空气可以流过玻璃管的设备。他让这套设备运行了 24 小时,然后取出了其中落满尘埃的硝棉,把它溶解于酒精和乙醚中。他让这溶液静置几个小时后,结果非常细的尘埃逐渐沉淀到了溶液底部。他发现这些尘埃在显微镜下含有大量的淀粉颗粒。大家知道,我们吃的食物和植物的大部分都是由淀粉组成的,我们一直在各种用途中使用淀粉,所以空气中总是有一定数量的淀粉颗粒。这些淀粉颗粒就是我们有时在光线中看到的跳来跳去的闪亮颗粒。除此之外,巴斯德先生还发现了大量的其他有机物质,如菌类的孢子。它们一直漂浮在空气中,这次被巴斯德先生捕获了。

他接着又想:"如果这些确实就是造成自然发生假象的原因的话,那么我就应该能够拿一团落满尘埃的硝棉,放入一个烧瓶里,其中装有煮沸过、跟空气隔绝且现在没有小腐虫的腐液,假若我是对的话,放入这团硝棉就会有生物出现。"

按照这个办法,他制备了一个装着腐液的烧瓶,这个烧瓶在过去 18 个月没有一点生命迹象。通过一个天才设计的设备,他成功地打开这个烧瓶,放进一团硝棉,而且保证腐液和硝棉无法接触未经红热处理的空气。24 小时之内他满意地看到了那些此前一直被叫做自然发生的现象所具有的所有特征。他成功地捕获了细菌并按照自己的预想培养出了生物。

接着他想到,也许他的结论的真实性不需要他所设计的设备就能得到证明。为此他取到了一些正在腐烂的动植物材料,如尿(一种极易分解的物质),或酵母液,或一些人工准备的材料,装在一个长颈瓶里。然后他煮沸这些腐液,把瓶颈折成 S 或者 Z 形,把瓶盖打开。不管时间多长,这些腐液中都没有任何自然发生的迹象,因为所有的细菌都沉积到了弯弯曲曲的瓶颈的顶端。然后他在靠近烧瓶主体的地方锯掉瓶颈,使得正常的空气可以自由出入。结果是这些腐液一旦被允许滋养那些从空气中接受的细菌足够长时间——大约 48 小时,瓶中便出现了生物。就这样,巴斯德先生的实验结果最终证明了所有的自然发生假象都是由于持续漂浮在空气中的细菌落下来而造成的。

但是,对于这个结论也有人反对:如果原因确如你所说,那么空气中就会有大量的细菌,它们就会形成持续的迷雾。巴斯德先生回答是,空气中细菌的数量不像我们想象的那样多,有人过于夸大了这个数字。他向人们证明动物或植物生命出现在腐液中的机会完全依赖于它们被暴露的情况。一方面,如果它们被暴露于我们周围的普通空气中,当然这些生物会早一点出现。另一方面,如果它们被暴露于高处的空气或者很干净的小空间内的空气,经常会出现不了生命的一丝踪迹。

至此,巴斯德先生得出了一个清晰明确的结论,所有这些假象就像被雷迪驳斥过的肉上生蛆一样,都是由于空气中的细菌落到了腐液所致。在我看来,我认为有了巴斯德先生的实验结果,我们除了得出他的结论以外别无选择。就此自然发生论遭到了致命的打击。

当然,这一切并不妨碍由无机物按照我前面所说的方法直接制造出有机物的可能,尽管这种可能性相当小。

　　巴斯德的实验推翻了"自然发生论",赫胥黎在本书中说道:"在我看来,我认为有了巴斯德先生的实验结果,我们除了得出他的结论以外别无选择。"

第七章　生物的延续、遗传和变化

The Perpetuation of Living Beings, Hereditary Transmission and Variation

　　假设我们把生命起源的问题放在一边，迄今为止关于它们起源的问题我们无能为力、一无所知，那么关于形形色色生命的繁殖、延续和变异，我们又知道多少呢？对于这个问题，我们所了解的状况跟前面的问题比起来是迥然不同：虽然不能说是完备，但是知识量很大，当然我们与此有关的经验也很广泛。这些知识太多了，无法一一细说，我能做的——或者说，今晚需要做的——就是抓住对我们今天的讨论有用的要点着重地给大家讲一讲。

上一次讲座中,我们关于有机界现象——包括过去的和现在的——背后原因的了解程度的讨论可以分解为两个子问题:第一,不论是通过历史还是实验的证据,我们是否知道生命起源的模式;第二,假设生命已经形成,我们是否知道生命形式的延续和变异方式。我给第一个问题的回答总的来说是负面的,我的结论是,无论是从历史证据还是从实验证据,我们都不知道生命起源的任何信息。我们看到,从历史证据的角度上,我们不太可能知道任何东西,但是我们可以通过实验获得一些信息,虽然这些信息现在距离我们设定的目标还相去甚远。

现在我要讲讲第二个问题:假设我们把生命起源的问题放在一边,迄今为止关于它们起源的问题我们无能为力、一无所知,那么关于形形色色生命的繁殖、延续和变异,我们又知道多少呢?对于这个问题,我们所了解的状况跟前面的问题比起来是迥然不同:虽然不能说是完备,但是知识量很大,当然我们与此有关的经验也很广泛。这些知识太多了,无法一一细说,我能做的——或者说,今晚需要做的——就是抓住对我们今天的讨论有用的要点着重地给大家讲一讲。

生物延续的方式有两种:无性的和有性的。前一种延续是一个生物个体通过一个特殊行为单独完成的,这种个体有时候无法划归到某一性别中去。后一种延续通常是一雄一雌两个独立的生物个体的某些部位相互作用的结果。无性延续的情形远没有有性延续的常见,它在动物中远比植物中少见。通过经验你们也许知道,你们可以通过插条的方式来繁殖植物,例如从天竺葵上剪下一个插条,经过适当的培养,提供光、热和土壤中的营养,插条就会长成亲代的样子,具有其祖先的性质和特点。

有时候这个通常要由园丁进行的过程会自然发生,即一个小球根或植物的一部分会自行分离,掉落下来,成长为另外一个个体。在很多球根植物中会有这种情况,它们抛出次生的球形根,球形根则在地上扎下根发育成新的植物。这就是无性延续过程,借此产生球形根的个体的形貌就得以重复和繁衍。

动物中也有同样的过程发生。低等动物中,我们前面谈到的小腐虫会使身体部分脱落,或者有时纵向、有时横向地裂成很多部分,或者生出芽,这些芽脱落后自己会长成特定的样子。例如,淡水的水螅就是通过这种方式来进行繁殖的。特伦布莱(Abraham Trembley,1710—1784)多年以前证实过,就跟园丁通过插条的方式繁育某种植物的特性和特征一样,我们可以用同样的方式对低等动物进行繁育。特伦布莱先生证明,拿一个水螅,沿着各个方向把它切成两块、四块或者很多块,这些小块都会成长起来并且完全复制该动物的原有形貌。除了这些无性繁殖外,当然还有其他更加离奇的繁育过程以更加神秘和神奇的方式在自然界发生着。你们都熟悉一种被称之为蚜虫的小绿昆虫。这些动物在生活的大部分时间里通过一种叫内芽的方式来繁殖,这些芽发育成无性的动物,既非雄性也非雌性。它们会成长为幼小的蚜虫,这个过程一代一代持续不断地进行下去。它们能够这样繁殖9代、10代,甚至20或者更多代。如果有适当的温度和营养的

在大量的鸽子变种中——我相信总共大约有150种鸽子变种,可以选出四个分化最远的变种作为极端子。它们的名字分别是信鸽(Carrier)、球胸鸽(Pouter)、扇尾鸽(Fantail)和翻飞鸽(Tumbler)。(见 p130)

话,没法说它们要过多少代或多长时间才会停下来。

有性繁殖就完全不一样了。这时候,必须有我们称之为卵和精子的两部分从父母亲身体上分离出来。在植物中,有花植物是胚珠和花粉;无花植物是胚珠和雄配子。在所有的动物中,精子来源于雄性,卵子来源于雌性。这种生殖方式的特点是,卵子或精子它们自身不能发育成亲代的样式;但是如果它们相互接触,看起来是两个来源的物质的相互融合使得这融合物有了生命力。这个过程是通过两性的性交,即所谓的受精过程来完成。雌雄两性这个动作的结果是在胚珠或卵中形成一个新的生命个体。这个胚珠或卵不久即开始分裂过程,变成各种各样复杂的生物形态,跟我前面所讲的一样,最终形成了它们父母的样子。正是通过这些方式生物得以延续。为什么会有两种延续方式——为什么雌性的这一部分需要雄性部分的激活,我们尚不得而知。但是可以肯定和想象的是,不管无性繁殖能够持续多久,我们有理由相信,如果没有两性之间的融合所开启的新生命,无性生殖迟早会走到尽头。

这两种不同的繁殖方式具有一个共同的特征,那就是不管生物的生殖、延续或变异是通过有性还是无性方式完成的,大体上讲,其后代总是要维持其亲代的面貌。正如我前面所说的,你从一个植物上取下一个插条,悉心呵护,它最终会长成跟它的母体一样的植物。园丁们都知道,这种倾向非常强烈,因而通过插条来繁殖成为大量繁育植物唯一稳妥的方式。通过这种插条的方式比通过有性繁殖的方式能更好地保留亲代的特征。

在低等动物——例如前面我所讲到的水螅——的实验中,最为奇怪的是虽然这些动物被剁成很多碎片,它们的每一小片都会长成祖先的形状。如果把头摘下,它会长出身体和尾巴;如果尾巴被剁下,你会发现它会再生出身体的其他部分,而且跟它母体的结构不差毫厘。这种情况比比皆是,有些实验生物学家对低等动物进行了仔细的实验——包括斯巴兰扎尼(Abbe Spallanzani)针对蜗牛和蝾螈的实验,发现它们对伤残的容忍到了不可思议的程度:你可以多次把它们的颚、大部分的头、腿或者尾巴砍掉,甚至把同一部位反复砍掉,但是剩余的部分还都会复制出亲代的模样:大自然不会搞错,它们从来不会长出一个新类型的腿、头或者尾巴,而总是回复到原来的类型。

有性繁殖中的情形是一样的:总体上讲,后代总是翻版祖辈的形貌,这完全是一个人所皆知的经验。常言说,种豆得豆,种瓜得瓜。在我们人类中,孩子和父母都或多或少有明显的相像之处。这是司空见惯的现象。在驯养的动物中,例如狗及其后代,我们会看到同样的现象。在所有这些传播和延续中,看起来生物的后代总是有继承亲代性征的倾向。人们给这种倾向一个专有名词,叫做返祖性(atavism):这个词来源于拉丁文 atavus(祖先),指返回到祖先类型的倾向。

上面说过,我所说的这个返祖性是生物中最明显的倾向之一。但是与这种遗传倾向紧紧相连的是同样明显的变异倾向。翻版祖先的倾向是有一定限度的,伴随而来的是生物会在某些方面有所变化。它们如同两股相互对峙的力量共同作用在同一生物体上,一个想让它沿着直线前进,另一个想让它偏离这条直线,结果是一会儿朝这边,一会儿朝那边。

这样你会看到,这两个倾向未必完全相互矛盾,因为最终结果并非总是与沿着直线前进的情形相差很远。

这种变异的倾向在无性繁殖的方式中就不那么明显,在这种繁殖方式中,动植物的微细的性状会得到最完美的保留。但是,有时园丁把最喜爱的植物的插条埋下后,会令人意外地发现插条长得跟原来的有所差异——它会长出不同颜色的花,或发生这样那样的偏差。这就是所谓的植物"芽变"(sporting)。

动物中无性繁殖的现象非常少见,因此我们对此知之甚少。但是如果我们考察通过有性过程来繁殖的延续模式,就会发现某种程度上变异是一个普遍现象。我认为,和亲代有一定的差异的确是有性生殖的必然结果,由于父母属于两个不同的性别、具有不同的式样和性情,而后代非雌即雄,不能介于二者之间或没有性别,因而后代无法正好处在父母之间,要么偏向这边儿要么偏向那边儿。你们看不到一个雄性个体完全和父亲一样,同样你也看不到一个雌性个体完全继承母亲的性状。在雄性的个体中总是有一定比例的雌性性状,同样在雌性的个体中总是有一定比例的雄性性状。如果你们仔细观察自己或邻居家的孩子,就会发现这是很常见的事情。你们会常常看到儿子带有母亲的某些特征,或者女儿拥有父亲家族的特征。在面色、容貌或其他五六十个特性上,二者之间存在各种各样的混杂和过渡类型,家族某些成员的特征会出现在另外一些成员的身上。有时确实存在某些变异,而这些变异严格讲并不属于直系亲属。家庭中的孩子既不像父亲也不像母亲,但是熟悉该家族的老人却能认出像爷爷、奶奶、叔叔或者更远的亲戚的影子。这样,家族中以前成员的某些特征总是令人意外地重现在其他成员身上。

除了这些常见的现象外,还有一些奇怪的混合现象值得关注。大家知道,驴和马的或者说公驴和母马的后代叫做骡子,公马和母驴的后代叫做驴骡。虽然我本人对此没有亲自研究过,但是有人进行过仔细的研究。奇怪的是,尽管每次参加试验的成员都是一样的,产生的后代却因为雄性是马还是驴而在形状上大相径庭。在雄性是驴的情况下,你会发现骡子的头像驴的,耳朵长,尾巴尖儿有一撮毛,脚小,声音明显是驴鸣。这些是和驴相似的地方。同时,身体和脖子的形状更像母马。现在再来看看驴骡——公马和母驴的产物,你会发现马占了绝对优势:驴骡的头更像马的,耳朵短,腿粗,体形完全变了,声音不像驴鸣更像常见的马嘶。在这儿你看到了最为奇怪的现象:完全相同的试验成员(都是马和驴)通过不同的性别组合,结果随之发生变化。但是这并非一种普遍情形——常常会出现某一边占有优势,但具体是哪一边并不固定。

这就是变异背后一个可以理解的、也许是必然的原因:两性共同参与了后代的形成,每个后代从父母双方获取的性状有所差异,这种差异不仅表现在不同的组合中,而且表现在同一家庭的不同成员之间。

其次,生物存在一定程度上的随机变异——尽管这种变异的影响很可能被人为地夸大了——毫无疑问,这些变异一定程度上是由我们常说的外部条件如温度、食物、湿度等造成的。任何事情背后都有它的原因,每一种变异最终都一定程度上依赖于外部条件。我这里所用的"外部条件"一词就是指我们通常意义上的外部条件。可以确定,这些外部条件肯定会起作用。拿一个长单花的植物,通过改变土壤、营养等等条件,你有可能逐渐把单花转化成双花,把带刺的茎转化成树枝。你可以使其果实累累或改变其果实的形态。在动物中,你也可以通过同样的方式产生类似的效果,就像人在热带地区待过一段时间后皮肤就很难失去深铜色一样。你也可以通过训练改变肌肉的发育。全世界的人都知道这样锻炼效果甚佳。我们总是能在铁匠身上找到结实的肌肉和发育充分的臂膀。毫无疑问,训练作为一种外部条件把原本的强迫和指令转化成了习惯,或者更大程度上讲,转化成了有机体的一部分。但是变异的这第二个原因无论如何不能算是重要的。但是第三个我要讲到的原因却是广泛存在的。因为没有更好的名词,人们叫它"自发变异"(spontaneous variation)。每当不知道某一现象背后的原因时,人们会称之为"自发"。在这个世界上有序的因果关系链条中,确实没有几件事情可以真正称得上是自发的。当然物理世界里绝没有这回事儿,在那儿每一件事都依赖于其之前的状态。但是每当我们无法追踪到现象背后的原因时,我们就说这个现象是自发的。

尽管这种变异很多,但是其背后的确切原因很少有人知道。我之所以要跟大家讲下面这两三个例子,是因为这些例子本身很突出而且和我们后边的讨论有关系。法国著名的博物学家雷阿乌姆尔(Réaumur)多年以前在一篇关于孵小鸡的技艺的论文——这确实是一篇奇怪的论文——中偶尔提到变异和畸形的问题。一个人类形态变异的特殊例子引起了他的关注。那是关于一位名叫格拉提奥·凯雷亚(Gratio Kelleia)的马耳他人的,他天生每只手上长有六个手指,每只脚上长有六个脚趾。这是一个自发变异的例子。没人知道为什么他会生来就有那么多手指和脚趾,我们也不知道,所以我们叫它"自发"变异。还有另外一个例子。我之所以选择这些例子,是因为当时人们对其进行了仔细的观察和记录。生物界常常会有变异发生,但是发现它的人没有在当时详细记录下细节,等到最后要进行研究的时候,当时的情形却常常记不起来了。所以说虽然像这样的"自发"变异很多,但是要弄清其根源却是极其困难的。

第二个例子在 1813 年的《哲学通讯》(*Philosophical Transactions*)中有一篇汉弗莱斯(Humphreys)上校给皇家学会主席的题为"关于羊的一个新变种"(*On a new variety in the breed of sheep*)的通讯中有详细的记述。文中记述了曾经在北美各州闻名一时、人们称之为安康羊(Ancon)或水獭羊的一种很特别的变种羊。1791 年在马萨诸塞州有一个名叫塞斯·莱特(Seth Wright)的农场主有一群羊,其中有一只公羊,十二三只母羊。在这一群母羊中,有一只在繁殖季节生了一只外形奇特的羔羊:它身体很长,腿很短,而且腿是弓着的!我会慢慢跟大家讲人们是怎样发现这种奇怪的变异,它又是怎样变得如此显著的。现在我只跟大家提一下有这两种情况。但是动物中的变异现象对任何研究过自然史或者对同种动物进行过对比的人来说都并不陌生。严格地讲,世界上从来没有过两副标本是完全一样的;不管它们多么相似,它们总是在某些细节上有所区别。

现在让我们回到返祖性,也就是我前面曾提到的遗传倾向这个话题上来。当通过一个变种来繁殖后代时,返祖性和变异性两种倾向会交叠作用,这时变异会出现什么样的情况呢?我刚才提到的两个例子为这个问题提供了最精彩的诠释。那位马耳他人格拉提奥·凯雷亚在 22 岁时成了婚。正如我设想的那样,马耳他没有长六指的女人,跟他结婚的是一个长五指的正常女人。他们婚后生育了四个小孩。头一个小孩萨尔瓦多(Salvator)跟他爸爸一样,长有六个手指和六个脚趾;第二个小孩乔治(George)长有五个手指和五个脚趾,但是其中一个有些变形,因而有一定的变异倾向;第三个小孩安德烈(André)长有五个手指和五个脚趾,完全正常;第四个是女孩名叫玛丽(Marie),她长有五个手指和五个脚趾，但是大拇指有些变形因而有变成六指的倾向。

等到这些孩子长大成人以后，他们都结了婚。当然跟他们结婚的都是长有五个手指和五个脚趾的正常人。我们来看看结果如何。萨尔瓦多有四个孩子，先是两个男孩，然后是一个女孩，最后又是一个男孩。前两个男孩和女孩跟他们的祖父一样，长有六个手指和六个脚趾；最后一个男孩只有五个手指和五个脚趾。乔治只有四个孩子，其中两个女孩长有六个手指和六个脚趾；一个女孩是一半对一半，即右侧长有六个手指和五个脚趾，左侧长有五个手指和五个脚趾；最后一个是男孩，长有五个手指和五个脚趾。老三安德烈完全正常，有很多孩子，他们手脚都发育正常。老小玛丽跟正常的长有五指的男人结婚，育有四子，除了老大男孩长有六个脚趾外，其余三个都正常。

现在我们分析一下这是多么异常的一个现象。在这里你看到一个意外的变异，有人把它也叫做畸形。首先这种畸形倾向或变异通过与一个正常女性的结合得到淡化，你也许自然而然地预期，畸形如果重复发生的话，通过这样的结合，畸形的概率应该和正常的概率相等。也就是说，二者在孩子们身上的概率是一半对一半，有些继承父亲的特点，另一些则和母亲一样完全正常。但是实际上，我们看到异常类型占了优势。虽然经过了两次淡化，但在第二次与纯正的正常类型的结合后，异常类型依然占据主导地位。那么如果这些异常类型相互通婚，即萨尔瓦多的两个儿子跟他们乔治叔叔家的两个堂妹结婚的话，结果又会如何呢？你们还记得他们都和祖父一样属于异常类型。他们结合的结果很可能是每一个后代中都继承这种异常类型。只有在第四个孩子玛丽那里才看到这种倾向在第二代有轻微的表现，在第三代消失了，而安德烈本身完全摆脱了这种倾向，他的后代也同样摆脱了。

这是一个自然界延续一种变异倾向的绝好例子。当然这是一种本身无益又无害的变异。你们看到这种延续的倾向是如此强烈，以致尽管经历了与正常血统的混合，但这种变异还能够在大多数的第三代身上有所表现。正如我前面所说，这个例子中第二代无法相互通婚，只能和长五指的正常人通婚，一个很自然的问题便是，如果他们相互通婚结果又会如何？雷阿乌姆尔把这个案例只记录到了第三代。当然，如果能够继续跟踪这个案例那就再有意思不过了。假若堂兄妹之间能够结婚的话，也许一个长六指的人种就已经建立起来了。

为了证明这个设想并非无稽之谈，我们来看看塞斯·莱特的羊的故事。当时对他来说，能够培育出我前面描述过的那种意外类型的变种羊或羊群是非常重要的。为什么会这样，我后边会说到。在塞斯·莱特生活的马萨诸塞州，土地之间是用栅栏隔开的。那些非常活跃而强壮的羊会到处游荡，毫不费力地跳过栅栏到邻居的牧场上去。不可避免，这些活蹦乱跳的羊儿会不断引发相邻牧场主之间的争吵和纠纷。这样一来，聪明的塞斯·莱特及其后人想，如果能够培育出那种弓着腿的变种羊的话，羊就不会那么容易地跳过栅栏了，于是他就开始行动起来。一旦幼羊长到成熟期，他就杀了老公羊，然后用其子代来繁殖。结果比前面我所提到的人类的试验结果更加明显。汉弗莱斯上校证实，繁殖得到的后代要么是纯种的安康羊，要么是纯种的正常羊，从来就没有安康羊和其他种类之间的过渡类型。结果，不出几年，这位农场主就得到了由这种羊组成的相当大的一个种群，并且这些羊群遍布马萨诸塞州各地。但不幸的是，我想可能是因为过于常见，以致没有人肯花力气来保留它们的骨架。虽然汉弗莱斯上校说在投递论文的同时,他还给皇家学会主席邮递了一副骨架,但是恐怕这个变种羊的痕迹现在已经完全消失得一干二净了。这种变种羊在当地盛行后不久,有人引入了美利奴羊(Merino)。美利奴羊的羊毛价值高,性情温顺,不太会跨越栅栏,安康羊由于其羊毛质量逊于美利奴羊因而渐渐绝迹了。

你们看到,这些事实完美地说明了如果你有意用相似的家畜来繁育后代会有什么样的效果。得到一个变异后,如果你通过与原来的谱系回交从而扩增这个变异,然后有意使之与原来的谱系隔离而相互自交,那么你几乎可以肯定能够培育出一种具有强烈维持其变异性状倾向的种族来。

这就是所谓的"选择"。这就是塞斯·莱特用来繁育他的安康羊的办法,也是我们得到牛、狗和家禽等种类的办法。虽然可能有些例外的情况,但是总体来说,所有各种不同的驯养动物种类都是这么来的。你们必须知道,动物不止一个特征或性状会发生变化。后代的特征或性状,无论是身体上的还是心理上的,没有一个不会和亲代在某种程度上有所不同。

在我们人类中间这一点人人皆知。性状的特征越是简单,越容易重现。我知道有位先生的夫人有一个耳轮稍微有些扁平。这一点常人可能不怎么会注意,但是她的每一个孩子都在一定程度上有这种特征。再看看其他极端的例子,最严重的疾病如痛风、淋巴结核、痨病等很可能就像我们前面提到的安康羊的弓形腿一样,确定而顽固地在人类身上延续着。

这些事实在动物身上得到了良好的体现。众所周知,狗的变异倾向是非常明显的,例如有些狗比其他的狗体形小很多。事实确实如此,这种变异范围大到最小的狗只有最大的狗的头那么大。不仅在狗的骨架、而且在狗的头颅的结构形状上,以及面部比例和牙齿排布上都有非常大的变异范围。

猎犬(Pointer)、寻物犬(Retriever)、斗犬(Bulldog)和小猎犬(Terrier)之间差别很大,但是有充分的理由相信这些犬族起源是相同的——所有重要的犬族都是通过对偶见的变异种进行选择性的繁育而来的。

达尔文先生曾经研究过一个关于选择性繁育更令人印象深刻的例子——同时也是一个更好的例子,因为其中没有我所说的偏执的错误灌输的可能性——那就是家鸽的例子。我敢说,也许你们中间就有人是鸽子"粉丝"(fancier),我希望你们理解我谈到这话题时的谦卑和保留,因为很遗憾我并不是什么鸽子粉丝。我明白那是一项伟大的艺术,充满了神秘,不是一个可以随便谈论的话题。但是我会尽我所能给你们总结一下我从达尔文先生那里得到的已发表和未发表的信息。

在大量的鸽子变种中——我相信总共大约有 150 种鸽子变种,可以选出四个分化最远的变种作为极端例子。它们的名字分别是信鸽(Carrier)、球胸鸽(Pouter)、扇尾鸽(Fantail)和翻飞鸽(Tumbler)。在这幅大图中画出了它们的相对大小。头一个是信鸽,你们注意到它喙上的瘤,它的头相对较小,眼睛下边有一片没毛的区域,脖子长,喙很长,腿很强壮,脚大,翅膀长等等。第二个是球胸鸽,个体很大,腿和喙都很长。之所以叫它球胸鸽是因为它习惯性地往食道里充气使之胀大。我应该告诉你们,所有的鸽子时不时都有这么做的倾向,只是球胸鸽把它发挥到了极致。这种鸽子似乎对它有这种充气放气的能力甚是自豪。我想当你看到满笼子的鸽子都在你面前一齐做这种滑稽的充气放气动作时，那一定是一个很好玩的奇观。

第三个变种叫扇尾鸽，体形小，腿非常小，喙也很小。最为奇特的在于它尾巴的大小程度，别的鸽子尾巴只有 12 根尾羽，它却有 30 多根尾羽，某些个体中会多达 42 根。这种鸽子有个习惯，会把尾巴展开，向前弯到头部。我相信能够做到这样一定是非常美丽的。

这是最后一个大的变种——翻飞鸽。这一变种中最主要也是最值得称道的是这一种短脸翻飞鸽。它的喙短得几乎快没了。把这种鸽子的喙和信鸽的比较一下。有人把纯种翻飞鸽中喙和头的关系比喻成就像把一粒燕麦粘在樱桃上一样，由此可见二者的相对大小了。它的腿和脚非常非常小，如果和信鸽那个大家伙放在一起，翻飞鸽简直是个小矮子。

这些仅是它们在外观上的差异，但绝不是它们之间全部的差异，甚至连最重要的差异也算不上。在它们身上你几乎找不到丝毫没有发生变化的结构来。为了让大家了解这些变化有多么广泛，我为大家带来了这些精美的骨架。为此我要感谢我的朋友、这方面的专家特盖特迈阿（Tegetmeier）先生。通过对这些骨架进行逐一仔细的观察，你们会体会到它们之间在骨骼上的巨大差异。

不久前，我有幸能够看到达尔文先生一些重要的手稿。说实话，达尔文先生不辞辛劳研究这些变异，搜集到了所有的相关资料。正是从这些材料中，我总结出了家鸽之间以下的差异，其中包括了它们结构变异的各个方面。头颅的背部有很大区别；面部骨骼的发育也有很大变化；背部有很大差异；下颌的形状有变化；舌头变化颇大，不仅表现在与喙的相对长度和大小上，而且表现在舌头本身还有变化。眼眶周围和喙基部没毛区域的大小变化很大；眼睑的长度、嘴的形状、脖子的长度也都变化很大。还有我前面提到的球胸鸽吹胀食道这一独特的行为习惯。雌雄个体之间在体形大小、身体形态、肋骨的数量和宽度、肋骨的发育以及胸骨的大小、形状和发育上都存在很大的差异。我们也注意到——我之所以提这个是因为有权威人士曾经驳斥过——骶骨的脊椎数目会从 11 块变化到 14 块，但是背部和尾部的脊椎数目没有减少。尾羽的数目和位置会变化很大，翅膀上主次羽毛的数目也变化很大。还有脚和喙的长度——虽然二者毫不相干，但是好像有所关联：长脖子总是伴随着长脚。差异也表现在羽翼丰满的时间、蛋的大小和形状、飞行的性质、飞行的能力——所谓的归巢（homing）鸽具有非常强的飞行能力。[①] 另一方面，小巧的翻飞鸽虽不能沿着直线飞行，却具有在空中把头弯到脚跟的非凡能力，并由此得名。最后，鸽子的性情和声音会有变化。从这些鸽子的情况中你们会看到，不管是本能的、习惯的、骨骼结构的还是羽毛的特征，也不管是内在还是外在的特征，在鸽子身上几乎没有一个没变化或不变化的。通过选择性繁育，这些特征就会得以延续，构成培育一个新品种的基础。

如果你们在脑海中记住这四个鸽子变种，也许你们会对"偏离原始类型的差异在多大程度上能够通过选择性繁育得以保持"留下一个深刻印象。

---

① 我从特盖特迈阿先生那里得知，所谓"信鸽"其实不送信，纯种的这种鸽子飞行能力不强。倒是那些进行长距离飞行后又能返回的鸽子——"归巢"鸽，而不是粉丝所说的"信鸽"，具有送信的功能。

"响尾蛇号"

第八章　影响生物延续的生存条件

The Conditions of Existence as Affecting the Perpetuation of Living Beings

　　人们难以想象，甚至无法想象，但是事实如此。这确实印证了马尔萨斯（Malthus）的理论。虽然他因为这个从未被推翻、以后也不会被推翻的结论在当时备受质疑辱骂，但是他清楚地指出，由于生物的数量呈几何指数增长，而生活资源却无法按照这个指数增长，终究会有一天由于生物的总量超出营养供给的能力，致使生物的进一步增长会受到某种限制。

上次讲座中,我试图给你们证明一个普遍原则,即生物在复制它们本身的同时,总是或多或少有发生变异的倾向。我向你们说明,变异有可能由于我们不了解的原因而发生,这时我们称之为自发变异。变异也有可能以一种明确的形式出现,与以前的形式之间没有任何过渡类型。我还说到,变异一旦出现就可能在很大程度上得以延续,而且不直接和我们所谓的选择过程发生关系。然后我还说到,通过人工选择——假若你有意只用具有以相同方式形成相同特征的变种进行繁育的话——这个变异,在我们看来,就有可能无限地延续下去。

接下来的问题对我们很重要,通过这种选择性的繁殖过程,我们能够得到原始种系,而在这一过程中,变异的量是否存在限制?为了弄清楚这个问题,有必要把生物变异的特征划归到两个大类:一类是结构性特征,另一类是生理性特征。

首先关于结构性特征,我已经通过桌子上的这些骨架和大量已经确认的事实向各位展示了不同的鸽子变种——信鸽、球胸鸽和翻飞鸽——在它们内部重要结构特征上有很大程度上的变化。不仅在头骨的比例、喙和脚的特征等方面有所变化,而且在脊柱中的椎骨,如球胸鸽骶骨的绝对数目上,也有差异。正如我给大家通过这些骨架和示意图所显示的那样,它们在诸如此类特征上的变化程度远比博物学家所谓的不同鸽种之间结构特征上的差异还要大。也就是说,它们之间的分异程度是如此之大,以至于球胸鸽和翻飞鸽之间的差距比野生鸽种如岩鸽(Rock Pigeon)和环鸽(Ring Pigeon)或环鸽和野鸽(Stock Dove)之间的差距还要大。实际上这种差异的意义不止于此,假设一个博物学家不知道这些鸽子的来历的话,这些家鸽之间的结构差异足以误导一个博物学家把它们放到完全不同的属内。

既然我上面用到了种这个名词,这个名词后边还会常用到,我想最好花一点篇幅来解释一下这个名词的意思。

世界上的动物和植物可以分成不同的类群,从界开始,由大到小,界可以分成亚界,然后依次再分成门(province)、纲、目、科、属,最后是可以用除性征以外的稳定特征来定义的最小类群单位。不管在理论上怎么着,这就是博物学家实际上所用的种的概念。

在自然状态下,如果你发现两群生物能够用某些稳定而重复出现的特征区分开,不管这种差别有多小,只要它是可以定义和稳定的,又和性别特征无关,那么所有的博物学家都会同意叫它们两个种。这就是"种"这个词的意思。也就是说,对于博物学的实践者来说,种只是一个结构上差异的问题而已。①

重复一下,因为正确理解这件事情很重要:我们已经看到,由同一个血统通过选择性繁育而来的品种(breed),在结构上与原来的血统之间的差异可以和不同种之间的差异相提并论。

那么动物之间在生理特征上是否也有类似的关系呢?变种(variety)之间在生理上的差异是否达到了博物学家所谓的种之间的程度呢?这是我们要考虑的最重要的问题。

◀ 大猩猩。

---

① 这里我强调的是"种"的实用意义。至于种之间生理学差异是否存在,对于博物学实践者来说意义不大。

毫无疑问,大多数的生理性特征能够通过选择来培育、增强和改造。

毫无疑问,品种之间在很多生理性特征上的差异可以跟种之间的差异一样大。前面我曾简单地提到过,由于它们生理上的特点,鸽子不同变种有着不同的习惯,例如翻飞鸽奇特的翻飞习惯、归巢鸽的飞行特点、扇尾鸽奇特的展尾和走路姿态,最后还有球胸鸽特有的吹胀食道的习惯。这些都是源于生理上的变化。就此而言,这些鸽子相互之间的差异和正常的两个种之间的差异一样的大。

同样的情况也表现在狗的习惯和本能上。正是生理上的特点使得灰狗(Greyhound)能靠视觉追逐猎物,小猎兔犬(Beagle)能靠味觉来追踪猎物,小猎犬有了捕猎老鼠的本领,寻物犬有了寻物的习惯。这些习惯和本能都是生理差异和特点造成的,人们有充分的理由相信,这些差异和特点都是从同一个血统发展而来的。但是一个极为独特的情况却是,尽管在整个生理过程中几乎都没有遇到任何限制,但是到最后你却遇到了一个限制,它出现于生殖过程中。自然的种有一个最独特的情况——至少有一些种是这样的,在这里我们只需要一个种是这样的就足够了,但是事实上这样的情况非常多——虽然自然的种看起来和一些种族或品种差不多,但是它们在生殖过程中有明显的特点。如果用同一种族的雌雄个体交配的话,当然你得到的是类似的后代;用这些后代来繁殖,你会得到同样的结果;再用它们来繁殖你得到的还是同样的后代。这个过程不会受到任何限制。但是一旦你用两个种的成员来繁殖的话,不管它们有多么相似,除了我下面要说的例外情况以外,你会遇到某种限制。如果你让它们交配,尽管你会得到第一代杂合体,但是如果你再让这些所谓的杂种进行一雄一雌的交配,结果是百分之九十九的时候不会有任何后代。这么做不会有任何结果。

在有些情况下,其中的原因显而易见。尽管雄性的杂种具有该动物正常的外貌和特征,但是生理上却有问题,缺乏生殖所需的结构和器官。据说在雄性的骡子(即公驴和母马的杂合体)的身上情况就是如此。因此尽管对马和驴进行杂交相当容易,据我所知,人们一直在这么做,但是如果你想把一公一母两头骡子拿来交配的话,你不会得到任何结果。生育是不会发生的。这就是所谓的两个不同种的杂种不育性。

你们知道这是一种非常特殊的情况,但是人们不知道为什么会这样。常见的目的论的解释是,这是为了使得血统的纯洁性不被种间的杂交所破坏,但是你们看到实际上二者毫不相关。杂种之间不能繁育的事实和建立这么一个理论没有任何关系,没有任何东西可以阻隔马和驴或驴和马的繁育。这样一来,这种解释就会跟其他很多纯粹建立于各种假设之上的解释一样不成立。

由此你们会看到在混血种(mongrel)(不同的种族之间的杂合体)和杂种(hybrid)(不同种之间的杂合体)之间有很大的区别。就我们所知,混血种之间是可以生育的。但是在两个不同的种之间,很多情况下你甚至连杂交一代都得不到。无论如何,有一点是肯定的:杂种之间经常是绝对不育的。

不管这个特性是大还是小,用它可以区分开动物的自然种。那么我们是否可以在来源于同一个血统的不同种族之间找到一个类似的特征呢?直到今天为止,对这个问题的回答是绝对的不。就我们今天所知,在种族之间没有类似的限制。在扇尾鸽和球胸鸽,信鸽和翻飞鸽,或者其他任何你能够叫得出名的变种或种族之间的繁育中,就目前我们所知的情况,在混血种之间的繁殖没有一点儿困难。以信鸽和扇尾鸽为例,让它们分别代表不同种的情况下的马和驴。通过交配你会得到信鸽与扇尾鸽的混血种。假设得到的混血种有雄有雌,就我们所知,它们之间交配的可育性并不比原有的信鸽和信鸽之间交配的可育性差。由此你们看到选择性改造的种族和自然的种在生理上的差别。我还会继续进一步研究这些和在类似情况下出现的事实,但是现在我只能跟大家这么粗略地交代一下了。

但是在考虑种间界限这个问题的同时,我们必须谈一谈返祖现象(recurrence)——由变种通过选择性繁育而来的种族所具有的重返原始类型的现象。很多人认为这为选择性和其他的变异程度设定了上限。有人说:"谈培育这些各种各样的种族是可以的,但是你们都知道,如果把这些鸽子放归山野,这些球胸鸽、信鸽等等都会回到它们的原始状态。"人们常常以为这就是事实,而这种辩论也通常是以结论的形式直接提出来的。但是如果你不怕麻烦仔细追究一下,就会发现这种说法没有多大价值。首先第一个问题当然是它们是否确实回到了原始状态。按照常理,要找出充分的证据来证明这一点常常是极其困难。例如,总是有人说家马一旦放归山野,譬如在小亚细亚和南美洲,它们马上会返回到过去的原始血统中去。但是你对这种假设的第一回应是问他们有谁知道家马的原始血统是什么样的。第二个回应是,在这种情况下,小亚细亚和南美洲的野马按理应该是完全一样的。如果它们是一样的,那它们当然应该是相像的呀!但是有关专家知道它们二者之间的差别是挺大的。亚洲的野马据说是暗褐色,头较大,还有很多其他的特点。有关南美野马的专家会告诉你,他们的野马和小亚西亚的野马没有任何相似之处:它们头形不同,毛色通常呈栗子色或枣红色。因此,通过这些事实可以明显看出应该有两个原始血统,这些事实一点儿都不支持种族回归原始血统的说法。上述证据说明,这种说法是不成立的。

即使暂时假定这种说法是对的,即家养种族一旦放归荒野便会回到常见状态,我看这些除了证明相同的环境产生相同的结果以外什么也证明不了。当你把家养动物送回到我们所说的自然环境中的时候,你所做的好像是在进行跟把一个动物从野生状态驯化到家养状态的过程正好完全相反的一个过程。如果要费很大力气才能把动物从野生状态驯化过来,我想一旦去掉那些产生家养类型变异的条件后,它们就马上会回到原始状态当然就一点儿都不足为奇了。但是达尔文先生非常强调一个重要的事实,这个事实与培育家鸽有关。那就是不管鸽子品种之间的差异有多大——它们之间的巨大区别我们前面已经看到了——只要在这些变异中你看到蓝色的鸽子,它的翅膀上肯定有黑道儿,这个特征属于原始的野生岩鸽血统。

这确实是一个非常令人瞩目的情况。但是我却看不出它能有力地说明什么。事实上,支持动物回归原始类型的论点对于那些爱提出这个问题的人们来说很可能是难以招架的。例如,达尔文先生曾经着重强调过,如果你观察这一匹暗褐色的马——我最近去西苏格兰高地(West Highlands)的岛屿,那里有很多暗褐色的马,因而有机会验证这图画的内容——在马背上有一条长的黑道儿,在马肩和马腿上有条纹对它来说是再平常不过的事了。不久前,在比特郡(Bute)的罗斯西(Rothesay)附近,我坐在一个面包师车上亲眼看到了一匹小马跟这种描述一模一样:背上有一条黑道儿,肩和腿上有条纹,就跟驴子、斑驴和斑马似的。如果现在把返祖理论应用到这种情况中，难道不能说这种动物所展示的性状和状态正是处于马、驴、斑驴和斑马之间的过渡类型，而这四种动物都是从它演变而来的吗？同样的结论也适用于人类。每一个解剖学家都会告诉你，解剖人体时遇到所谓的肌肉变异是再平常不过的事情了——如果你对两个人体进行仔细的解剖，很可能发现肌肉的连接方式和附着点在二者并不完全相同，不同个体肌肉的连接方式有很多独有的特点。奇特的是，有时解剖人体时你会发现人体的肌肉排列确实和猿的对应部位非常相像。那么这时候我们是否可以说，这就跟鸽子翅膀上的黑道儿一样，它标志着动物重新返回到了它所来源的原始类型呢？说实在的，我希望改造和变异的反对者最好别再提返祖论了，不然的话，结果也许是他们无法承受的。

总结一下，我们拥有的证据反对给结构上的分异设置上限，但是支持在生理上设置上限。通过选择性繁育，我们可以使结构上的分异达到种间水平，但是我们无法在生理上达到同样的分异程度。这个问题就到此为止吧。

接下来我们要面对的问题——也是一个极为重要的问题——那就是这种选择性繁育在自然界会发生吗？假若没有证据的话，我前面所说的一切就跟物种起源没有任何关系。自然过程是否能够在延续变异中起到选择作用呢？在这个问题上我们遇到了巨大的困难。在上次的报告中我曾指出，哪怕要找到证据来研究发生在家养动物身上我们熟知的变异的起源都是极为困难的。我跟大家说过，这些变异的起源几乎总是被人忽略，因此三个例子中我只能解释两个，即有关格拉提奥·凯雷亚的和安康羊的。当变异尚不明显时，人们会遗忘或者不注意它们。既然眼皮底下发生在我们关心的动物身上的人为例子尚且如此，那么要在自然界中发现变异起源的第一手材料的难度就可想而知了！说实在的，我不知道是否可能在自然界找到一个变种起源或者选择性繁育的直接证据。但是可以告诉大家的是，我们能够证明自然过程也会达到同样的目的：自然界的种内存在多个变种，而且每当一个变种形成时，自然过程和环境总有能力担当起选择性繁育者的角色。虽然现有的证据并非人们所期冀的那样，不是什么直接证据，但是越来越好、越来越有力的证据正在涌现。

关于第一点，即自然种中存在多个变种，我要借用一下每一个博物学家和曾经注意过自然界中动植物特征的任何人都有的共同经验。但是在这里我还要讲几个例子，就先从我们人自己开始吧。

跟所有人一样，我相信目前没有任何证据表明人类的起源多于一对。我必须说，我找不出任何理由或者站得住脚的证据去相信有好几个人种。但是你们知道，就跟动物有好多变种一样，人也有很多变种。我这里所说的，不仅指那些一眼就能看出的显著变化，当然人人都知道黑人白人的区别，也能区分中国人和英国人。他们都有着特征性的肤色和长相特征。但是你们肯定还记得，这些种族的特征远不止于此，它们一直延伸到骨骼结构和我们最为重要的器官——大脑的特征上去。因此不同的种族甚至同一种族中个别人会比其他人的脑容量大出三分之一、一半甚至百分之七十。如果考察全体人类的脑容量，你有时会发现这种差异竟能达到百分之百。除了脑容量的变化外，头颅的特征也会变化。如果我在黑板上画出一个蒙古人和一个黑人的头，在后者中，宽是长的十分之七，在前者中，宽是长的十分之九。因此充分的证据显示在自然状态下人和人之间有差异。如果你去看其他动物，情况是一样的。例如，广泛分布于欧洲、部分亚洲和美洲大陆的狐狸变化就非常大。大狐狸在北方，小狐狸在南方。仅在德国，护林人就估计有八种不同的狐狸。

人们认为只有一种老虎。它们从孟加拉最热的地区一直延伸到干冷荒凉的西伯利亚大草原，跨度达到 50 个纬度。它们甚至会捕食驯鹿。尽管这些老虎具有非常不同的特征，但是它们仍然保持着老虎的总体特征，所以毫无疑问它们就是老虎。西伯利亚虎的皮毛厚，鬃毛很小，背上有纵向的条纹，但是爪哇虎和苏门答腊虎在很多方面和北亚的老虎不同。同样，狮子之间也有所不同，鸟类之间也是如此。如果你进一步去考察低等动物，你会发现鱼类之间也有所不同。同一个地区的不同河流中你会发现有着不同的鳟鱼，这一点，在这些河流打鱼的人们很容易就能分辨出来。蚂蟥中同样有着差异。蚂蟥的收集者很容易就能指出旁人很可能忽略的差异和特点来。淡水贻贝也是这样。实际上，任何你们能够想起的动物莫不如此。

在植物界有着同样的变异。以常见的荆棘为例。植物学家为它吵成一锅粥：有人认为荆棘中有很多种，有人认为它们只是一个种中的不同变种而已，直到今天他们还没解决哪个是自然种哪个是变种。

因此，自然界的任何植物、任何动物毫无疑问都会变化；变种作为自发性产物可以以我所描述的方式发生，这些变种可以按照我所展示的自发变种的方式延续下去。因此我说，关于自然界中变种的起源和延续不会有任何疑问。

现在问题是，选择会在自然界发生吗？自然界是否有跟人类选择性繁育相类似的过程？你们看到了，现在我就没提物种。我想把我的话题仅仅限制在大家都公认存在的自然种族的形成上。问题是，就像我们人类能够通过选择来培育前面讲到的动物种族一样，自然界是不是也有相应的能够产生种族的机制。

当一个变种产生后，生存条件（conditions of existence）所起到的影响跟人工选择的一模一样。我所说的生存条件分成两部分：一是物理的无机世界提供的条件，二是有机界提供的生存条件。首先是气候，包括某些特定地区的温度和湿度。其次是生境（station），包括一定气候条件下，动物或植物生长生活的特定地点。例如，鱼的生境是在水里，淡水鱼的生境是在淡水里，海水鱼的生境是在大海里，海洋动物的生境可深可浅。同样，陆地动物的生境差异表现为不同的土壤和邻居。它们有的最适应于钙质土壤，有的最适应于沙质土壤。第三个生存条件是食物，这个食物是广义的，就是生物生存所需的物质供应。对于植物来说，就是包括碳酸、水、氨以及盐类等无机物质；对于动物来说，包括我们前面看到的它们所需的无机和有机物质。这些条件全部——至少前两条——是我们所谓的无机或物理生存条件。食物跨在二者之间，然后是有机生存条件，后者依赖于其他生物的生存状态、周围生物的数量和种类。这些生物可以划分为两大类：作为反对者的生物和作为帮助者的生物。作为反对者的又可以分为两类：一类是间接的反对者，我们称之为对手；一类是直接的反对者，这些生物努力去杀死别的生物，我们称之为天敌。当然我所说的对手，在植物中是指那些需要同样的土壤和生境的植物，在动物中是指那些需要同样的生境、食物或气候的动物。这些都是间接反对者。当然直接的反对者就是那些捕食动物或植物的生物。帮助者也可以分为直接和间接的。例如，对于一个肉食性动物，某种草本植物可以通过繁殖自身成为它的帮助者——使食肉动物所捕食的食草猎物得到更多的食物，进而使食肉动物获得更多的营养。直接帮助者最好的例子是寄生的动物，例如绦虫。绦虫生活在人的肠道中，因此其他条件相同时，人越少，绦虫就越少。虽然把我们自己当成绦虫的帮助者想起来让人觉着有些难以接受，但是事实如此：我们都明白，如果世界上没了人，那就没了绦虫。

要想对生存条件的重要性和机制进行一个恰当的评估是极其困难的。在达尔文先生的著作对此进行清楚的阐述之前，我不知道我们中是否有人曾对这个评估有一点点概念。在此我要用我的方式尽最大努力给大家一些关于生存条件作用机制的基本概念。最为便捷的方法便是挑一个尽量简单的例子来说明情况。

因此我在这里假设地球上所有适宜生物生存的地方，大约五千一百万平方英里的陆地都有着同样的气候，由同样的岩石或土壤组成，所以到处的生境都是一样的。这样我们就免除了不同气候和生境的特定影响。然后我们想象世界上只有一种生物，那是一种植物。这么开始是公平的。它所需要的食物就是碳酸、水、氨和土壤里的盐类物质，假定这些条件到处都是一样的。我们只有一种植物，没有反对者，没有帮助者，也没有对手：这就是"公平比赛，不偏不倚"。现在想象一下，这个植物每年会产生 50 粒种子。对于一个植物来说，这个数量是适度的。通过风和流水的作用，这些种子慢慢地均匀地散布到整个陆地的表面上。现在我要你们跟踪接下来发生的事情，你们会看到我的陈述比数学家陈述他们的命题的正确程度一点儿都不差。如果所说的条件符合自然界的实际情况，并且推导命题的过程并不违反任何已知的自然规律，那么你就可以肯定你的命题和数学家解决他们的问题的过程一样稳妥。在科学中，去除一个主体所处的复杂环境的唯一办法就是推理。那么我们的结果又如何呢？假设每一棵植物都需要 1 平方英尺的土地来生存。结果是，9 年内这种植物会占据地球上任何一寸可以生长的土地！我在黑板上写下我得出这个结论的数据：

	植物数		植物数
第 1 年	1	×50	＝50
第 2 年	50	×50	＝2 500
第 3 年	2 500	×50	＝125 000
第 4 年	125 000	×50	＝6 250 000
第 5 年	6 250 000	×50	＝312 500 000
第 6 年	312 500 000	×50	＝15 625 000 000
第 7 年	15 625 000 000	×50	＝781 250 000 000
第 8 年	781 250 000 000	×50	＝39 062 500 000 000
第 9 年	39 062 500 000 000	×50	＝1 953 125 000 000 000

地球上的陆地面积 51 000 000 平方英里

×27 878 400 平方英尺/平方英里

＝1 421 798 400 000 000 平方英尺

陆地面积比第九年末植物所需的面积还要少

531 326 600 000 000 平方英尺

由此你们可以看出,第一年末一个植物会产生 50 个同类,第二年末增长到 2 500 个,这样一年一年下去直到万亿株以上。虽然我没法确切地告诉各位这个总数真正的算术意义,但是无论如何你们知道这些零意味着什么。在上面一堆数字的底下,我从第九年末的种子数目中减掉了五千一百万平方英里陆地面积合成平方英尺的数目,你们马上就能看出植物的数量远远超出了所有陆地所能容纳的植物总量。这足以证明我的观点:种下第一棵植物 9～10 年后,植物会充斥整个地球表面。

这件事让人们难以想象,甚至无法想象,但是事实如此。这确实印证了马尔萨斯(Malthus)的理论。马尔萨斯先生是一个牧师,多年前仔细而忠实地研究过这个问题。虽然他因为这个从未被推翻、以后也不会被推翻的结论在当时备受质疑辱骂,但是他清楚地指出,由于生物的数量呈几何指数增长,而生活资源却无法按照这个指数增长,终究会有一天由于生物的总量超出营养供给的能力,致使生物的进一步增长会受到某种限制。我们已经看到,到了第九年底,每一棵植物便无法得到自己需要的 1 平方英尺空间,到第二年它还得和它自己的 50 个后代去争夺这有限的空间。

那么接下来会怎么样呢? 每一棵植物都要成长开花结果,占据 1 平方英尺土地,产生 50 粒种子。但是请注意,这么多种子中只有一个能够长成,长不成的几率是 49∶1。这 50 粒种子中哪一个能够长大开花或哪一个会死掉腐烂完全靠偶然因素。这就是达尔文先生要大家注意的所谓的生存竞争(struggle for existence)。我之所以选择植物的例子,是因为在有些人的想象中,生存竞争这个名词好像隐含着打仗似的。

通过这个植物的例子,我向你们说明这是增长率的必然结果,必然会有那么一天,每一个种的成员死掉的数量和出生的数量正好相当。这是一个指数增长无法回避的最终结果。那么,这一切会带来什么呢? 上面说过,每一个个体会面临 49 个个体的竞争,于是任何一粒种子的一小点长处就可以使它超越其他同类而占据优势。在其他条件相同的情况下,如果有什么可以使某一粒种子早于其他种子六个小时萌发,就足以让其他种子窒息死亡。前面我已经向大家说明,植物没有一个特征是不会变化的。很有可能我们想象中的某一个植物在它种子珠被的厚度上有所变化。其中一个植物种子的珠被可能会较薄,从而使得它比别的种子萌发得稍快一点儿,这粒种子就会不可避免地灭掉 49 倍于自己的竞争对手。

虽然在这儿我只是这么一说,但是你们会看到这个过程的实际效果和人为地给一个种子增加营养同时毁掉其他种子的结果是一模一样的。不管它是怎么发生的,只要允许变异发生就行。植物中的变异一旦出现就有遗传和进行复制的倾向。这些种子会以同样的方式传播,加入到与它们周围四千九百或四万九千同类的竞争中去。逐渐地这种有一点点变化和改良的变种必然根除或顶替其他类型,从而遍布全球所有可生存的生境。这就是所谓的自然选择(natural selection)。上述论点完美地展现了生存条件可以在自然变种的形成过程中,起到人类在家养变种培育中所起的作用。毫无疑问,某一环境会对某一植物比另一植物更加有利。你在接受这个结论时就承认了自然的选择能力。虽然我一直都在举假设的例子,但是你们不能因此就认为我是在假设中推理。实际上,已经有充分的实验结果直接支持我们所说的自然选择理论。有一个记述极具权威性:如果你拿一些不同品种的小麦种子混在一起来播种,来年收获后又种下去,如此反复,最后你会发现在所有的种子中只有两三个或者一个变种活了下来。其中有一两个变种最适合于种植，它们消灭掉了所有其他的变种，结果就跟你自己动手去挑出那些变种的种子一样。正如我所说，自然的过程跟人工过程的功效是异曲同工的。

如果我跟你们所讲的，就在同种不同成员之间对抗的简单例子中，上述结论是成立的，那么想一想在真实的自然界中选择条件的作用又如何。那里每一种动物或植物会和50或500种生物在某种程度上同处于相同的气候、食物和生境中；每一种植物有很多动物来吃它，这些都是它的直接反对者；这些动物又被别的动物所捕食；每一种植物在鸟类中有间接帮助者来传播种子，有动物给它施肥。把这些因素统统考虑进来，自然种的变异不可能不比前一代在这方面或那方面上有一点点优势或劣势。如果是一点点优势，那它就会在冲突和竞争中占据上风排除其他同类；如果是一点点劣势，它就会处在下风最终被清除掉。

除了"生存竞争"以外，我想不起更恰当的词来表示这一切，因为这个词在人的脑海中生动鲜明地表达了与之有关的情形。当竞争激化的时候，就难免有人被别人践踏、征服和掌握，有些人往往是依靠偶尔的一小点机会帮助渡过难关的。我记得读过一本关于在拿破仑领导下法国军队从莫斯科大撤退的书。这些疲惫不堪、灰心丧气的军队最后来到一条大河边，但是河上只有一座桥——贝雷斯纳桥（Beresina）可以通过。由于这些军队缺乏组织、士气低落，所以竞争非常惨烈——人人自危，溃不成军，自相践踏。记述者侥幸能够跨过大桥，以至没像成千上万的士兵被留在河的对岸或被驱赶到河里。他把自己的成功逃脱归咎于一件事：他看到有一个身着斗篷、身材高大的法国胸甲骑兵正在穿越人群，他当时还有点儿脑子，抓住这个大家伙的斗篷死死不放。他写道："不管他一次又一次咒骂我、踢打我，我就是拽住他的斗篷。最后等到他发现没法摆脱我的时候，他开始恳求我放开他，不然的话我除了自己跑不了，还要让他也走不了。我死死拽住他直到他拖着我挤过人群才撒手。"这个例子就是选择性救助——如果我们可以这样叫的话——它的成功就靠那个胸甲骑兵的力量。自然界也一样，每一个物种都有它自己的贝雷斯纳桥，它都得去和别的种竞争，拼着命渡过难关。当在竞争中旗鼓相当的时候，有可能很小一点机会，如颜色或最微小的变化就会使命运的天平发生倾斜。

假设通过变异，黑人种族在某一时刻产出一个白人——你们知道有人说，黑人相信这是事实，想象该隐（Cain）是第一个白人，我们都是他的后代——假设这一切都发生过，第一个人就居住在非洲的西海岸。虽然白人和黑人之间没有大的结构上的区别，但是两者在组成上有一些独特的东西，非洲的疟疾在不伤害黑人的同时却能使白人致死。你看得出，这就是一个选择的过程：如果白人是这么产生的话，他就会被选择出来通过疟疾的方式除掉。实际上在猪身上有一个奇怪的选择性的例子，与猪的肤色有关。在佛罗里达的丛林里有很多猪，奇怪的是它们个个都是黑色的。怀曼（Wyman）教授多年前曾到过那里，看到所有的猪都是黑色的，他就问当地人怎么没有白色的猪呢，有人回答道，佛罗里达的丛林里有一种叫做红根（Paint Root，血皮草科）的植物。白猪吃了它的根，蹄子就会裂开最后死掉，但是黑猪吃了却一点事都没有。这是一个很简单的自然选择的例子，即使能干的育种者再小心翼翼，也不会像红根那样培育出一个黑猪种，同时淘汰掉所有的白猪。

为了让大家明白我所说的自然选择机制有多么间接隐讳,我想用达尔文先生所讲的一个例子来结束本次讲座,当然这个例子极为奇特,有关野蜂。人们注意到,村镇附近的野蜂比野地里的多得多。有一种解释是,野蜂会筑巢,在巢中它们贮存着蜂蜜、幼虫和卵。田鼠非常喜欢偷吃蜂蜜和幼虫,所以每当野地里有很多田鼠,那里野蜂就多不了。但是在村镇周围四处游荡的猫会消灭很多田鼠,自然而然猫吃的田鼠越多,吃野蜂幼虫的田鼠就越少。这样一来,猫就成了蜂的间接帮助者了。① 回过头来我们还可以说,老年女士也是野蜂的间接朋友,田鼠的间接敌人,因为她们养了那些吃田鼠的猫! 也许这能说明这些主体尊贵的表面背后的关系。顺便想到了,就用它来结束本次讲座吧。

---

　　① 另一方面,野蜂通过协助受精成为一些植物如三色堇和红三叶草的直接帮助者,同时它们也是很多某种程上全靠三色堇和红三叶草滋养的昆虫的间接帮助者。

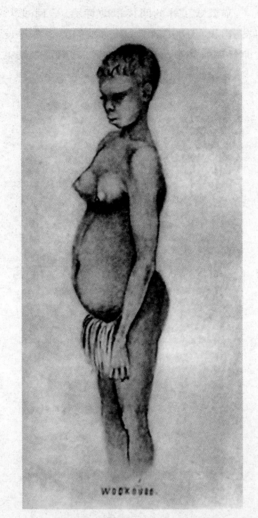

赫胥黎手绘的澳大利亚原住民。

第九章 论《物种起源》中的观点与有机界现象原因完整理论之间的关系

A Critical Examination of the Position of Mr. Darwin's Work

> 各位必须明白,那不是一本想象中让人读起来心旷神怡的书。第一次读的时候,你感觉像是读小说,以为自己什么都知道。第二次读的时候,却发现自己知道得更少了。第三次读的时候,你会惊奇地发现你对它的博大精深的内容实在懂得太少了。我可以肯定地跟大家说,每一次我拿起它,都能发现以前遗漏掉的新观点、新见解或者新建议。这是一本全面深邃的著作所具有的最佳特征。我相信《物种起源》的这个特点说明了为什么这么多人会不顾那些纯粹是浪费纸张的评判和批判而去研读它的。

在前五次讲座中,我给各位介绍了一些事实以及如何利用它们来研究有机界现象背后原因的推理过程。尽管和其他以后谈及这个话题的所有人一样,我时不时地要引用达尔文先生的著作《物种起源》,但是你们必须记住,每次我所引的都不是他的理论观点或某一假说的陈述,而是正巧出现在他的著作中,由他转述的或亲自收集的客观事实。如果有人想就一个问题著一本书或一本百科全书的话,那我恐怕就帮不上忙了。

既然有机会从这个角度来考察各种理论的不同结论,我会尽量公正地把达尔文先生的观点呈现给大家,并且尽量公正地告诉各位,按照我前面提出的判断、所有理论和假说的准则来判定他的理论处于怎样的位置。

我已经说过,关于有机界现象背后原因的探究可分为完全不同的两个问题:一是生命或有机体的起源问题,二是生命起源以后的改变和维持问题。第一个问题达尔文先生就没沾边儿,他根本就没理这回事儿。但是他说道:"在假设有了有机体、它的创造过程已经完成的前提下,我的目标是说明什么规律、有机体的什么特性和环境造成了我们所熟知的有机界现状。"你们会看到,这是一个完全合理的命题。每一个人都有权利去设定他研究的范围。最为奇怪的是,在对《物种起源》众多常常是无知的攻击中,这个研究范围界定问题居然备受攻击。人们在无法对该著作进行攻击时,就会说:"你们看,说到底,达尔文先生关于物种起源的解释并不太好,因为最终他还是承认了他不知道有机体是怎么来的。但是如果你接受第一个有机体是特殊创造出来的,你当然可以接受其他所有的有机体都是同样创造出来的。五百或五千次不同的创造跟一次创造同样容易理解和接受。"对于这些挑剔的回应有两点。首先,所有人类的研究都是有个限度的。我们所有的知识和研究都不会超出我们自身能力的限制,也不会完全消灭与纷繁芜杂的现象形影相随的未知数。其次,我斗胆说一句,人类活着的目的和最高目标不是去创造那么一个能够消灭所有未知的怪物,而是经过坚持不懈的努力一点点儿地扩大我们活动的范围。

我在想,是否可有历史学家曾经遇到这种反对,说没事儿去研究罗马帝国的历史是荒谬的,因为我们没法确切知道罗马城的起源及其第一座建筑的任何信息! 牛顿或开普勒这些伟大哲学家的伟大发现给全人类带来了巨大的好处、做出了巨大的贡献,但是跟他们说:"虽然你们能够说出行星是怎么运转的、它们怎样维持在轨道上,但是你们却无法说出太阳、月球和星星起源的原因。那你们的理论又有什么用呢?"公不公平? 但是《物种起源》所遇到的反对和诘难的荒谬程度丝毫不比这些差。达尔文先生完全有权利按照自己的意愿来划定自己的探究范围。现在我们唯一的问题和有限的探究就是确认他的探究方法是否合理,他是否遵守还是打破了所有的研究都必须遵守的规范。正因为我们今天晚上的话题基本上都限于这个问题,我才在前面的讲座中不厌其烦地跟大家讲科学探究总的方法和性质(也许有人会认为我最好把时间花在别的话题上)。现在我们可以把我前面所提出的原则派上用场了。

我用事实而不是空话向大家说明,不管我们要研究的是日常生活中琐碎的小问题,还是哲学家所要面对的抽象复杂的大问题,每当有一大堆复杂的现象需要探究时,我们

形态多样的达尔文雀为进化论提供了关键线索。

解开复杂现象链条、寻求其背后原因的过程和步骤总是一样的。任何情况下,我们总是必须提出假设,在我们面前摆上几个多少可能的有关其原因的猜想,然后通过下面三种实验,一方面努力地去证明我们的假设,另一方面努力地推翻和排除我们的假设。首先,我们得准备去证明假设中的原因在自然界是存在的,它们是逻辑学家所谓的**真正原因**(*vera causae*);其次,我们得准备去证明假设的原因能够产生我们想要解释的现象;最后,我们应该能够证明没有别的已知原因能够产生这些现象。如果能够成功地满足这三个条件,那就成功地证明了我们的假说,或者说已经在最大的可信度上证明了我们的假说,因为说到底,没有一个我们坚信的信条会不被推翻或者随着知识的积累无须修正。正是因为满足了这些条件,我们才相信前面案例中有关茶壶和勺子失踪的假设。我们认为我们的假设是站得住脚的并且合理的,因为假设的原因在自然界存在,因为假设的原因能够解释那些现象,也因为没有别的已知原因能够解释那些现象。任何你提出的假说在科学中能处于类似的状态,就会被认为是站得住脚和合理的,从而为人们所接受。

那么,达尔文先生的假说是什么呢?我所领会的——因为我把它转化成了常人更易理解的表达方式,而不是完全照搬它著作的原文——就是有机界所有过去和现在的现象都是由于有机体中的返祖性和变异性与生存条件之间相互作用的结果。换句话说,假定有了有机体的存在、它具有遗传其特征的倾向、还具有偶尔变化的倾向,最后还伴之有机体周围的生存条件,所有这些即共同构成了有机界过去和现在状况背后的原因。

这就是我所理解的达尔文假说。现在我们来看看它是怎样通过我刚才设定的各种检验的。首先,这些假定的现象背后的原因在自然界存在吗?有机体的性质——返祖性和变异性——和我们所谓的生存条件这些现象是否真正存在?如果它们不存在,那我前三四个讲座中的内容当然就是不正确的了,因为我一直在试图证明它们是存在的,而且我相信有足够的证据证明它们确实是存在的。因此,达尔文的假说至此还是能够成立的。

但是检验下一条就没那么容易了,那就是,是否有证据表明这些原因能够造成这些有机界的现象?我怀疑在某种程度上这是不容置疑的。正如我向大家所展示的那样,它们完全有能力造成自然界的所有种族所表现出的所有现象。而且我相信它们能够解释所有自然界的种表现出的我们称之为“结构”的现象。这一点上我稍微有所夸大。还有,我认为这些假定的原因能够解释种的大多数生理特征。我不仅仅这么想,而且我认为它们能够解释很多其他假说中完全无法解释、说明或理解的东西。要想得到关于这些信念背后原因的详细阐述,你们必须参考达尔文先生的著作。我现在能够做的只是从中随机地挑出两三个例子来证明我的看法。

前几天的一个晚上,我要大家注意我们的分类系统中所体现的事实,这个分类系统是对动物界不同成员进行观察和相互对比的结果。我提到,整个动物界可以分成五个亚界,每一个亚界又可以分成门,每一个门又可以分成纲,纲又可以进一步分成更小的分类单位目、科、属和种。

在每一个类群中,随着类群变小,类群成员之间在结构上的相似度不断增加。这样一个人和一条蠕虫同属动物界的成员,是因为它们拥有虽然很少但却是非常根本的相似性。一个人和一条鱼是属脊椎动物亚界,是因为它们之间的相似度比它们与蠕虫、蜗牛或其他亚界成员之间的相似度更大。同理，人和马被一同放在哺乳动物纲中；人和猿同属于灵长目。如果有什么动物更接近于人而不接近于猿，但是与人之间却有着重要而稳定的组织上的区别，我们就应该把它当成同科或同属中的不同种。

能够把所有的动物类型放进这种独特的、具有上下隶属关系的类群中去，本身就是一个非常值得注意的事情。但是达尔文先生说，如果他所陈述的原则是正确的话，这个结果就是理所应当的。那些通过返祖倾向、变异倾向以及限制和改造这些倾向的生存条件共同作用而产生的种族，例如以我带来的那些鸽子为例，已经表明它们能够被归类放进五个主要类群之一，在这些类群中还有次一级的类群存在。就如同科下面有属，目下有科，纲下有目一样，这些类群之间也有类似的关系。这些类群都和野生的岩鸽有着相同的结构上的关系，就像任何自然类群中的成员和它的现实或想象的模式类型之间的关系一样。我们知道，所有各种类型的鸽子变种都是由一个共同的血统——岩鸽通过选择性繁育而来的。由此可见，如果所有的动物都是由一个共同的血统而来的话，那么它们结构上的关系以及我们用来表达这种关系的分类系统就会跟我们所发现的一模一样。换句话说，到此为止，达尔文假设的原因能够产生和真正的原因类似的效果。

我们来看看另外一组明显的事实，即所谓的残余器官的存在。这些器官按照动物经济学来说，我们找不到它的明显用途，但是它们还依然存在。

例如你们在这儿看到的马腿上的掌骨，它对应于人类手的指骨和脚中的趾骨。在马的身上它们属于残余器官，马既不长指骨也不长趾骨，所以马的前脚中只有一个"手指"，后脚中只有一个"脚趾"。但是奇怪的是，与马亲缘关系较近的动物的趾骨数目都比马的多，例如犀牛就有更多发育良好的趾骨，但是解剖学证据清楚地表明它确实跟马的关系非常密切。所以我们可以说，那些在跟马有密切的解剖学关系的动物身上充分发育的器官，在马身上却成为残余的器官。

还有，羊和牛没有门齿，只是在上颚有一个硬的垫。这是反刍动物中常见的一个共同特征。但是在小牛的上颚有一些从未发育的牙齿的残余，它们从来就没起到牙齿的作用。如果你追溯历史，就会发现从前已经灭绝的反刍动物的同类在上颚有着发育充分的门齿，现代的猪（在结构上与反刍动物密切相关）在上颚也有发育完善的门齿。这是又一个例子，说明在一个动物身上充分发育且十分有用的器官，在另一个亲缘关系密切的动物身上却变成没有任何用途的残余器官。还有，须鲸在嘴中有角质的鲸须板，没有牙齿；但是幼小的胎鲸在出生之前颚上却长有牙齿，但是这些牙齿从来都没有用过，也从来没有长成过。但是鲸所属类群的其他成员却上下颚都长有发育充分的牙齿。

我认为，按照创造论的说法，这类事实完全是没法解释的，但是有了达尔文先生的假说以后，情况就完全不一样了。我们可以看到为什么长须的鲸和长牙的鲸都是从曾经长牙的鲸那里发源的，胎鲸那胎生牙齿只是已经消失的器官残留，也许可谓之痕迹。在马和犀牛的例子中，假设二者都是从同一个曾经长有正常数目脚趾的祖先经过变化而来，那么马身上还有不再起支撑作用的残余脚趾骨这个现象就变得可以理解了。

在英格兰语言和希腊语言中，单词的组成中有相同的词根或元素。只要我们认为英语和希腊语是独立发明的语言，那么这些事实就会变得无法理解。但是一旦知道这两个语言都是从一个共同的源头——梵语——来的，我们就能够解释这些相似性了。同样，外观上形式各异的各种动物在组成上有着完全相同的结构元件——如果我可以这样叫的话，也是支持这些动物都来源于同一祖先的一个明证。

现在我们来看另外一种证明。前面提到整个系列的层状岩石的巨大厚度高达六七万英尺，虽然它们代表的很可能只是过去时间的一小部分，但是它们却是过去很长一段时间的唯一记录。在一系列岩层中你会看到动物一群接一群地不断兴起又消亡，你从一套地层走到另一套地层就跟从一个国家到另一个国家似的。你会发现这种持续的类型演替——它们的踪迹只有搞科学的人才能够识别。当你看到这些奇妙的历史，追寻其背后的意义的时候，如果有人跟你说"这一切都是神创造的"，那就是用敷衍了事的话搪塞你呢！

但是，另一方面，如果你把这些各式各样的生物看成是由一个原始类型经过逐渐变异的结果，那么这些事实就变得有意义了，那些过去的存在必然是现在的先驱。按照这种观点，古生物学的事实就有了意义，而按照任何其他的假说，我都无法从这些事实中看出丝毫的知识和意义来。与此相关的还有保存在地层中的不断演替的动物群和植物群独特的相似性：除非你有理由相信二者之间有漫长的时间间隔或巨大的条件变化，否则你在两个紧紧相邻的动物群或者植物群之间不会发现任何巨大的差异。例如在世界各地最新形成的第三纪岩石中，动物都毫无例外地和现在生活在当地的动物密切相关。例如在欧洲、亚洲和非洲，现存动物有犀牛、河马、大象、狮子、老虎、牛、马等等；如果你考察一下最新的第三纪的沉积物，其中会有很多现在就生存在当地的动植物，虽然从中你不会发现巨大的食蚁兽和袋鼠，但是你会发现与犀牛、大象、狮子、老虎等动物亲缘关系接近的不同种。如果你转到南美洲，那里现在生活着大型的树獭、犰狳之类的大型动物，那么在最新的第三纪沉积物中又能找到些什么呢？从中你会发现大型像树懒的大懒兽（Megatherium）、大型的犰狳、雕齿兽（Glyptodon）等等。如果转到澳洲，情况也是一样的，历史中最近的生物也许在属种上和现代的有所不同，但大的类群和现代生物是相同的。

除非引用逐渐变异这一假说，否则这些事实对于其他假说没有任何意义。如果世界上任一时间的生物群落是之前群落逐渐变异的结果，这就容易理解了：因为我们本来就期望巨型哺乳动物经过变异就应该产生像大象这样的结果，犰狳之类的哺乳动物经过变异就应该像犰狳一样。按照这个假设，这些事实都是可以理解的；按照别的我所知道的假设，这些事实就是难以理解的。

至此，古生物学的证据几乎完全是与逐渐变异的原则相吻合的。这些证据并非和马耶（De Maillet）粗糙的假说或者拉马克（Lamarck）勉强让人可以接受的假说完全不符。但是达尔文先生的观点有它独特的优点：它能完美地解释让其他渐变论假说束手无策的事实。达尔文先生假说的一个明显优点是，它不需要持续不断的连续变化，不管经历多长时间，它总是与某一个原始类型的延续及其在时间上的变化完美吻合。例如，我们回到家养鸽子品种的例子中，舍鸽（Dove-cot pigeon）跟岩鸽非常相似而且是由后者演变而来的，它们恰是与其他品种同时存在的。如果种在自然界是按照同样的方式形成的，那么原始类型和它的变型常常很可能各自都会找到适合它们的生存条件。尽管它们在某种程度上相互间会形成竞争，但是派生的种不一定会完全根除掉原始的种，反之亦然。

第九章 论《物种起源》中的观点与有机界现象原因完整理论之间的关系

现在古生物学的证据显示，很多事实与达尔文先生假设的物种形成过程的实际效应完全吻合，但是却与任何其他已经提出的假说格格不入。在化石世界里，有很多的动植物类群被人们叫做"持续类型"，因为它们在周围的生物都发生了巨大变化的时候还依然保持着原来的风貌。有很多科的鱼，它们的结构从二叠纪一直到白垩纪都维持不变，还有的则在从里阿斯①到老第三纪的几乎整个中生代都未发生变化。这些事实确实非常惊人——想象一下，一个属历经如此之漫长时间，在周围的一切几乎都发生了改变和改造的情况下，却依然维持着原貌！

因此我毫不怀疑，人们会发现达尔文先生的假说能够解释自然界的种所表现出的大部分现象。但是我在前面的讲座中曾经谨慎地提到，在解释种的生理特点时有它的限度。

实际上，现有的选择性改造理论无法完全解释某些特点，那就是我在谈到杂种时提到的一组现象，问题在于某些种在杂交后它们的后代会不育。问题的关键和这种不育性是否广泛存在没有丝毫关系。每一个假说都应该解释它所针对的全部事实或者无论如何不能与之冲突。如果有一件事实与假说不相吻合（我不仅指无法解释而且还指截然相反），那么这个假说就变得站不住脚了，它就一文不值。在否定一个假说的时候，一件绝对的反例和五百件反例具有同等的价值。如果我这么定义一个假说的条件是对的话，为了使自己的观点免受各种可能的攻击，达尔文先生应该能够证明，两个相互不育的类型或者两个杂合体相互不育的类型，通过选择性繁育可以培育出一个特有的血统来。

因为你们看到，如果不这样做，你就没法达到前面提出的所有严格的检验标准，你就没有证明你所假设的原因能够造成自然界所有的有关现象。杂种的现象就摆在你面前，你却不能说："通过选择性改造我就能够达到同样的效果。"现在大家公认，现有的实验数据还没发现通过选择性繁育能够产生这么大的生理上的分歧。我曾经说过现在又来重复，是因为一旦能够证明这件事情不但没有做而且不可能做的话，一旦证明从任何一个血统都无法选择性地繁育出一种类型，它与来自同一血统的另一类型无法杂交，如果这是所有实验的必然结果的话，那么我认为达尔文先生的假说就会土崩瓦解。

但是人们对此已经做了什么？或者说对此的研究现在实际处于什么状态？现有情况只是，在目前我们所进行的繁育中，我们还没有从一个共同的血统中繁育出某种程度上相互不育的两个品种来。

一方面，我还不知道是否有任何事实可以让人有理由说，两个绝对是从同一个血统经过选择性繁育培养出来的品种之间有某种不育性。另一方面，我也不知道是否有任何事实可以让人有理由说，这种不育性即使经过适当的实验也没法达到。就我来看，我有理由相信这种不育性是有可能、也将会达到的。因为正如达尔文先生恰如其分极力主张的那样，当我们考察不育性时，我们发现它是最为善变的，我们还不知道决定不育性的因素是什么。有些动物在被捕获的状态下是不育的，是不是仅仅由于它们被关起来丧失了自由造成的，我们尚不得而知，我们所知道的是它们肯定不生育。这是多么令人震惊的事情啊，动物最重要的功能之一竟然被简单的囚禁给剥夺了！

———————————

① 早侏罗纪。——译者注

　　已经有例子表明,有些已被博物学家认定为是不同种的个体,却会交配并生育完全可育的杂种,同时还有现在大家都以为是变种①的个体,相互之间倒是多少有些不育。还有其他真正奇怪的情形,例如有一个经过仔细考证的情况:有两种类型的海藻,其中海藻A的雄性成员能够使海藻B的雌性成员受精,同时海藻B的雄性成员却不能够使海藻A的雌性成员受精。所以第一个实验看起来好像表明它们是两个"变种",第二个实验却使人坚信它们是两个"种"。

　　鉴于不育性如此善变和不确定,以及我们对于其影响因素的无知,我想我们没有权利来确认这种状况将来不会逐渐改善,我们没有理由设想我们不能够通过实验得到我前面所说的关键性结果。因此,尽管达尔文先生的假说现在无法让我们摆脱困境,但是我们决没有权利说它将来也不会。

　　在你不能解释的事情和那些会推翻你结论的事情之间有一个巨大的鸿沟。在这个世界上,几乎没有任何假说能够解释所有的相关事实,但是这和有事实完全反对你的结论是两回事儿。这种情况下,你只能说你的假说和其他很多假说的处境是一样的。

　　下面检验第三条——没有其他的原因能够解释这些现象。我曾经解释过,你得能够说,除了你假设中的原因外,没有任何其他的已知原因能够造成这种现象。我认为在这一点上达尔文先生的观点很有优势。我完全相信除了达尔文主义理论外别无选择,因为除了达尔文的假说之外,我找不出任何一个在科学中能占据某种地位、关于有机世界的合理理念或理论来。我想不起任何一个力图解释有机界现象的主张,其拥有的证据量能够达到支持达尔文先生论点的千分之一。不管达尔文的观点遭遇什么样的反对,有一点是确定的:所有其他的理论绝对不是它的对手。

　　以拉马克的假说为例。拉马克是一个伟大的博物学家,某种程度上来说,他的研究方向是正确的,并对有机界某些现象背后的真正原因提出了看法。他说过,由于意愿和随后相应的行动,动物本身多少会有所改变是一个经验事实。因而一个人如果像铁匠那样锻炼,他的臂膀肌肉就会健壮发达,这种身体上的改变是特定行为和锻炼的结果。拉马克认为,通过建立在这个事实基础上的一个简单假设,他就能够解释动物不同物种的起源:例如靠捕鱼为生的短腿鸟,为了能够抓到鱼而不弄湿身体,经过几代个体不断拉伸的结果,就会变成长腿。如果拉马克能够通过实验证明,哪怕动物的种族是可以这样形成的话,那么他的假说就有成立的基础。但是他做不到这一点,所以他的假说被人们丢弃和遗忘了,这是它应得的命运。在前面的讲座中,我说过有太多各种各样的假说。当有人跟你说达尔文先生证据充分的假说只不过是对拉马克的假说稍加改动而已,你就会知道这些人对于这个问题的判断能力有多少了。

　　但是你们必须记住,当我说除了达尔文的假说之外别无选择、如果我们不接受他的观点,整个自然界就会变成一个无法理解其意义的谜团时,我的意思是,我暂时接受他的论点,就跟我接受其他的假说一样。从事科学的人不会把自己抵押给任何信条,他们不受任何条款的限制。每一个信念他们都会巧手呵护,但一旦发现它与不管多大的事实

―――――――――――――――

　　①　我有理由这么想。但是如果有人反驳说,我们无法证明这是人工或自然选择的结果,那么我们还是接受这种虽然是极端可疑的反驳。在科学中,怀疑是一种责任。

冲突,他们就会欣然放弃。如果以后我发现需要这样做,我会毫不犹豫地站在你们面前坦陈我观点的任何改变。只要它对我们有所帮助,能够服务于我们的伟大目标——提高人类的素质、扩充人类的知识——我们就会像接受其他观点一样接受这个观点,并且保留它。一旦这个或其他的观念不再服务于这个大的目标,那就让它随风而去吧。我们才不管它会怎么样呢!

但是实话实说,尽管我一直在密切关注达尔文先生著作的发表所激起的各种争议,但除了前面所提到的不育性问题外,人们提出的大量反对意见和质疑没有一件具有真正的价值。剩下的都是由于偏见、知识匮乏、还有缺乏耐心或细心去仔细研读专著等等造成的误解。

各位必须明白,那不是一本想象中让人读起来心旷神怡的书。第一次读的时候,你感觉像是读小说,以为自己什么都知道。第二次读的时候,却发现自己知道得更少了。第三次读的时候,你会惊奇地发现自己对它那博大精深的内容实在懂得太少了。我可以肯定地跟大家说,每一次我拿起它,都能发现以前遗漏的新观点、新见解或者新建议。这是一本全面深邃的著作所具有的最佳特征。我相信《物种起源》的这个特点说明了为什么这么多人会不顾那些纯粹是浪费纸张的评判和批判而去研读它。

结束这些讲座之前,我必须再谈一点。虽然达尔文先生在他的著作中根本就没有提到人类,这个话题跟我的关系比跟他的关系更大,但是我在各种不同的场合强烈表示,如果达尔文先生的观点是合理的话,它就应该像适用于低等动物一样适用于人类,因为事实表明人和猿之间结构上的区别并不比猿和其他动物之间的区别更大。毋庸置疑,那些关于从原始马到马或从一种猿到另一种猿的变异的论点,同样适用于从更简单更低等的血统到人的改良。从功能、结构、道德、智力直到本能,没有一样是没法改良提高的。没有一样能力不是依赖于结构的,因为结构会变化,所以这些能力也就能够相应得到改良。

我曾经多次费尽心机想证明这一点。我也努力想去满足那些反对者,他们认为人和低等动物之间结构上的差异如此巨大,因此哪怕达尔文先生的观点是正确的,也无法想象这种改变会发生在人身上。但一方面,实际上很容易证明,在结构方面,人和其下紧邻的动物之间的差距并不比这些动物和同属一目的其他动物之间的差距更大。另一方面,没有人比我更加高估人的尊严以及人和整个动物界之间在智力和道德上的鸿沟。

但是我发现有人激烈地辩驳说:"你说人是通过某些低等动物的改变而来。你竭尽全力证明人脑中所说的结构差异实际上并不存在。你宣称所有的智力、道德和其他的功能最终都是结构和它们施加的分子力的表现或结果。"一点儿没错,我确实说了这些话。

"但是",有一次有人沾沾自喜地说,"你也同样说过人和低等动物之间存在着巨大的道德和智力上的差距。你怎么可能一方面声称道德和智力的特征取决于结构,另一方面说人和低等动物之间在结构上不存在这种差距?"

我想这种反对是由于对结构和功能之间的关系,以及对机制和功效之间关系的误解造成的。功能是分子力和分子排列的表现,这一点没错。但是否可以由此得出,由于功能的变化取决于结构的变化,因此前者总是和后者成正比呢?如果没有这个关系,如果结构变化引起的功能变化比结构变化本身大得多的话,这种反对就没有立足之地了。

拿几块手表来放在桌上。这些手表出自同一个制造者,尽可能完全相似。每一块手表的功能,也就是它们的走速,是按照同样的方式来完成的,你在它们之间不会看到任何区别。但是我现在拿一把镊子,如果我的手够稳当的话,我只轻轻地挤压一下平衡轮的轴承,或者把其中一个摆轮上的齿轻轻地弯个角度,当然你们知道这么一弄手表马上就会停摆。但是这里结构上的变化和功能上的后果是什么样的比例关系呢?难道明摆着的不正是,尽管结构变化微不足道,但是它却在这两个仪器的功能上产生了迥然相异的区别?

现在回到这个问题上来。是什么构成了人、又成就了人?是人的语言能力,是它使得人可以记录下自身的经验,使得一代比另一代更加聪慧,与宇宙确定的秩序之间的关系更加和谐!

正是这种言语和记录经验的能力,使人能够在蒙昧中通过前因后果来理解美妙宇宙的运转,使人成为人。除了它,还有什么能够把人和整个荒蛮的世界区分开?我认为这一功能上的差异是巨大的、深奥的,其影响也是无限的。同时我也认为这可能依赖于我们现有探测手段绝对无法测定到的结构上的差异。我们所说的言语是什么呢?我现在正在说话,但是如果你对现在正在控制我嗓门肌肉的两根神经的力度比进行最轻微的变动,我马上就会变成哑巴。只有在声带是平行时,才能发出声音;只有在某些肌肉完全对等地拉紧时,声带才会平行;而肌肉的对等拉紧又和我所说的两根神经的行为上的对等性有关联。因此这两根神经之一在结构上、神经发源部位上、这些部位的血流供应或者神经所分布的肌肉上的任何微小变化都可能使我们变哑。被剥夺了与会说话的人们进行交流的权利的聋哑一族确实就离野蛮不远了。虽然博物学家在他们身上发现不了一丝特殊的结构差异,但他们和我们在道德及智力上的差别实际上是无法估量的。

让我们放下这个话题吧。总结一下,你们可以把下面的话当成我最终的信念:达尔文先生的著作是自从居维叶(Cuvier)发表《动物界》(*Règne Animal*)、冯·贝尔(Von Baer)发表《发育史》(*History of Development*)以来生物科学中最伟大的成就。我相信,即使去掉其中的理论部分,它依然是有史以来最伟大的生物学百科全书。我相信,作为一个假说,它将注定成为未来三四代人生物学和心理学假说的指南。

老年时候的赫胥黎夫妇。

↑ 祖孙三代

赫胥黎、伦纳德、朱利安。1900年，伦纳德（Leonard Huxley，1860—1933）出版了父亲的传记《托马斯·赫胥黎的生活和书信》。这部书的成功使得伦纳德升职为校长，并从此步入文学界。

赫胥黎的女儿Marion，她嫁给了著名画家科利尔（John Collier，1850—1934），此油画即为科利尔

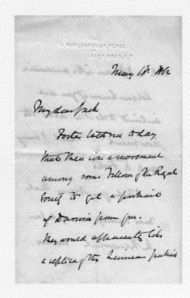

↑ 赫胥黎写给女婿的信。

← 朱利安在爷爷赫胥黎的画像前。

朱利安（Julian Huxley，1887—1975）从小被父母教导说，要"像伟大的爷爷那样，要给爷爷争气……"。

↑孙子奥尔德斯·赫胥黎（Aldous Huxley，1894—1963）。

1895年，赫胥黎逝世时，奥尔德斯还不到一岁。但由于赫胥黎是整个家族的骄傲，所以他留给孙子的影响从来不消失过。奥尔德斯后来成为一位著名的作家，他以小说和大量的散文作品闻名于世。奥尔德斯在1932年发表的赫胥黎纪念演说中对爷爷进行称颂，用引人注目的词语赞扬他那"清晰得令人惊奇的"风格。

↑ 赫胥黎与朱利安合影。

朱利安后来成为一名科学家，并担任地位很高的公职官员——教科文组织第一届总干事。

← 孙子安德鲁·赫胥黎（Andrew Huxley，1917— ），荣获1963年诺贝尔医学或生理学奖。

1864 年，赫胥黎发起组织了"X俱乐部"，这是英国此后近30年里最有影响的科学团体。参加的成员有植物学家胡克，物理学家延德尔，数学家卢伯克，哲学家和教育家斯宾塞，等等。"X俱乐部"每月开一次会，主要讨论和批判当时学术上的偏见。

↑ 胡克（Joseph Dalton Hooker，1817—1911）

↑ 斯宾塞（Herbeert Spencer，1820—1903）

→ 赫胥黎

↑ 延德尔（John Tyndall，1820—1893）

↑ 卢伯克（John William Lubbock，1834—1913）

赫胥黎正直的品格和在科学上的贡献，使他获得了科学界的普遍称赞。他除了在英国担任多个学会的会长之外，先后还被53个外国科学学会授予多种荣誉称号。赫胥黎一生获得很多荣誉和奖章，《新大英百科全书》给予他高度评价："尽管有些科学家的成就比他更伟大，但是，在对科学发展的影响，以及对同时代人的思想和行动的影响方面，几乎没有像他那样广泛而深刻。"

↑ 1852年，赫胥黎获皇家学会金奖（Royal Medal），他是获得该奖最年轻的一位。

↑ 1888年获得科普利奖章（Copley Medal）。

↑ 1890年获林奈学（Linnean Medal）。

↑ 1876年获得沃拉斯顿奖章（Wollaston Medal）。

↑ 1894年获得达尔文奖章（Darwin Medal）。

↑ 赫胥黎奖章（Huxley Memorial Medal）

赫胥黎奖章是1900年为纪念赫胥黎而设的，是国际人类学的最高学术荣誉奖。

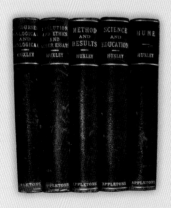

↑ 赫胥黎一生发表过150多篇科学论文，他编写的许多教科书在英国的学校中被广泛使用。

← 赫胥黎的墓地

1895年6月29日，集学家、思想家、教育家、说家于一身的赫胥黎在他特本逝世，享年70岁。

← 拉马克是第一位在其成熟的作品中明确提出生物进化思想的博物学家。

→ 莱伊尔在其《地质学原理》中对拉马克的理论进行了评析，"进化"一词也首次在此出现。有趣的是，莱伊尔在书中介绍拉马克的同时也尽力地打击他。这种思想观点深刻地影响了后来的达尔文。

← 华莱士几乎与达尔文同时理解了进化论。1858年在马来群岛工作的华莱士将自己的一篇关于"自然选择"的论文寄给达尔文，当时他不知达尔文也正在写他的鸿篇巨作《物种起源》。

1859年达尔文的《物种起源》发表，虽然在本书没有讨论到作为一个物种的人类（尽管关于人类的很明显），但在其后出版的《人类的由来及性选一书中，毫不犹豫地把人类确定为猿的亲属。

↑ 进化论与人猿同祖说的提出使得神学界一片惊慌，并引起了一场轩然大波。这在赫胥黎的另一本著作《进化论与伦理学》中得到更显著的阐述。

↑ "人类在放大的瓶子里"——赫胥黎、欧文、尤其是达尔文创造了人类是一种动物的新见解。

↑ 达尔文的思想在当时往往成为笑谈，关于他的漫画更是常见，人们以此嘲弄他们不能理解的"进化论"。但赫胥黎却在读完《物种起源》之后，立刻接受了进化论，并成为其主要支持者。

→ 2009年，英国政府为纪念达尔文诞辰200周年暨《物种起源》发表150周年而发行的邮票。

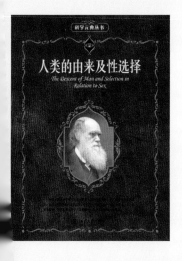

← 《人类的由来及性选择》中译本由北京大学出版社出版。

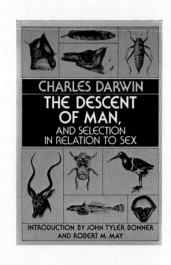

→ 《人类的由来及性选择》英文版封面

　　达尔文在该书中把进化论进一步扩展到对人类起源问题的探讨，很明显，这个科学领域比化学、物理学、天文学等更直接地威胁到了传统观念，成为19世纪最有争议的思想。

→ 赫胥黎（右二）带领团队进行野外考察，主要从事脊椎动物化石的研究工作。他在实践中感到，古生物学的论据有助于支持达尔文的进化论。

← 赫胥黎用进化论研究人类的起源，他根据有关现代人、原始人和类人猿形态以及大脑解剖的丰富资料，第一次科学地提出了人和猿"由同一祖先分支而来"，从而彻底否定了上帝造人说。

→ 这幅画表现的是赫胥黎一行在考察Rockingham Bay时穿越荆棘丛生的密林。

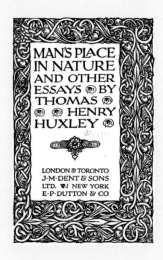

←《人类在自然界的位置》英文版扉页。

1861年，赫胥黎在英国皇家学会作了题为"人类在自然界的位置"的报告，后来，包括赫胥黎的其他论文一起出版成书。进化论的确立以及科学的人类学都离不开人类起源的问题，《人类在自然界的位置》一书在进化论的确立方面发挥了无可替代的作用。

原上猿　　腊玛古猿　　南方古猿　　直立猿人　尼安德特人　克罗马农人

→ 赫胥黎在本书第一部分是对类人猿的描述，也疏理了人类发现史。书中对类人猿的解剖学构造有细致的描述，读来生动有趣。

← 19世纪中叶以后，自然的丰富性被不断探测和揭开，人类在自然界的位置得到了更好的认识，进化论提供了一个有序的原则：生命形式彼此相关。这个原则也直接导致了人类学的产生。

→ 今天，我们认为人类进化经历了漫长的历史，我们的祖先是类似于猿的猎手。今天的人类学家也普遍认为：人类开始是猎人和采集者，进步到发展农业，然后是复杂的城市生活，在每一个阶段，艺术、科学和政体也发生了巨大改变

第十章 论博物科学的教育价值

· On the Educational Value of the Natural History Sciences ·

对于一个没有学习过博物学的人来说，在乡村或海边散步犹如漫步在一个充满了奇妙作品的画廊中，十有八九都会将头转向挂满作品的墙壁。教给他一些博物学的知识就等于递给他们一份值得关注的作品目录。确实，生活中少有纯真的快乐，所以我们不该轻视种种快乐的源泉。我们应该害怕陷入无知的地狱中去，在那里的人们活着时"该高兴时却流泪"——伟大的佛罗伦萨人如是说。

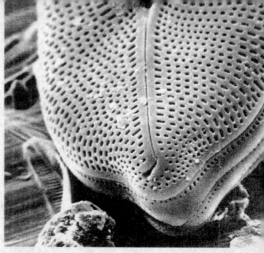

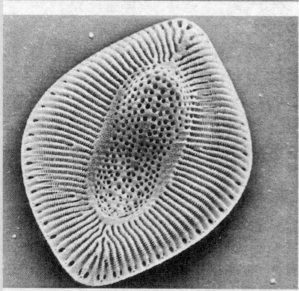

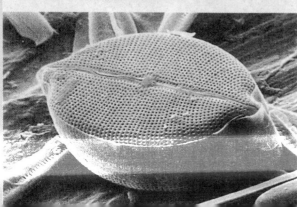

请大家注意,下面我要讲的主题是:"生理学与其他学科的关系"。

从严格的逻辑来讲,包括本次在内的我的一系列演讲,原本应该排在我的朋友和同事韩福瑞(Arthur Henfrey,1819—1859)先生上周一那场演讲之前。然而,由于次序的缘故,我希望各位假定这次讨论普通生物学教育意义的讲座,就是在专门的动物学和植物学讨论之前。在此,我很高兴能利用那个讲座中生理学在研究内容和方法上取得的新进展来展开讨论。

从最广泛的意义讲,生理学与生物学是等同的,都是关于生命个体的科学。我们必须依次考虑下面几点内容:

1. 作为一门学科,它的地位和范畴。

2. 作为智力训练的一种方式,它有何价值。

3. 作为实用知识,它有何价值。

4. 把生理学作为学校教育的一门课程的最佳时机是在什么时候。

当然,对于上述第一条,我们的结论必须取决于所关注的是生物学的哪个领域。我认为有几点必须考虑,以便认清生理学所研究的生物体和宇宙其他事物间存在的巨大差异。后者有关数目和空间现象、物理力和化学力现象,前者则有关生命现象。

数学家、物理学家和化学家研究处于静止状态的事物,他们认为所有的事物通常都趋向于一种平衡状态。

数学家不会假设一个量会自动发生变化,也不会假设空间中的一个点会自动相对于另一个点改变方向。物理学家也是如此。当牛顿看到苹果落地,他立即得出结论,下落这一行动不是苹果内在力量发生作用的结果,而是其他物体对苹果起作用的结果。同样,所有的物理力都被看做是对平衡态的干扰,在外力起作用之前,事物倾向于保持平衡态,在外力停止之后事物倾向于回到平衡态。

化学家同样认为体内的化学变化是体外某些行为的结果。如果周围的环境条件不发生改变,一种化合物一旦形成就将永远不变。

但对于研究生物的人而言,自然却是反其道而行之的。在这一点上如我们所知,持续的自发变化是常态,而静止则是需要解释的例外。生物体没有惯性,不会倾向于某个平衡点。

无论如何,请允许我通过一两个例子来更有力、更清楚地说明这些有点抽象的问题。

想象一下,有一个盛满水的容器,在常温下,空气中充满了饱和的水蒸气。就我们所知,在这种情况下,水的数量和形态(figure)将永远不会发生改变。

假设向容器中投入一块金块,由于金块的原因,水的形态受到了扰动和干扰。但是一段时间之后,干扰的影响将会消失,再次恢复平衡,水也将回到它原来的状态。

将水暴露在冷空气中,它将固结成冰,水分子有规律地排列成晶体。而且这些晶体一成不变。

一个善于联想的哲学家又会告诉我们,生物学是以观察,而不是以实验闻名的!(见 p160)图为电子显微镜下的硅藻图片,现代科技让观察日愈深入和细致。

此外，用一些能与水发生反应的物质代替金块，比方说一块称之为"蛋白质"的物质——一块肉。其平衡将受到巨大的干扰——所有的化学成分都会发生变化，开始分解，但如同以前一样，最终又将恢复到静止状态。

然而，也可用有生命力的蛋白质代替这种无生命力的蛋白质。比如，将那些聚生在池塘中的微小生物，如纤毛虫（Infusoria），类似于眼虫（Euglena）那样的生物，放置在盛水的容器中。它是一种具有一根长长细丝（filament）的圆形聚集体，除了这种特殊的形状外，在物理或化学方面并没有表现出与死蛋白粒子明显的不同。

但有所不同的是它们所产生的大量现象，首先是大量的物理力，通过长丝状纤毛的颤动以极快的速度将水向各个方向分开。

其次，这些小生物所具有的化学能量十分惊人。它本身就是一个完美的实验室，水与体内所含的物质反复起作用，将这些物质转化成与其自身物质相似的新化合物，同时排出体内一部分毫无用处的物质。

此外，眼虫的个体还会增长，但这种增长绝对不是像晶体生长那样没有限制。当增长到一定的程度，将会发生分裂，每一个部分都与原型一样，如此重复地生长、分裂。

但这并非全部。经过一系列的分裂和再分裂之后，这些小不点呈现出一种全新的形态，它们的尾巴不见了，变成了圆形，分泌出一种包膜或外套，它们会在里面待上一段时间，最终直接或间接地呈现出它们原初的形态。

就我们所知，对眼虫的生存不存在任何的自然限制，其他任何现存的微生物（germ）也是如此。一个物种一旦形成就倾向于永远的存活下去。

考虑一下这些有生命活力的粒子与物理学家和化学家关注的无生命活力的原子之间存在多么大的差异啊！

金子颗粒掉到水底就不动了，死蛋白颗粒分解了、消失了，同样也静止不动了。活蛋白质团既不会耗尽它们的力量，也不会永远维持同样的形式。从力的角度讲，活蛋白质团的本质就在于它是平衡态的干扰者，就形状而言，在持续发生变化。

倾向于维持力的平衡和形式的稳定，它们归属于化学家和物理学家的研究领域，是宇宙中无生命物质的特征。

倾向于打破现有的平衡，以一定的循环从一种形式演变到另一种形式，则是生命世界的特征。

无生命的粒子与有生命的粒子在很多方面看起来是完全相同的，但又是什么导致了它们之间存在这样奇妙的差异呢？这种差异就是我们所说的生命吗？

我无法回答这些问题。也许在不久之后，哲学家很可能将发现一些更高级别的规律，而生命只是特例。很可能他们将发现物理、化学现象与生命现象之间的联系。然而确切地来说，现在我们对此还一无所知。至少对于我们来说，我想应该明智、谦卑地承认这一系列的不同状态（外部条件保持一致）。这种行为的自发性（这一名词暗示它超出了我的认识能力范围）形成了生命体和非生命体间巨大和明确的实际区别。作为一个终极事实，它表明生物学和其他所有学科的对象间存在明显的区别。

我要各位明白，只要思考生命与无生命物质间的区别，简单的眼虫就是所有生物体的模型。眼虫的变化周期可能仅由两步或三步构成,但其表现出的变化周期与多阶段发育的生物一样清晰,如橡树或人那样,都要经历从生殖细胞到成体的变化。无论是何种类型的生物,无论是简单还是复杂,生产、生长和繁殖是与无生命物体相区别的现象。

如果这是真的,那么研究者在从物理学、化学转入生理科学(physiological sciences)时,显然就是进入了一个全新的领域。我们自然会想到,新领域所采用的新方法与他已经学到的相距甚远,或需要对已经学过的东西进行修正。如今人们已经对通常的科学方法的特性和不同学科所采用的不同方法作了很多论述。据说数学具有一种特殊的方法,物理学又有另外的方法,生物学则又不同,如此等等。对我而言,我必须承认我对这些术语不甚了解。就我的理解,科学并非像很多人认为的那样,是符合 19 世纪的氛围、主要因宗教裁判所的解体而繁荣起来的巫术的变种。

我相信,科学只不过是经过训练和体系化的常识(trained and organized common sense),科学与常识的区别只是像老兵与新兵的差别而已。科学方法与常识方法之间的区别仅相当于卫兵的肉搏战与野蛮人挥动木棒的方式的差异。对于任何人而言,其基本的能力都是相同的,并且很有可能未受教育的野蛮人的两只胳膊更粗壮有力。真正的优越之处在于,军人的武器既尖锐又锋利,经过训练的眼睛能很快地发现对方的弱点,准备充分的手脚能够迅速跟进。但是说到底,剑术只不过是花花公子们发展和完善起来的刺杀把戏而已。

因此,科学所获得的巨大结果绝不是通过直观的能力和心理过程,而是通过我们每个人在生活中处理最粗浅和最平凡的事情时所用的方法而取得的。一个侦探通过鞋印发现了盗贼的心理过程,与居维叶用骨骼碎片制作巴黎蒙马特尔(Montmartre)已绝种动物的模型的心理过程是相同的。通过同样的归纳和演绎,一个妇女发现在她的衣服上有一种特别的污渍,于是她得出结论某人打翻了墨水瓶,这一过程与亚当斯和勒威烈发现新行星的过程没有任何不同。[①]

事实上,科学家只不过是仔细、准确地采用了我们所有人平时不够严谨的方法。就像一个真正的科学家,商人以及我们这些痴迷的读书虫必定也有自己的科学方法。尽管我从来没有怀疑过商人将会惊奇地发现他实际上也是一个哲学家,就如同儒尔丹先生(M. Jourdain)发现他毕生都在讨论散文时一样。既然在科学方法和日常生活的方法间没有真正的区别,那么仅从表面看来,不同学科之间似乎也不可能在方法上存在很大的差异。然而,人们一直认为生物学和其他学科在方法上存在很大的差别。

首先要强调的是,我之所以将此列为第一点,是因为生物学家常常妄自菲薄地认为,生物学与物理学、化学和数学的区别在于其不精确性。

现在,"不精确"一词不是指生物学的方法就是指其结果。

我过会儿将展示不能用这个词来描述生物学的方法。既然所有科学的方法都是一样的,所有关于生物学的方法也就同样适用于物理学和数学。

---

① 勒威烈(Urbain Jean Joseph Leverrier,1811—1877),法国天文学家;亚当斯(John Couch Adams,1819—1892),英国天文学家,勒威烈根据计算,预言海王星的存在,亚当斯则通过观察,证实了海王星的存在。——译者注

那么,生物学的结果是"不精确的"吗？我并不这样认为。如果我说肺完成呼吸作用,胃完成消化作用,眼睛是视觉器官,脊椎动物的颌都是上下开合,绝没有左右开合的,而环节动物的颌都是侧开的,没有上下开合的,以上我所做的陈述都像欧几里得几何中的命题一样精确。那么关于生物学不精确的观念来自何方呢？我认为主要有两点原因：第一,生物学具有极大的复杂性和大量的干扰条件,以致我们只能大体上预测在一定的条件下将要发生什么；第二,生理学还比较年轻,还有很多原理有待发现。但是,从教育的角度来讲,最重要的是区分科学的本质和周围的偶然事件。本质上讲,生物学的结果和方法与物理学或数学的方法和结果一样精确。

据说生理学格外倾向于使用比较方法,[①]这也与很多人心目中的看法不谋而合。我要遗憾地指出,从事科学分类的思想家碰巧被生物学一个主要分支的名字所误导了,这就是比较解剖学。但我要问,难道比较及由此得出的分类不是所有学科的本质吗？假若不对单独或相伴发生的一系列实例进行比较的话,可能发现任何因果关系吗？比较非但不是生物学所特有,我认为它反而是所有学科的本质。

一个善于思辨的哲学家又会告诉我们,生物科学是以观察,而不是以实验闻名的！[②]

令人不可思议的是,这种奇谈怪论居然出自于对一门学科的思辨而不是实际认识,这就是说,生理学竟然不是实验科学！哪一个器官的哪一项功能不是完完全全通过实验发现的呢？哈维是如何发现循环的本质的,不正是实验吗？贝尔爵士(Sir Charles Bell)是如何发现脊神经根(roots of the spinal nerve)的功能的,不也是实验吗？我们是如何知道神经的功能的,除了实验之外还有其他方法吗？不仅如此,如果我们不闭上眼睛(这就是一个实验),我们怎么会知道眼睛是视觉器官；如果你不掩上耳朵,你又怎么会知耳朵是听觉器官,从而发现你是否是聋子呢？

可以毫不夸张地说,生理学是所有科学中最卓越的实验科学,纯粹依靠观察所能获得的知识非常少,它为实验哲学家提供了施展其特有才能的最广阔的舞台。我承认,如果任何人让我举一个逻辑实验典型应用的例子,我会毫不犹豫地告诉他伯纳德关于肝功能的最新研究。[③]

然而,为了避免给这场演讲带来太多的争论,我不得不转到另一个我国当代学者所持有的学说上来,这种观点值得重视。这就是,生物学与其他学科的差别在于它的分类

---

① "第三,我们必须回顾一下比较的方法,比较法对于研究生物特别有用,通过比较学习定会进步。在天文学中,比较法不很适用,只有到了化学层面这种研究方法才有用处,但与其他两种方法相比也仅处于从属地位。在研究生物体的静态结构和动态过程时,首先要获取它的全面情况,而其在别处的用途仅能通过在这里的应用来实现。"——《孔德的实证哲学》(Comte's Positive Philosophy),马蒂诺(Martineau)女士译。第一卷,第372页。

如果不是比较法,孔德认为什么样的方法能确定力和量的平等或不平等,形状的相似或不相似呢？这一点不但在天文学和物理学中,而且甚至在数学中都相当重要。

② "至于第二层含义,根据所探究的现象的复杂程度,实验的决定性作用必然越来越小。因此我们可以看到这些办法在化学中比在物理学中的效果更差；现在我们发现它在化学中比在生理学中效果倒是更好。事实上,自然现象的性质为在生物学中大规模地运用实验设置了几乎无法克服的障碍。——孔德(Comte),第一卷,第367页。

孔德总是前后自相矛盾,这里他是和后面的两页相矛盾,但这也并不能使他从上面这些段落的责任中解脱出来。

③ 根据伯纳德(Claude Bernard)先生的观点,人类和动物肝脏的功能之一是产生糖类物质。

是根据模式标本（type）进行的，而不是根据定义。①

　　简而言之，一个博物学类群是难以定义的。例如，蔷薇类或鱼类是很难进行精确和严格的定义的，因为对于每一种可能的定义来说，都会存在一些例外的成员。每一类的成员是通过满足下面的条件而聚在一起的：它们均与想象中的一般的玫瑰或鱼相似，而不相似于其他生物。

　　如前所述，我认为这种不同理解完全是由于混淆了本质特征和偶然缺陷所致。只要我们获得的信息不够完全，就会根据我们感到的相似性将它们归在一起，而不能准确定义。简而言之，我们围绕一个模式标本将它们归在一起。因此，如果你问一个普通人，世界上存在多少类型的动物，他可能会说，兽、鸟、爬虫、鱼、昆虫等等。如果问他如何定义兽和爬虫，他就办不到了，但他会说长得像母牛或马的是兽，长得像青蛙或蜥蜴的是爬虫。你看他这就是在根据模式标本进行分类，而不是根据定义。这种分类与动物学家所进行的科学分类有何不同呢？科学上的"哺乳纲"（Mammalia）与非科学的"兽"在含义上有何区别？

　　对了，前者是根据定义分类，而后者是根据模式标本分类。哺乳纲的科学定义是"所有具有脊椎骨和能对幼仔进行哺乳的动物"。这儿没有涉及模式标本，而是根据一个与几何学同样严谨的定义。这是每一个博物学家所能识别的特征。这就是他们所追求的境界，他们知道依照模式标本进行分类等于承认无知，这只是暂时的方案而已。

　　关于生物学和其他学科方法间的显著差异的反面论点，就谈这么多了。我相信，这些差别并不真正存在。生物学与其他学科在对象上有所不同，但是方法都是一样的，这些方法是：

　　1.对事实的观察——其中包括被称之为实验的人工观察。

　　2.将相似事实归类以备用，这被称之为比较和分类，其目的就是给一堆事实标上名称，被称为一般命题（General Propositions）。

　　3.演绎（Deduction），这一过程使我们从一般命题再次回到个别事实。它教我们通过这一命题去预测内在的事实。

　　4.最后是验证（Verification），实际上这是一个确认我们的预测是否正确的过程。

　　这是所有学科都采用的方法，也许你会让我举例说明它在生物学中的应用。在此我将引用一个特别的例子——血液循环（Circulation of the Blood）学说的建立来予以说明。

　　在这个例子中，我们通过对意外流血（haemorrhage）的简单观察就可以得出血液存在的知识。我们设想，从一些意外的刀伤或类似事件中，外伤会告诉我们血液在某一脉管、心脏等中的位置。它还告诉我们在身体的各个部分存在着脉搏，让我们知晓心脏和

---

　　①　"根据模式，而非定义而来的自然类群（Natural Groups）……纲是固定的，尽管没有精确的界限；它是特定的，尽管没有限制；它又是确定的，尽管没有边界线，只有一个中心点；没有标明什么应该排除在外，但却标明了什么应该包括在内；是依例而定的，而不是根据规则而定的。简而言之，我们用模式而不是定义作为我们的指导。一个模式就是任意一个纲的一个例子，如一个属中的一个种，它们拥有这个纲的重要特征。与其他的相比，所有的种都与模式种（type-species）更相似，它们一起构成一个属。整个属的范围是模式种的延伸，属内的所有种在各个方向、不同程度地偏离模式种。"——惠威尔（Whewell），《归纳科学哲学》（The Philosophy of the Inductive Sciences），第 12 卷，第 476、477 页。

血管的结构。

然而，到此为止简单观察已经极尽所能了，再要前进我们就不得不求助于实验了。

如果将一条静脉扎紧，你就会发现血液在结扎处背离心脏的一侧聚集。打开胸腔，你会看到心脏有强劲的收缩。将主要的腔室（principal cavities）切开，你会发现所有的血液都流了出来，于是在动脉或静脉结扎处的任何一侧都不再有压力。

现在，将所有这些事实归结在一起就可以得出结论，心脏驱动着血液从动脉流出，然后经静脉返回，简单地说这就是血液循环。

假设我们的实验和观察是在马身上进行的，那么我们可以归结出一个一般命题，即所有的马都存在血液循环。

由此，马就成了一种指示或标志，告诉我们在哪儿可以发现一种被称为血液循环的一系列特殊现象。

这就是我们的一般命题。

那么，我们如何才能正确地进行下一步——由它而来的演绎呢？

假设生理学家的实验仅限于马身上，此后他又遇到了斑马。他会假设这个一般命题也能适用于斑马吗？

这很大程度上取决于他的思维方式。但我们可以假设他是一个思维大胆的人，他会说："斑马当然不是马，但是他们非常相似，它们必定有相似的血液循环，我推断斑马存在血液循环。"

这就是演绎，一个非常合理的演绎，但从科学上讲并不一定稳妥。事实上，演绎结果的正确与否只有靠验证来确定，也就是说在斑马身上重复在马身上做的实验。当然，上面这个例子中，验证将证明该演绎是正确的，其结果不仅扩大我们的知识，而且增加了该论断在其他情况下的可信度。

因此，在解决了斑马和马的问题之后，我们的哲学家会以更大的信心相信驴身上也存在血液循环。而且，如果他没有再去进行验证，我想大多数人也会原谅他。如果我们富于想象的生理学家现在主张，他已经通过演绎得出结论，驴子同样具有血液循环，这在人类思想史上不是没有先例的。

然而，我要提醒你们注意，我们所有的知识都是有条件的，在任何情况下忽略验证过程都是非常危险的。我们的知识所适应的范围非常有限，一不小心演绎就会使我们超出验证所能及的边界。1824 年，对动物界中血液循环的认知历史提供了再好不过的例子。每一种动物都具有血液循环，到当时为止，我们所知的血液循环都是按照一个明确不变的方向进行的。但有一类称为海鞘（Ascidian）的动物，它们同样具有心脏和血液循环，没有人会想到质疑海鞘的血液循环是单向的这一演绎的正确性，没有人认为值得对此进行验证。但，冯·哈瑟尔特（von Hasselt）先生在偶尔研究该纲一种透明动物时的发现让他大吃一惊，这种动物的心脏在跳动几次后就停止了，然后又开始以相反的方式跳动，由此倒转血流的方向，但不久以后又返回当初的跳动方向。

我自己也曾观测过这些小动物的心跳。我发现它们的逆向周期同样十分有规律，我知道在动物界再没有比这更奇妙的事情了。更为令人惊奇的是，这是一个独特的情况，在整个动物世界，该纲别具一格。同时，我认为没有更特殊的个例需要进行验证了，这些演绎似乎是建立在最广泛、最安全的归纳之上的。

这就是生物学的方法，很明显，该方法与其他所有学科的方法是一致的，因此这完全不可能造成生物学与其他学科之间的任何差异。①

但你也许会立即质问，数学家的思维习惯和博物学家的思维习惯真的不存在差异吗？将拉普拉斯放在植物园（Jardin des Plantes），而将居维叶放在观测台上，他们在新领域还能取得跟以往同样的成就吗？

对此我的回答是，在我看来这是不可能的。但是，具有不同习惯和特殊倾向的两个学科并不意味着方法也不同。山地人和平原人具有非常不同的行走习惯，他们对对方的情况茫然无所知。但行走的方法都是相同的：不断地将一条腿放在另一条腿的前面。每一步都是由抬脚和迈步组成的，只是山地人的脚抬得高，而平原人的步迈得大而已。我认为两门学科间的差异与此相似。

我从未怀疑过，当数学家忙于从一般命题演绎出结论时，生物学家则正忙于从观察、比较中获得一般命题。我想说的是，之所以存在这样的差异并不在于学科本身存有任何基本差异，而在于它们研究的对象、它们的相对复杂性和最终的完美程度。

数学家只关注研究对象的两个特征，数目和范围，他们所需要的归纳在很多年前已经形成和完成。现在需要做的就只剩下演绎和验证了。

生物学家关注的研究对象具有大量的特征，对它们的归纳远未完成，我担心还需要很长的时间才能完成，但是到归纳完成之后，生物学将会和数学一样只需进行精确的演绎了。

这就是生物学与那些研究对象仅有几个特征的学科之间的关系。但是，作为生物学的研究者，他们在面对更简单完美的自然的同时，还在展望更复杂、不完善的学科。生物学仅仅将生命作为孤立的事物进行研究，仅仅研究生物个体。但是还有更高的学科分支，它将生命看做是一个整体，研究不同生命间的相互关系，对人进行观察，在国家间彼此进行的战场上进行实验，它的一般命题包含在历史、道德和宗教中，它的演绎导致我们的幸福或痛苦，它的验证通常来得太晚，仅仅作为

"指明一种道德或修饰一件往事"②——

我指的是社会科学或社会学。

我认为这是生物学最显著的特征之一，它在人类的知识系统中占据中心位置。在人类的思想中没有哪一点是生理学没有涉及的。通过无数的纽带与抽象科学连接在一起后，生理学与人性有着最密切的联系。通过传授给我们法律知识、秩序观念和一个明确的发展规划，控制最陌生和最野性的生命个体表现，它教导研究者在人类最难以捉摸的领域寻找目标，相信历史将不只是一团有趣的混乱，而是一个充满艰辛、悲喜交加的旅途。

我希望前述内容能为演讲开始时我所提出的前两个问题做出回答。也就是，生理学作为一门学科，它的范畴和地位如何界定？作为一种智力训练手段，它的价值何在？

---

① 除了快乐外，从科学方法的角度讲，我要对密尔（J. S. Mill）先生的《逻辑系统》（System of Logic）深表感谢。
② 出自英国作家和词典编撰者詹森·约翰生（Samuel Johnson，1709—1784）。——译者注

生理学的学科内容涉及世界的大部分,它的地位介于物理学-化学和社会科学之间。作为科学的一个分支,生理学价值的一部分与其他学科相同,就是训练和强化常识。而其独有的价值在于其独特性,即为观察和比较能力提供更多的训练。我还要说,生理学总是要求那些热衷于扩展自己知识适用范围的人具有确切的知识。

如果前面所说的生理学的地位和范畴是正确的,我们的第三个问题,生理学教育有何实用价值,答案不言自明。

即使从另一个方面讲,人类若确实配得上他们自诩的"理性"这个头衔的话,生理学在他们自己及其子女所受教育的学科中是最为必需的,因为这可以让他们了解自身所处的生存条件,教育他们如何避免疾病,珍爱自己和自己所爱的人的健康。

我想我的听众都受过教育。我敢断言,除了那些接受过医学教育的听众外,没有人能告诉我,每一分钟内他进行二三十次动作——呼吸作用——的意义和作用,停顿将导致他立即死亡。没有人能确切说出,为何空气不流通对健康是有害的。

生理学知识的实用价值是什么啊!——为何那些受过教育的人会认为将一个屠宰场建在大城市的中心,会是一件好事而不是坏事呢?为何有的母亲穿着古怪,将孩子的脸敞露在寒冷中,当气管炎和胃病夺走了孩子的生命后,她们还惊奇这是天意的安排?为何庸医能横行无忌——不久之前,本城最大的公共场所之一充满了听众,他们庄重地聆听着宣教者的解说——说什么像招魂术、桌灵转(table-turning)[1]、催眠术(phreno-magnetism)[2],以及其他可笑的和我不知道名称的简单生理学现象,都要归结于撒旦个人的直接作用及其代言人呢?

为何在我国,即使在受过最高教育的人群中,也同样流行着对于生物学基本规律茫然无知的现象呢?

除了狭义的生理学之外,生物学还存在别的分支,与我相信的那样,它们的实际影响虽然不是很明显,但还是可以得到肯定。我曾经听到过,有些受过教育的人在与博物学家交谈时,毫不掩饰其轻蔑之情,不屑一顾地问"知道了这些卑微的动物有何用处,对人类的生活有何意义?"

我将竭力回答这些问题。我认为所有人都承认存在一个掌控宇宙的法则,快乐和痛苦不是随机分布,而是按照一定的秩序和固定的规则分布,这一法则只能与我们所知世界之中的法则完全一致,这一法则在灵巧的生物体和其他事物之间也是一致的。

这样一来,就会促使我们产生了解其他动物的兴趣,无论它们比我们多么低下,它们却也是独一无二的创造物,它们与我们一样,能够感知快乐和痛苦。

我不由自主地想到,如果谁发现了蠕虫的生命中也交织着一定比例的痛苦和邪恶,他将更有勇气并且谦恭地面对自己的那一份。无论如何他都会怀疑教会那些不堪一击

---

① 又称为 Table-Tilting 或 Table-tipping。这是常发生在西洋的通灵会上,或是在中国东北地区迎神庙会上的一些神秘现象。就是,当一些人将手搭放在倒置的木桌子脚上,桌子会自动旋转起来,而人会跟着跑,一直到筋疲力尽为止,颇受乡村小孩欢迎,既可满足其好奇心,又可消耗其过剩精力。有些乩童、通灵人,还可以从此中的旋转中和神明或亡灵沟通,取得信息。——译者注

② 又可称为 phreno-mesmerism 或 phrenopathy,是一种基于催眠术基础上的颅相学。其自称的发现者有克尔博士(Dr. Collyer)和桑德兰(Laroy Sunderland)。该理论假设"头部的突出与心理特征相符合"。——译者注

的友善理论,那些理论使人相信痛苦是一个失误,是个错误,会一点点得到改正。另一方面,从最高级到最低等的生物都充溢着快乐、美丽多姿、精致和奇妙的和谐,这一切均直截了当地驳斥了现代摩尼教的教义。后者向我们展示的世界是一个奴隶工厂,人们含泪工作,一切都出于功利的目的。

我深信,博物学可能通过另外的方式深刻影响着实际生活。这就是说,作为我们从自然美获得快乐的最大源泉,它影响着我们细微的感情。我并不是说博物学的知识可以增加我们对于自然事物美的认识。《彼得·贝尔》(Peter Bell)一诗中关于自然的段落写道:

> 河畔那朵报春花,
>
> 那朵黄色报春花啊,
>
> 本应属于他,可它已飘然远去。[1]

我不认为彼得·贝尔已死的灵魂会因为知晓双子叶植物报春花的单花瓣和中柱胎座式这一信息而从沉寂中苏醒。但我之所以从这个角度来提倡博物学的知识,是因为它将引导我们去主动追寻自然之美,而不是被动等待自然美呈现于我们面前。对于一个没有学习过博物学的人来说,在乡村或海边散步犹如漫步在一个充满了奇妙作品的画廊中,十有八九都会将头转向挂满作品的墙壁。教给他一些博物学的知识就等于递给他们一份值得关注的作品目录。确实,生活中少有纯真的快乐,所以我们不该轻视种种快乐的源泉。我们应该害怕陷入无知的地狱中去,在那里的人们活着时"该高兴时却流泪"——伟大的佛罗伦萨人如是说。

但是,如果我不立即讲出我最后的观点,这将是对你们善意的无礼冒犯,即现在已经到了生理学必须作为教育课程的一部分的时候了。

在前面的演讲中,我已经谈到作为讲授科学事实与系统讲授科学知识这两种教学之间的差别。对我而言,生物学的一般事实,如身体组成、我们周围生物的名称和它们的生境,都可以像其他学科一样优先传授给那些幼童。事实上,孩子们对这类知识的渴望和掌握能力是十分惊人的。我怀疑,那些类似于动植物园中的生物一样的玩具,非常容易被孩子们接近,当然玩具的尺寸比动物园中的那些奇妙的生物要小得多。

另一方面,除非学生获得了一定的物理学和化学知识,否则系统地教授生物学是不会成功的,因为生命现象尽管独立于物理和化学力之外,但它是依靠生命力的,它们会引起各种各样的物理和化学变化,尽管这些变化有其自身的规律。

现在简单来总结一下,我希望你们已经领悟了我的结论。

义不容辞,生物学在任何的教育方案中都应该有它的一席之地——一个重要的席立。没有生物学,学生将对生物一无所知,它是培养观察能力最好的学科。有的人对影响自己和他人幸福的最重要的事实一无所知,对上帝创造的最丰富的美视而不见,对生活法则和无穷变化背后的秩序一片茫然,而这种规则在他绝望的时候会起作用,如果他

---

[1]　取自英国诗人威廉·华兹华斯(William Wordsworth,1770—1850)的《彼得·贝尔》(Peter Bell,1798)。——译者注

对社会问题产生了浓厚的兴趣,他迟早会面临这种情况。

最后,为我自己多讲解一句。我说话总是开门见山,直来直去,我会不自觉地用过多的陈述语气和祈使语气取代更恰当的虚拟语气和条件句式。因此,我必须恳请你们原谅鄙人的个性,关键是看我讲得到底是对还是错。

第十一章　论动物的持久类型

· On the Persistent Types of Animal Life ·

如果我们认为地质时间与前地质时间以及历史时间前后呼应的话，那么自然均变论和自然进步论就是完全一致的。

自地质学科起步以来,自然地质学家就地壳改变的程度和性质而言,在经过不断的修正后,趋向于达成共识,那就是,在整个"地质时代"(与后来的"历史时代"和之前的"前地质时代"有所区别),此时形成分层的沉积岩石,其中起作用的自然力的强度和性质,在一个很窄的范围内发生变化,因而,即使是在志留纪或寒武纪,自然界的特征与现在相比并没有太大的差别。

无论如何,在地质时间尺度内,关于地球环境的均变论与这一观点完全一致,亦即在前地质时代,所有现象具有完全不同的性质。这种在我们所能记录的时间跨度内,"自然均变"(physical uniformity)的强烈支持者完全支持所谓的"星云假说",或者也支持其他类似观点,即认为在这之前存在一系列与我们现在不同的状态,这种状态的演变充斥于前地质时代。

如果我们认为地质时间与前地质时间以及历史时间前后呼应的话,那么自然均变论和自然进步论就是完全一致的。

现有的古生物学理论,与自然地质学的这些趋势没有丝毫吻合之处。一般都相信远古的生命世界和现代的生物之间存在巨大的差异。有人顽固地以为我们知晓生命的起源和每一种典型类型的基本特征。尽管每年都有能够改变这些立场的大量发现,但是这些事实并不能动摇他们对这个观点的坚持。

不可否认,远古生命和现代生命间确实存在巨大的差异,那就留待其他渠道再来讨论这些反面观点。但对古生物学所揭示的事实做客观考察,似乎表明这些不同和差异被极度地夸大了。

事实上,植物世界中已知的两百多个目,均可以在化石中找到对应者。在动物中,不存在完全灭绝的纲,至于目,最多只有不超过百分之七的目在现存种类中没有代表。

此外,在现存的生物种类中,有些显著的类型经历了漫长的时代,度过了自然条件的变化,而自身几乎没有发生什么改变,但同时另外有一些类型出现却又消失了。前述类型可以称之为"持久型"(persistent type)生物,它们在动物和植物中均大量存在。

在植物中,例如蕨类、苔藓植物和松柏类植物,它们中的有些显得与现存种类很相似,可上溯到遥远的石炭纪。南洋杉(*Arancaria*)的球果与现在的种类很难区分,人们还在波倍克(Purbecks)发现了一种松属植物,在白垩纪岩石中发现了一种胡桃(*Juglans*)[①]。这些都是现今大量存在的典型植物类型,显然这是一个最为引人关注的事实,这些生物经历了如此漫长的时间却依然没有发生什么改变。

每一个动物门中都有这样的例子。在大西洋海底钻探过程中发现的球房虫属*Globigerina*)与白垩纪地层中发现的同属的一些种类相同。艾伦贝格(Ehrenberg)最近

即使我们的知识尚不完备,但对于远古哺乳动物群落的认识,足以让我们相信,它们中的有些类型,比如有袋目,在历史的长河中没有发生重大的改变(见p170)。图为有袋目中的考拉。

---

① 我是根据我的朋友胡克博士所说陈述这一事实的。

描述的早志留世有孔虫的脱壳使我们确信,在许多原生动物中,最古老的类型和最近的类型非常相似。

在腔肠动物门(Coelenterata)中,志留纪的床板珊瑚与现代海洋中的千孔虫(millepores)惊人地相似,就如同对日射珊瑚属(*Heliolites*)和苍珊瑚属(*Heliopora*)进行比较之后,每个人都会相信它们非常相似那样。

在软体动物中,骷髅贝属(*Crania*)、圆盘贝属(*Discina*)和海豆芽属(*Lingula*)自志留纪出现以来一直延续至今,几乎没有发生改变,以至权威的软体动物学家有时也会被它们所迷惑,分不清何者老,何者新。鹦鹉螺(*Nautili*)具有相似的情形,早侏罗系里阿斯统(liassic)的枪乌贼(*Loligo*)属的壳与现代海洋中鱿鱼的壳相似。在有环节类(Annulo-sa)中,石炭纪的昆虫中就有几个例子被归入现存的属中。在蛛形纲(Arachnida)中,蝎子代表着其中最高的类群,在煤中发现的一属与现存的近亲属之间的差别仅在于眼睛的位置。

脊椎动物门中也有许多这样的例子。如硬鳞鱼亚纲(Ganoidei)和板鳃鲨亚纲(Elasmobranchii)至少从古生代中期一直持续到现在,与现今生活的种类相比,这些目的典型特征没有多大的改变。

爬行动物中的最高级类群——鳄类,如果没有更早的话,最早出现于中生代之初,它们身体构造的重要特征与现今的种类相同,不同之处仅在于其脊椎骨的关节面的形状、其鼻腔通道与口腔被骨片分割的程度及其四肢的比例。即使我们的知识尚不完备,但对于远古哺乳动物群落的认识,足以让我们相信,它们中的有些类型,比如有袋目,在历史的长河中没有发生重大的改变。

如果我们假设每一种动物和植物,或者每种生物大类型,是造物主(creative power)在不同的时间创造并置于地球表面的,这些事实就会变得难于理解。请记住,这种假设,既得不到传统和新发现(revelation)的支持,又与自然界的一般类比相左。

另一方面,如果我们用一种假设来判断"持久类型",它们的存在似乎显示了,在地质历史时间内,生物经受的变化比它们经历的全部变化要小的多。这种假说认为,任何时候的生物物种都是前续物种(pre-existing species)逐渐变异(modification)的结果。尽管它还没有得到证实,并可悲地受到一些支持者的中伤,但这仍然是唯一一个得到生理学支持的假说。事实上,古生物学和自然地质学之间相得益彰,一致认为我们关于地质历史的状况只是我们尚未记录下来的巨大历史时期的最后一段而已。

第十二章　时间与生命

——达尔文先生的《物种起源》

· Time and Life ·

　　享受与达尔文先生的友谊是我的荣幸,在同他的交流中自己获益匪浅,并且在某种程度上,熟悉了他异乎寻常的独创工作和包罗万象的思想。正是由于我对达尔文先生长期研究进程的了解,因此我对他的坚定意志、他的知识、他对真理的全身心热爱充满了信心。此外,我发现我对优秀博物学家关于物种这一棘手问题的观点越了解,在我看来,它们就越显得不那么可靠,我也就越倾向于物种是逐渐变化的假说。我敢说这就是我最后的结论。

我们都知道,地球的表层厚约 10 英里,是人类最易接近的研究目标,它们大部分由岩层和成层的岩石构成,这些岩石是由以前海洋和湖泊中的泥和沙经压实而成的,它们一层层重叠排列,最古老的位于最底层。这些各式各样的地层之间具有某些相似性或相异性,因此可以将它们划分成不同的群或组,这些组又构成更大的集合,早期的地质学家称之为第一纪、第二纪和第三纪。现代的地质学家则称之为古生界、中生界和新生界。前者是根据这些地层群组的相对年代划分的,而后者则是根据它们中所含有的生命形式划分的。

与地球的总直径相比,地壳虽然仅是薄薄的一层,但是以人类的标准来衡量,事实上这些岩层系列还是十分巨大的,而且它们还都有时间的含义,因此我们可以用这些矿物的集合作为衡量时间的尺度,时间沉淀于它们的堆积过程中。当然,这些岩层所代表的总时间与对之起作用的力的强度成反比。在远古,如果泥和沙在海底以相比于现代十倍的速率堆积,很显然在那时形成一个 10 英尺厚的泥岩或砂岩的时间,现在则仅能形成一个 1 英尺厚的同样组成的岩层,反之亦然。

因此,在研究初期,自然地质学家必须在两个假设之间做出选择:一是堆积的岩层所代表的时间跨度,我们可以称之为地质时间,作用于其上的自然力等于现在作用力的平均强度,因此它们所代表的时间肯定是十分漫长和难以想象的;二是在远古时期,自然力的强度远远大于现今,因此产生现在我们看到的这些结果的时间相对很短。

早期的地质学家几乎都采纳后一种观点。他们对于当今自然界运转情况毫无所知,只是像儿童阅读罗马或希腊历史一样阅读地质历史的记录,想象着古代是一个巨大的、雄壮的世界,与今天的世界截然不同,因为那些东西与他们有限的经历相比实在不可同日而语。

即使是早期的观察者,也被远古世界和当今自然界之间的巨大差异所深深打动并惊叹不已。远古之时,自然力量似乎更为宏大和充盈。岩层被抬升和扭曲,断裂和裂开(fissured),被熔融的岩浆流洞穿,或者被洪水侵蚀到广大的地区。古老的岩石上铭刻的证据表明,当时的情况远远不同于人类目前所驻足的平静时期的景象。

逐渐地,那些有思想的地质学研究者意识到自然的早期威力绝不是最宏大的。与斯诺登峰(Snowdon)和坎伯兰郡(Cumberland)的小山相比,阿尔卑斯山和安第斯山只是昨日的儿童。而所谓的冰川期只是最近、最新一次全球的变革,在此期间广泛的自然改变的纪录依然存在。研究当代地质的自然地理学已经成长为一门科学,我们仔细研究现在自然的规律,去发现过去现象的先例(hibernicè)。因此,那些认为过去与现在存有巨大不同的观点已经变得没有必要了。

可以想象,相对于冰山缓慢的浮动,缓慢的融化,或冰川如蜗牛一样以一天一码的速变延伸,巨大洪水的运载力反而显得无足轻重了。对于尼罗河、恒河和密西西比河三角州的研究告诉我们,水的磨损力是如此的缓慢,但是只要有足够的时间让它起作用,所产生的结果却又是如此的巨大。对太平洋中的暗礁和对大西洋深海的探测均显示,那些缓

逐渐地,那些有思想的地质学研究者意识到自然的早期威力绝不是最宏大的。与斯诺登峰(Snowdon)
坎伯兰郡(Cumberland)的小山相比,阿尔卑斯山和安第斯山只是昨日的儿童。图为斯诺登峰。

慢生长的珊瑚和无法察觉的微生物都生活在狭小的空间内,在它们同胞和祖先形成的泥质堆积层上又添加了细细的一层,我们必须把它们看做石灰岩和白垩形成的机理,而不会假设是海水中饱含的钙质盐突然沉积下来形成的。

研究者因此认识到,只要给予足够的时间,现有的力量是完全可以产生我们在岩石中遇到的各种自然现象的。反过来,对古代地层中由自然活动留下的痕迹的研究会发现,当时的情况与现在的情况相同。在古代海滩上遇见的鹅卵石与今天海滩上发现的没有差别;最古老的硬实海砂上的波痕,与现在各个沙质海滩上发现的一样;古代雨滴留下的凹痕足以证明,即使是在最古老的时代,"云中的彩虹"也一定点缀着古生代的天空。因此,如果我们能够倒转七个沉睡者(Seven Sleepers)的传奇,如果我们能够睡回到过去,在距今一百万年前醒来,回到最古老的地质时代,没有理由相信,海、天空或陆地的景观将展现给我们一个传奇般的景象。

这就是现在自然地质学家所持有的,或无论如何将倾向于持有的信念。但是与此同时,他们显然不会对人类历史开始之前的那段时期的地球的自然环境草率做出结论,那段时期被称为"前地质时期"(在通常的术语中也称之为史前期)。事实上,这些观点不仅与下面的假设相吻,即在远古时期,地球的条件与当今迥然相异,而且它们必须得到这种假设的支持。物理学家要想根据自然规律获得加农炮弹的发射点、受力情况和运行轨道,就必须知道炮弹的精确速度和其运行轨迹的准确特征。同样,那些深信地球的总体情况在地质历史的各个时代处于均匀变化的研究者,才能够觉察到这是由已知原因推动的过程。通过对自然的综合类比,可以推测我们的太阳系曾一度是一个星云团,慢慢地星云发生聚缩,然后碎裂成几组旋转一致的球,我们称之为行星和卫星。接下来,它们每一个都经历各自特定的变形,直到最终,我们所处的宇宙气团达到这样一种状态,我们碰巧对其做出明确的记录,自此之后变化相对较小并且渐趋稳定。

因此,均变论学说和进步论学说是完全一致的,事实上它们间的相互联系也非常密切。

然而,如果那些从地质历史时期获得的有关地球的环境条件,仅仅是前地质历史时期发生的一系列巨大变化的结果,那么后者所持续的时间与前者相比,就如同地质历史时期与我们称之为历史时期的短暂时代相比一样。而且,即使是最古老的岩石,它们所记录的时代距离地球形成的时代也无限遥远。

当把物理学运用于地质学时,现代地质学家很可能都不会怀疑这种推理的可靠性。但是当问题从物理学和化学转向自然历史时,情况就迥然不同了。以一种扭曲的形式出现的科学成见和公众的偏见顿时发生急剧的转变。地质学家和古生物学家在描绘"生命的起源"和"生命的最初形式"时,就像这是世界上耳熟能详的事情一样。即使是非常谨慎的作者,似乎对"原型"(archetype)这样的名词也十分认同,借助于它,造物主被引入"一片狼藉的世界"中。就如同过去常常想象的那样,远古世界与现代世界截然不同,大家仍然认为当今我们地球上现存的生物,不管是动物还是植物,都与远古时代的种类形成鲜明的对比,二者之间几乎没有任何相同之处。我们一直默认,我们现在拥有所有曾经生存过的生物。尽管与日俱增的知识将守旧者挤出了战场,但他们又建立起新的防线,好像什么都没有发生一样,宣称新的开始才是真正的开始。

尽管我们丝毫没有否认或要弱化，古代和现代生命间存在已经确证的差异（未经确证的差异将另行讨论），但是我们相信这种差异被夸大了，我们的这种信念基于确定的事实，这些事实虽然大家多少都知道一些，但并没有完全理解它们的价值。

众所周知，动物学家和植物学家根据自然关系，将各种现存生物和化石生物归入不同的亚门、纲、目、科、属和种。从大尺度上看，很明显生物在整个地质历史中的差异不是很大，没有一个亚门和纲整个灭绝了，或不存在现存代表。

如果转向一个小的类群，我们发现植物大约有两百多个目，我坚信它们在化石中均能找到相应的代表，因此植物中绝不存在一个完全灭绝的目，除非我们转向下一级类群或科，在这里我们将发现存在完全灭绝的类型。另一方面，据估计动物可能具有120个目，其中8个或9个是完全灭绝的。因此，已灭绝动物的目与现存动物目的比例不超过7%，当我们考虑到巨大的地质时间尺度时，这就变得微不足道了。

另外一种思考是，虽然类型确实不同，但具有同样的结论似乎被忽略了。不仅地质历史中的生物和现存动植物具有相同的结构蓝图，而且在历史的洪流中，还存在过一些奇特的动物和植物，有些跨越了整个地质历史时期，几乎没有发生什么变化。因为这种持续稳定性，这种类型的典型代表可以称之为"持久型"，它们与地球历史中仅短暂存在的类型形成了鲜明的对比。在植物王国和动物世界中，这种持久型的例子大量存在。我们都熟知，最古老植物类群的残骸形成了煤，就所能鉴定的而言，石炭纪的植物为蕨类或石松植物或松柏类植物，有很多种类与现今的非常相似！

在动物世界中，每一个亚门都存在这样的例子。在大西洋海底钻探过程中获得的球房虫属与白垩中发现的相同。埃伦贝格最近描述的早志留世有孔虫的脱壳似乎表明，在遥远的时代存在的类型与现代的种类非常相似。在珊瑚中，古生代的床板珊瑚（Tabulata）与现代的千孔虫在构造上十分一致。如果我们转向软体动物，最优秀的软体动物学家都不会认为志留纪岩石中的骷髅贝、海豆芽和圆盘贝与现存的某些种类之间仅存在属级差异。对现存鹦鹉螺而言，从最老的到最新的，在每一个大类中都有其代表物种。现代海洋乌贼的枪乌贼属，出现于早侏罗世或在中生代地层的底部，最多在某些特征上与现代的同属种类有明显不同而已。在种类最为丰富的有环节类动物中，有两个最高级的纲——昆虫纲和蜘形纲表现出了惊人的稳定性。石炭纪的蟑螂与今天在我们地窖中横行的种类非常相似；那时的蝗虫、白蚁和蜻蜓与如今在田野中和破房子中啾啾鸣唱，或优雅地在莎草池塘畔滑行的种类十分相似。同样，古生代蝎子与现代蝎子的差异也只能由博物学家才能分辨得出。

最后，在脊椎动物门中，同样的规律表现得更明显。有些类型，如硬鳞鱼（ganoid）和盾鳞鱼（placoid），从古生代到现代一直保持稳定，没有太大地偏离正常标准，依然限于今天我们所见到的类群范围内。即使是灭绝比例最大的爬行动物中，也有一个类型——鳄类（Crocodilia），至少从中生代开始到现在一直保持了极大的稳定性，与它们所经历的时间相比，发生的改变十分微小，几乎可以忽略不计。对于地球上远古哺乳动物的有限了解让我们相信，一些类型，如有袋目，在同样的时间范围内没有发生多大的变化。

因此可以说，虽然世界上的动物作为整体发生了巨大的改变，但依然存在一些十分保守的特定类型，它们几乎没有发生什么变化。问题是，这些事实对于我们认识地质历史中生命的历史有何意义？答案似乎在于通常我们对物种起源的看法上。如果我们假定，每一种动物和植物是造物主一个一个创造的，每一个单独创造的物种在我们这个星球上持续不断相互取代，那么持久型的存在只能是不合法度的。然而，这样的假定得不到传统或新发现的支持，因为它与其他自然原理相背离。那些采纳这一假说的人们完全陷入了误区，因为他们正在强化摩西律法的干预之手①。然则，另一方面，如果我们仅采纳那些生理学研究结果支持的假说，保守型的存在似乎对我们更有教益。这个假说受到了特雷阿米德斯（Telliameds）和韦斯特盖伦斯（Vestigiarians）的支持，虽然在早期它差点因此窒息而亡，现在它们至少赢得了当今所有最优秀思想家暂时的认同。这个假说认为，新的生物类型或物种是通过逐渐修饰先前已存的物种而产生的。这就像一条长长曲线的一小部分看起来像直线一样，在方向上没有变化，标志着我们所能见到的部分只是非常长的整条曲线的一段。如果所有生物都是由其他简单的类型经过修饰而产生，那么保守型在整个地质历史中仅发生了很小的改变，这表明它们只是巨大修饰系列的最后一段，它们在前地质历史时期中的形式对现在人类来说可能永远是个谜了。

换句话说，如果进行正确的研究，古生物学与自然地质学的学说是一致的。我们最远的探索仅把我们带向伟大的生命之河的河口附近，至于它从哪里开始发端，经过了什么样的经历，我们依然一无所知。

前面讲的包含了几个月前我在英国皇家学院（Royal Institution of Great Britain）所作报告的主旨，当然这是在达尔文先生出版他的巨著《物种起源》之前很久的事了，他得出了与我同样的结论。尽管从某种意义上说，我可以不失公正地说，我的观点是独立得出的，但我不认为我可以宣布自己对此拥有同样的权利。享受与达尔文先生的友谊是我的荣幸，在同他的交流中自己获益匪浅，并且在某种程度上，熟悉了他异乎寻常的独创工作和包罗万象的思想。正是由于我对达尔文先生长期研究进程的了解，因此我对他的坚定意志、他的知识、他对真理的全身心热爱充满了信心。此外，我发现我对优秀博物学家关于物种这一棘手问题的观点越了解，在我看来，它们就越显得不那么可靠，我也就越倾向于物种是逐渐变化的假说。我敢说这就是我最后的结论。

既然我的巢穴中具有如此多借来的羽毛，我认为从达尔文先生那里借些羽毛来装饰本篇短文的尾巴没有什么不合适。我的真正目的在于通过细读他的书，来简练地指出，他学说的实质是什么，它们依据的事实又是什么。随着我发现那些草率的批评家在没有仔细阅读我朋友的书之前就开始大放厥词，试图尽其所能来改变公众的观点时，我越发积极投身于我的事业。

如果真有人能够胜任此项工作，没有人比我更希望看到达尔文先生的著作被驳倒。但是我要说，现有的这些反驳都很蹩脚，是无稽之谈，纯属误解。每一个研究过家畜繁殖或喜爱培育鸽子的人，或果树栽培学家都曾深深见识过各种动植物的特殊可变性或可塑性，那些动植物在人工驯化下产生了巨大的变异。狗与狗之间的差异，比狗与狼的差异更大。纯人工的鸽子品系，如果它们的起源不清楚的话，博物学家肯定会将它们归为不同的种，甚至是属。

----

① 指上帝对创世的干预。——校者注

这些品种通常是通过同样的途径产生的。育种者选择一对亲本,两者之一或两者都具有他们希望得到的特征,然后在它们的后代中选择那些特征更明显的个体,抛弃特征不明显者。从被选择的后代中,他们再进一步进行杂交,如前面所述,重复同样的过程,直到完全得到他想要的偏离原始类型的后代为止。

如果他现在通过变种进一步繁殖,经历很多代之后,注意一直保持所获个体血统的纯正性,就会倾向于得到某一特定的变种,它具有越来越强烈的突出的遗传性状,由此而得到的品系在持续性上不存在任何限制。

像拉马克这样的人知道,通过杂交所获得的变种在自然界中广为存在,并发现在一些情况下要区分变种和真正的物种几乎是不可能的,于是凭直觉推出这一可能性:即使是最独特的物种,也不过是非常稳定的变种,它们都是从一个共同祖先通过变异演化而来的,就如同已经确证的转叉狗(turnspits)和灰狗,信鸽和翻飞鸽的起源过程一样。

但是要完成这个类比还缺少一个中间环节。在自然界中,与育种者相应的角色何在?选择是必须的,但自然界是如何执行选择的呢?拉马克对这些问题没有予以重视,并且没有意识到他无力解决这一问题,但他对这一问题提出了一个猜想。而猜想在科学中是一个非常危险的步骤,拉马克的声誉正是被他那些没有证据的荒谬猜想所败坏。

拉马克的猜想,就像沃尔特·司各特(Walter Scott)爵士戴上新帽子和用上手杖后,说的却是一个新版本的老故事一样,从而为"遗迹"这一生物学思辨奠定了基础①。与任何能叫得上名的学说相比,这个学说对于合理思想的进步伤害最大。事实上,我之所以在此提及此事,只是为了否认拉马克的猜想与达尔文工作的重要特征有任何相似之处。

事实上,后者的特点是要告诉我们,是什么在自然界中取代了育种者的位置,是什么促使一个变种充分地演化成为一个物种,同时限制了另一些变种的生存。最后,他阐明了所谓的自然选择是如何通过变异产生新物种的。

是死亡在自然界中扮演了育种者和选择者的角色。在著名的"论生存斗争"一章中,达尔文将注意力集中于生命神奇的死亡现象,这是自然界中持之以恒的过程。与人类一样,每一种生存的物种,"每天都要面对死亡"(Eine Bresche ist ein jeder Tag.)。每一个物种都有它的天敌,都需要为了生存而与其他物种进行斗争,最弱者遭受失败,死亡是对所有落后者和弱者的惩罚。每一个自亲种演变而成的变种在对周围环境的适应上不是比亲种好,就是比亲种差。如果是更差,它将不可避免遭受死亡的厄运,迅速从这个世界上消失。如果是更好,它必将迟早使其祖先彻底消亡,取代它们的位置。如果环境改变了,这些成功者又将会被自己的后代所取代,因此,通过这一自然过程,无限的变异将在时间的长河中发生。

为了说明什么是我含混地称之为的"环境",为何它们会持续变化,为了充分地证明"生存斗争"是真实存在的,我必须引用达尔文先生的著作来佐证它们的真正影响。我相信我公正地阐述了达尔文整个理论所处的位置,预见对他著作的全部评论并非我的目的。不管结果如何,如果能够证明作用在任何物种上的自然选择过程,能够从一个物种

---

① 1844年,英国作者罗伯特·钱伯斯匿名发表《自然创造史的遗迹》一书,猜测性地提出了一种进化论,相信自界中的任何事物都在向更高等的状态进步。——校者注

中产生相互不同的变种,而我们无法将它们与真正的物种相区分,那么,达尔文的物种起源假说将在稳定的科学理论中占据一席之地。另一方面,如果达尔文先生不论是在事实上还是在推理上都是错的,他的后继者将很快找出这一理论的缺点,结果它们将被更接近真理的理论所取代,这本身就是自然选择原理起作用的一个例子。

　　无论如何,要解决问题只有通过具有高度技巧的博物学家的辛苦工作和实事求是的长期探索。公众必须耐心地等待结果,最重要的是要阻止对争论任何一方怀有无知的偏见和自负的霸道,否则就无异于是在犯罪。

第十三章 达尔文论物种起源

· *Darwin on the Origin of Species* ·

如果我们让读者觉得《物种起源》一书的价值完全在于其中包含的理论观点会得到最终证明，那就是我们在予以误导了。相反，如果明天证明这些观点是错误的，但本书在同类著作中依然是最好的、关于物种学说的精选事实的最简明扼要的、前所未有的综述。有关变异、生存竞争、本能、杂交、地质记录的不完整、地理分布的章节不仅是举世无匹的，而且就我们所知是在所有生物学著作中最出色的。总体看来，我们相信，自从 30 年前冯·贝尔出版《发育的研究》之后，没有哪部著作具有如此巨大的影响力，不仅对于生物学的未来有深远影响，而且还把科学延伸到了前所未有的思想领域中。

I think

B

D

C

Case must be that one
genus has than other to
have living or now —

Do a their & to have many species in
same genus (or is) . requisin

1

Thus between A & B . immens
gap of relation . C & B . the
finest gradation , B & D
rather greater distinction
Thus genera would have
formed . — bearing relation

达尔文先生长久而当之无愧的科学盛名，可能使他对那些因成功而带来的流言飞语毫不在意。但是，如果这个哲学家的平和心态还没有完全超越凡人的野心和虚荣的话，他一定会对他冒险出版《物种起源》一书所获得的结果心满意足。他的影响超出了纯科学领域的小圈子，"物种问题"与意大利和"志愿者"一样吸引了公众的眼球。每一个人都读过尔文先生的书，或者至少对其优劣发表过自己的见解；各色教徒都对之进行了温和的谴责；自负的人用无知的恶语对之进行攻击；老人们不分男女都认为这是一本极度危险的、甚至是邪恶的书；那些贤人们在无话可说时，就引用前人的著作，说作者连猴子都不如；而大多数的哲学家为之欢呼，视之为自由主义军队中名副其实的惠特沃思（Whitworth）枪；所有学识渊博的博物学家和生理学家，不论他对这一学说的最终命运抱何种态度，都意识到这一工作对人类的知识进步具有重要贡献，开辟了自然史研究的新时代。

对这一主题的讨论并不限于对话中。当公众充满期望和兴趣时，评论家一定要满足人们的渴望；就如同据说阿比西尼亚[①]人（Abyssinian）从自己所骑的公牛获取牛排一样，真正的文学家（littérateur）过于习惯从他所要评判的书中获取知识，就连缺乏基本的科学知识也无法阻止他们对一部深刻的科学著作进行评判。另一方面，那些追求新观点的科学家，正如那些怀疑观望者一样，也在自然地寻找机会表达自己的观点。因此，几乎所有的评论性杂志都或多或少注意到了达尔文先生的著作。此外还出现了许多程度不同的专题论文，从过度受偏见影响的无知的低劣作品，到自然学者公允的、充满思想的随笔，层出不穷，多得无以复加。

但是颇可怀疑的是，无论是那些满腹经纶的对科学持有偏见的反对者，还是那些机敏的正宗的辩护者，他们都竭尽全力要使这场正在展开的伟大争论背后的实质蒙上神秘的色彩，以致最终的胜负难以在这代人中见到分晓，于是，在这场拉锯战中，即使不提出任何新的内容，但从头开始将达尔文先生提倡的基本观点以一种可以让外行也能领会的形式表达出来，不失为一个选择。出席这次演讲是十分明智的行为，达尔文的书博大精深，正因为如此，想要读懂《物种起源》绝非易事——这里的读懂是指充分理解作者的思想。

我们不想开这样的玩笑，达尔文先生对他研究的这一问题比同时代其他人了解得更多是他的不幸。达尔文对动物学、显微解剖学和地质学都有过实际训练，作为一个地理分布的研究者，他没有仅仅限于地图和博物馆中，而是通过长期的航行和艰苦的采集，大大促进了这些分支学科的进展，并且花费多年的时间来为这本著作收集和筛选材料，《物种起源》的作者能够拿出众多精确记录的事实。

但是，如此浩瀚的内容对作者是一个巨大的挑战，因此当下他只能提出其观点的摘要。尽管本书风格简明，但那些深入其中的读者将会发现，这更是一种知性的摘要（大量

◀ 达尔文勾画的"动物演化分叉树"。

---

① 现也译埃塞俄比亚。——编辑注

集中并整理后的事实），而不是通过一种明显的逻辑将它们串在一起的摘要。毫无疑问，要发现这种逻辑需要相应的努力，但这绝非易事。

再者，由于时间有限，很多问题在此我不能给予充分的证明。因此，那些能从自己的知识中为缺失环节提供证据的智者，会发现在证明时很难避免所有的困难和所有不合理的假设。在每次重读达尔文先生的著名篇章时，生物学的新手都会发现他们的奇想只是毫无根据的假想。

因此，虽然多年以来，是否有人能对达尔文先生提出的所有问题进行评判值得怀疑，但是，那些愿意在《物种起源》和公众之间架起桥梁的谦逊的阐释者可以通过指出其中所讨论问题的本质，去区分确定的事实和理论观点，最后达到这一环节，亦即这种解释能够满足科学逻辑的要求。无论如何，这就是我们接下来要充当的角色。

可以放心地假定，我们的读者具备对"物种"这一词所指的对象的本质有一个大体概念。即使是那些专业的（ex professo）博物学家，可能很少有人思索过这一问题，这个词在日常应用中具有双层意义，表示两种非常不同层次的关系。当我们称一组动物或植物为一个物种时，我们意指，要么所有这些动物或植物具有一些相同的形态和结构特征，要么是它们具有相同的功能特征。研究形态和结构的生物学分支被称为形态学，研究功能的分支被称为生理学，所以我们可以方便地谈及"物种"这两层含义或方面，其一是形态的，其二是生理的。从前者的角度看，一个物种只是一类与其他生物明显不同的动物或植物，它们共同具有某些不仅限于性别的形态特征。如此来说，所有的马就构成了一个物种，因为马这一名称所指的这类动物与世界上其他动物都不同，具有自己稳定的特征组合。它们具有：① 一根脊柱；② 乳房；③ 一个有胎盘的胚胎；④ 四条腿；⑤ 每一个足上有一极端发育的趾，上面长有蹄；⑥ 一条浓密的尾巴；⑦ 在前后腿的内侧都有老茧（Callosities）。所有的驴则构成另外一个明确的物种，因为它们具有上述前五条相同的特征，但所有的驴都具有簇状的尾巴，只有前腿的内侧具有老茧。如果发现一些动物具有马的一般特征，但有时只有前腿上具有老茧，或多或少是簇状的尾巴；或者发现一些动物具有驴的一般特征，但尾巴或多或少是浓密的，有时所有腿上都有老茧，以及其他方面的过渡性状，那么这两个物种将不得不合二为一了。它们再也不能被认作是形态上可以明确区分的物种，因为已经很难将它们明确地区分开来。

物种的定义看似如此简单，以致我们有信心问所有的一线博物学家，无论是动物学家、植物学家还是古生物学家，在绝大多数情况下，他们所知道或意味的一组动物或植物是否与上述定义一致。即使是传统学说最坚定的支持者说到物种也会承认这些。

"我理解，"欧文教授说，[①]"现今没有几个博物学家在为他们所称的'一个新种'进行描述和命名时，用的是 20 或 30 年前具有的含义：即一个起初就特征分明的生物体，通过生殖特征的隔绝维持它们的原有差异。现在新物种的发现者只不过是在表示他知道，例如，在现有的观察中，种征上的差异在两性个体都是稳定的，若这些不是因为驯养，或人工外部环境，或其他能认知的外界影响所致，那么，该物种就是野生的，或是自然形成的。"

---

① 论黑猩猩和猩猩的骨学，《动物学会学报》，1858。

事实上，如果我们考虑到迄今为止，绝大部分记录在案的现存物种仅仅是通过研究它们的皮肤或骨骼或其他无生命的残骸（exuviae）而认识，除了能够从结构上推断的和仅靠观察就能取得的特征外，对它们的生理特征一无所知或几近无所了解，我们就不能指望从这些已经灭绝的生命中获悉更多的东西，它们构成了现在已知的动植物群的相当部分。显然，这些物种只能根据纯粹的形态特征来定义。如果博物学家们能更经常地将我们知识的不可避免的局限性牢记在心，他们就有可能避免思想上的大量混乱。确切地说，我们对大多数物种所熟悉的只是形态特征，仅有几种其功能或生理特征被仔细地研究过，这些研究结果形成了生殖生理知识中最有趣的部分。

博物学家越是感到惊奇，惊讶就会越少，而对自然的机制也就越熟悉。在自然界向研究者展现的永恒的奇迹中，最值得赞叹的可能是动物或植物从胚胎开始的发育过程。考察一些常见动物刚下的新鲜蛋，如火蜥蜴（salamander）或蝾螈（newt）。最初它们只是微小的球体，即使是在最好的显微镜底下所能看到的，也只不过是一个无结构的囊，包裹着流体状蛋白质，中间悬浮着细小的颗粒。但是奇异的潜力就孕育在这半流体的小球中。将它们放在适度的温度条件下，这些具可塑性的物质迅速发生变化，而且这种变化是如此稳定，好像一环套一环奔向一个终点似的。我们只能将它们比作是一个熟练的铸造者在加工一块没有定型的黏土。就如同用一把无形的泥铲，将黏土团分割、再分割成越来越小的部分，直到变成一堆小颗粒，其大小正好可以用来构建新的有机体。因此，这就像用精巧的手指描绘出一条脊椎通过的主线，从而铸造身体的轮廓，在一端捏出一个头，另一端则捏出一个尾巴，以如此艺术的方式将侧边和肢体加工成火蜥蜴特有的比例。当接连数小时观看这一过程时，我们几乎会不知不觉地迷上这一概念，即背后肯定有艺术家按照眼前的蓝图进行巧妙处理，才获得了如此完美的杰作。

随着生命的不断成长，年轻的两栖动物不仅开始扩张自己的水域，成为周围昆虫的噩梦，它们通过捕食获取营养，并按照适当比例吸收到自身特定的部位，复制出与亲本种（parental stock）形状、颜色和大小相似的特征，而且这些动物同样具有神奇的再生能力，可以恢复身体失去的部分。分别或一次性切除腿、尾巴和颌，就如同很久以前斯巴兰札尼曾经做过的那样，这些部分不仅会再生，而且复原的肢与原先失去的完全一样。蝾螈的新颌或新腿绝对不会与青蛙相似。发生在蝾螈身上的同样也会出现在任何动物和植物身上，橡籽趋向于再一次重建自己，长成一株参天大树，与它所来源的树枝一样。最低等的地衣的孢子能重新产生与母体一样的绿色或褐色的硬壳。在生命阶梯的另一端，那些既不像父亲又不像母亲的后代被认为是一类怪物。

所以，所有生命都具有同样的结局，生长的推动力总是倾向于后代都与自己的双亲相似。繁殖的第一大法则是，后代倾向于与父母相似，而与其他个体则相距较远。

科学有朝一日会向我们展示，为何这一法则是一般法则的必然结果。但是在目前，除了说它们之间是协调的之外，几乎没有更多的可说。我们知道生命现象离不开其他自然现象，而且与之相关。物质和力是造就生命和无生命物体的同一艺术家的两个不同的名字。因此，生物体必须与其他事物一样遵循同样的法则，整个自然界中再也没有比此作用更广泛的法则，亦即，受两种力量驱动的一个物体按照合力的方向运行。但生物体可以被看做是其体内蕴涵着极其复杂的力的集合，就像复杂的磁力蕴涵在铁中一样。既然性别的差异十分微小，或以另外一种说法，它们中总力的方向非常相似，因此可以想象它们的结果，也就是其后代，必然会与它们之一或双方偏差不大。

我们可以通过自然的比喻或类比来呈现该法则的背后原因，但重要的是去理解由它的存在及由此引出的结果的重要性。看似相同的东西总是相互相似的。如果在很多代中，每一个后代都与亲本相似，那么所有的后代和其亲本必然都很相似。让最初的亲本种系(parental stock)不受干扰地大量繁殖，根据眼下所说的法则，终有一天它们会产生一个庞大的群体，其中所有的成员都非常相似，具有血缘关系，都是从同一个父母或一对亲本产生而来。只要能够证明每一个动物或植物类群所有的成员都是这样而来，就足以将它们纳入生理物种的范围内，因为大多数生理学家认为物种可以定义为"属于同一祖先的所有后代"。

尽管根据已知的繁殖法则，所有我们称之为物种的那些群体，都是分别来源于同一个祖先(stock)，事实上它们也很可能的确如此，但这一结论仅依赖演绎，几乎不可能在观察中得到证实。毕竟，假定的同一祖先的原始性是问题的关键部分，如果"原始"意味着"独立于任何其他生命之外"的话，这不仅是一个假设，而且还是一个毫无根据的假设。在一个科学的定义中，如果无法证实的假设占据了重要的位置，就是对自己莫大的否定。即使假定这样一个定义在形式上是合理的，当生理学家将之应用于自然时，他很快会发现，即使不陷入无法解脱的境地，也将遇到极大的挑战。如同我们前面所说，毫无疑问后代倾向于与亲本相似，但同样正确的是，这种相似性不管在形态上还是在结构上绝不会达到完全一致。不仅后代与某一亲本不可能丝毫不差，而且对于大部分两性生殖的动物和许多植物来说，后代往往偏离两个亲本的平均值。事实上，如果我们设想一下，共同起作用的力是如此复杂，合力正好与双亲很多不同特征的平均值重合的几率是多么小，总的来说，微小的偏离与总体的相似就同样是可以理解的。然而，无论原因如何，微小变异和总体相似这两种倾向的共存对于物种起源问题是至关重要的。

作为一般原则，后代与其父母间的差异程度是非常细微的。但有时差异的程度还是十分显著，这样的后代可以称之为变种。到目前，已知被接受的变种非常多，但它们的起源却很少能被精确记录下来，下面我将选择两个特别的实例来说明变种的主要特征。第一个是安康羊或水獭羊(Otter)，大卫·汉弗莱上校(Colonel David Humphreys, F. R. S.)在给约瑟夫·班克斯爵士①的信中对之有详细的记述，该信于1813年发表在《哲学通讯》上。在曼彻斯特的查尔斯河畔(Charles River)，塞斯·莱特作为一个农场主，拥有一群羊，其中有15只母羊和1只普通公羊。1791年，1只母羊为主人生下了1只雄羊羔，不知何故，这只羊羔与它的父母有所差异，体形较长，腿短而罗圈，因此它不能像其同胞们那样跳过临近的围栏嬉戏，在外面任意闯祸从而在当地牧民间制造很多麻烦。

关于第二个例子，雷阿乌姆尔②进行了绝无仅有的详细记载，在他的《鸡的孵化艺术(Art de faire éclore les Poulets)》一书中记载了这么一对马耳他夫妇，他们的名字叫凯官

---

① 约瑟夫·班克斯(Joseph Banks, 1743—1820)，英国著名植物学家，他曾随詹姆斯·库克船长进行的第一次环航行，旅行中他和瑞典博物学家丹尼尔·索兰德(Daniel Solande)一道发现了许多新植物和动物种类。——译者注

② 雷阿乌姆尔(René-Antoine Ferchault de Réaumur, 1683—1757)，法国著名科学家。他以数学、生物学、钢及其他工业技术研究和确定列氏温标而闻名于世。——译者注

亚。他们的手脚与正常人没有什么不同，但他们生了一个儿子，叫格拉提奥，他每一只手上都具有六根活动自如的手指，每一只脚上也具有六根脚趾，只是其形状不够完好。不知是什么原因造成了人类这种不正常的变异。

这些例子中的两个情况值得注意。在每一个例子中，变异性状似乎跳跃产生，一蹴而就。在安康羊和正常的羊之间，在六指和六趾的格拉提奥·凯雷亚和正常人之间，这种明显差异立即吸引了人们的注意力。无论哪一个例子，现在都还不清楚为何会出现这样的变异。毫无疑问，这里必然存在导致这一现象或其他类似现象的某种决定因素，但它们并没有显露出来。我们可以确定，通常所理解的自然条件，如气候、食物，或者其他条件所发生的变化并不起作用。这并非一般所说的对环境的适应。用这一常用但错误的短语来说，变异是自发的。对于终极原因毫无结果的研究花费了人们很长的时间。但即使那些顽固的目的论者，他们试图突破所有的物理法则，寻找钟爱的虚幻不定的目标，也会感到困惑，为何塞斯·莱特的公羊出现短腿，而格拉提奥·凯雷亚会出现六指？

我们不知道为何会产生变异，很可能大多数变异是以"自发的"方式产生的。当然，我们不能否认有些实例是可以上溯到明显的环境影响。环境能改变被膜的特征，改变颜色，增加或减弱肌肉的发达程度，改变植物体的构造，使雄蕊变形为花瓣等等。不管变异是怎样形成的，现在我们特别感兴趣的是，许多变异一旦产生，它们依然遵循基本的繁殖法则，产生与自己相似的后代。它们的后代就像自己一样表现出同样的背离亲本的趋势。事实上，有许多例子表明新变异具有优势，也就是说，它们比来自于同一亲本的正常后代更具某种优势。格拉提奥·凯雷亚给了我们一个极好的例证，他娶了一个手指正常的妻子，生了四个孩子，萨尔瓦多、乔治、安德烈和玛丽。这些孩子中，长子萨尔瓦多像他父亲一样有六根手指和六根脚趾。第二个和第三个孩子也是男孩，像他们的母亲一样具有五根手指和五根脚趾，只是老二乔治的手指和脚趾有点轻微的变形。最小的是女儿，具有五根手指和五根脚趾，但是拇指有点轻微的变形。因此，格拉提奥·凯雷亚的变异在长子中完整地重现了，而其妻子的正常类型在第三个孩子中完整地重现了，在第二个和最后一个孩子中只是出现了部分，所以乍一看，正常类型似乎比变异类型更强势。但是，当这些孩子都长大成人，并与正常人结婚后，值得注意的是后来发生的事情：萨尔瓦多有四个孩子，其中的三个像他们的祖父和父亲一样出现了六指/趾，最小的像她们的祖母和母亲一样是五指/趾。在这里，尽管六指/趾的血被五指/趾的血进行了双重的稀释，但六指/趾还是占优势。同样这种变异的优势还显著地在其他两个孩子——玛丽和乔治的后代中得到了验证。只有拇指残疾的玛丽生了一个六趾的男孩，其他三个都正常，但是并非完全五指/趾的乔治，先有两个女儿都有六个手指和六个脚趾；然后有一个女儿每一个手上都有六根手指，右脚上有六个脚趾，而左脚上有五个脚趾；最后有一个儿子是五根手指和五根脚趾。因此，在这一例子中，变异在隔代中又完整地重现了。最后，完全是五指的安德烈生了许多孩子，但他们都没有偏离父母，全部是五指。

如果一个近似畸形的变异能够顽强地繁殖下来，毫不奇怪，轻微的异常变异必然倾向于更强烈地保存下来。从这一方面说，安康绵羊的历史就特别有意义。凭着他们的聪明，马萨诸塞农场主的邻居认为如果所有的羊都具有喜欢待在家里的倾向，这将是件幸事,这种倾向可以用新近得到的公羊来加以强化。他们建议莱特杀死羊圈里原有的那些羊,只养安康公羊。结果证实了他们的敏锐预见,与格拉提奥·凯雷亚后裔中发生的情况几乎完全相同。小羊羔要么不是纯粹的安康羊,要么就是纯粹的正常羊。[①] 但当相互杂交的安康羊足够多之后,发现后代总是纯粹的安康羊。事实上,汉弗莱上校宣称获得了"一个反自然的有争议的例子"(one questionable case of a contrary nature)。因此,这是一个显著的、完全确定的例子,不仅一个非常明显的种族(race)被建立起来了,而且该种族能立即进行真正的繁殖,即使是与另外种族杂交也没有显示出混合的形式。

通过仔细挑选两个安康羊进行杂交,很容易就能建立起极为明显的种族。令人奇怪的是,即使是与其他羊混养,安康羊也总聚集在一起。完全有理由相信这一杂种可以无限延续下去。只是由于后来引入了不仅在毛质和肉质优于安康羊,而且更安静和温顺的美利奴绵羊[②]后,才导致这一新种被人完全遗弃。所以在 1813 年,汉弗莱上校费了很大劲才弄到送给约瑟夫·班克斯爵士的那一副骨架标本。我们相信,它们在美国消失多年了。

格拉提奥·凯雷亚没有成为六指族的祖先,而塞斯·莱特的公羊却发展成了安康羊群体,可是两种情况中变种永久延续自己的倾向却是一样的。产生差异的原因已唾手可得。塞斯·莱特通过将他的安康母羊仅与同样的变种交配而维持安康羊的血不被稀释。然而,格拉提奥·凯雷亚的儿子却无法再与其家族混交,不能与自己的姐妹通婚,他的孙子同样没有与他们六指的堂亲和表亲成婚。换句话来说,在莱特例子中,因为好几代都刻意从那些表现出同样变异倾向的动物中,挑选亲代进行繁殖,所以一个新种族就产生了。然而,在格拉提奥的例子中,因为不存在这样的选择,所以没有产生出新种族。根据繁殖法则,后代们倾向于呈现双亲的样子,一个种族是一个可以繁殖的变种,它们会更可能保留与双亲而不是单亲都相似的变异。

动物的器官总会偶然或多或少偏离正常类型,变异总是可遗传的——原文如此,但意思不通。虽然富有经验的农学家和育种家早就熟知这些伟大的事实,但却常被哲学家遗忘。所有改进家养动物品种的方法都建立在这个基础之上,上个世纪英国在此方面取得了巨大的成功。有关色彩、形状、体形大小、发(hair)或毛(wool)的质地、各个不同部分的比例、肥胖程度、产奶能力、速度、力量、习性、智力、特殊的本能等,养牛者(cattle-breeders)、畜牧业者(stock-farmers)、马贩子(horse-dealers)、狗和家禽爱好者几乎没有一天不与这些特征的遗传性(transmission)打交道。前不久,著名的生理学家布朗-塞卡尔(Brown-Séquard)[③]博士在与皇家学会的通信中说,他发现在豚鼠身上能人工制造癫痫病,并且通过他发现的方法,癫痫病可以遗传给后代。

---

① 汉弗莱上校对此的陈述特别清楚:"当一个普通的公羊使一个安康母羊受精,会增加母羊或公羊的总体相似性。被安康公羊受精的普通母羊的繁殖完全遵循其中的一方,没有让两者任何的区别和重要特征发生混杂。由安康公羊受精的普通母羊经常会生出双胞胎,其中一个表现出母羊的全部特征,另一个则表现出公羊的特征。在看到一个短腿的和一个长腿的羊羔同时围着同一个母亲吃奶时,这种对比尤为显著。"——《哲学通讯》,1813,第一部分,第89、90 页。

② 美利奴绵羊,原产于西班牙的羊,具有长而质优的毛。——译者注

③ 布朗-塞卡尔(Charles Brown-Séquard, 1817—1894),法国著名生理学,于 1856 年提出报告,指出切除了肾腺的实验动物会耗弱至死。——译者注

　　但是，一个种族一旦出现，就像它的祖先一样，不会是一个固定不变的实体，变异在其成员中依然还会产生，由于这些变异像其他特征一样是可以遗传的，新种族可以源源不断地从原先的种族中演变出来，或者至少在现有的变异范围内徘徊。给以充足的时间和充分细致的选择，众多的种族可以从同一祖先群中产生，就像它们表现出的极端多样的结构一样令人惊诧。一个显著的例子是岩鸽，我们认为达尔文先生充分地证明了岩鸽是所有家鸽的祖先。而家鸽，确切地说，具有超过一百多个明显的种族。最引人注目的是四个受爱好者追捧的种族，它们是翻飞鸽、球胸鸽、信鸽和扇尾鸽。它们不仅在大小、颜色和习性上差异巨大，而且它们的喙和颅骨的形状也存在巨大的差异，具体表现在喙与颅骨的比例上。其他如尾羽的数目、爪的相对和绝对大小、尾脂腺的有无和脊椎骨的数目间均存在巨大的差异。简而言之，这些特征可以看做鸟类属间和种间的差异。

　　最显著和具有启发性的一点是，我们可以观察到，这些种族没有一个是通过所谓的外部环境的改变并作用于野生岩鸽上而产生的。相反，自古以来鸽子爱好者都使用相同的方法来处理它们的宠物，给它们做窝，给它们喂食，在鸽舍中仔细地照料它们，保护它们。事实上也不存在比鸽子更好的例子来反驳那些高高在上的权威学说了，他们说，"没有比与肌肉相连的骨骼"更能发生变异的器官了。但恰恰与这一武断的断言相矛盾的是，达尔文的研究证明了家鸽翅膀的骨骼与野生类型的相比，几乎没有发生多大的变化。另一方面，正是在喙和颅骨的相对长度、脊椎骨的数目，肌肉的活动对它们没有重要影响的尾羽的数目等特征方面，发生了大量的变异。

　　前面我们说过，对生理物种表现出来的特征的研究将导致我们陷入困境，这一点现在已经变得很明显。作为自然变异和选择性杂交的结果，同一祖先种族的后裔可以分化成除性征之外的形态特征上相互有别的不同的组。很明显，物种的生理定义可能与形态定义相冲突。如果将球胸鸽和翻飞鸽描述成不同的种，将不会有人迟疑。如果我们是在化石中发现它们，或者像其他外来的野鸟一样，尽是通过皮和骨骼认识它们，没有人会怀疑它们就是截然不同的形态种。另一方面，因为它们都是来自于同一种族——岩鸽，所以它们不是不同的生理物种。

　　在这种情况下，既然形态差异不那么可靠，我们怎么才能知道表面上截然不同的自然种族是否真的是不同的生理物种？存在任何检验生理物种的方法吗？生理学家通常的回答是肯定的。而这种检验是建立在杂交基础之上的，用不同种族杂交的结果与不同物种间杂交的结果相比较。

　　就目前所掌握的证据看，通过选择所产生的一个种族的个体，无论它们之间看上去有多大的差别，它们还能自由地在一起繁殖，而且这些跨种族的后代之间也完全具有可育性。因此，猎（spaniel）和灰狗，运货的马（dray-horse）和阿拉伯马，球胸鸽和翻飞鸽，它们都能够完全自由地交配生殖，它们的后代如果与同类产生的混血种交配也同样是能育的。

　　另一方面，毫无疑问，许多自然物种的个体如果与其他物种进行杂交是绝对不育的；即使它们能产生杂交后代，但这些杂交后代进行配对也是不育的。例如，马和驴杂交产生骡子，但雌骡和雄骡却从来不会再交配产生后代。岩鸽和环鸽之间进行杂交同样不会产生结果。因此，生理学家说我们有一种方法能够区分任何两个真正的物种和任何两个变种。从每一组中挑选出一个雌性和一个雄性，让它们交配，如果产生的后代与其他以同样方式产生的后代进行杂交是可育的,那么这些组是种族而不是物种。另一方面,如果它们之间不能产生后代,或者所产生的后代与以同样方式产生的后代进行杂交是不育的,它们就是真正的生理物种(physiological species)。如果这一方法总是可行的,如果这一方法产生的结果总是容易明确解释的话,这一检测方法将十分有用。不幸的是,大多数情况下,这一物种的试金石完全不适用。

许多野生动物的身体因为圈养而发生了很大的改变,以至于它们不与同类的雌性交配,因此这样的杂交结果是没有价值的。不同种野生动物间,甚至是野生的和同种的家养个体间的相互排斥是如此强烈,以至不可能在自然界中寻找到它们的结合体。大多数植物都是雌雄同体,如何排除自己的或其他正常起作用的花粉是一件非常困难的事,这也阻碍了检验的进行。更困难的是,为了确证杂种或混血后代以及第一代杂种的不育性,无论动物还是植物,实验都必须持续很长的时间。

杂交检验不仅在应用上存在巨大的困难,而且当这一神谕(oracle)遭到质疑时,其回复有时与德尔斐城(Delphi)①的回复一样不可靠。例如达尔文先生所引的例子,当花粉来自其他物种时,很多植物产生的后代会更多。但是在另外很多例子中,如某些墨角藻,其精子可让其他植物的卵子受精,然而后者的精子却不能使前者的雌性受精。所以,当一个生理学家对后一种情况做实验时,有时候会认为它们是两个不同的种。另外的时候,根据规则他会同样有理由宣布它们仅仅是不同的种族。有一些植物,虽然可以确信,它们仅仅是变种,但当进行杂交时,它们几乎是不育的。还有一些动物和植物,博物学家们一直认为它们是不同的物种,当进行检验时,发现它们之间完全能杂交可育。此外,杂交不育或可育似乎与结构的相似性没有什么关系,或与任何两个组的成员间的差异也没有关系。

达尔文先生以其独特的见解,同样讨论了这个问题,在他书中的第 276 页将结论总结如下:

> 充分不同到足以列为物种的类型之间的第一次杂交以及它们的杂种,一般情况下不育,但并非总是不育,不育性具有各种不同的程度,而且往往相差如此微小,以致最谨慎的两个试验者根据这一标准也会在对同一类型的划分上得出完全相反的结论。不育性在同一物种的个体里是易变的,并且对于适宜的和不适宜的生活条件是非常敏感的。不育性的程度并不严格遵循分类系统的亲缘关系,但被若干奇妙和复杂的法则所支配。在同样的两个物种的互交里不育性一般是不同的,有时是大为不同的。在第一次杂交以及由此产生出来的杂种里,不育性的程度并非是永远相等的。

> 在树的嫁接中,某一物种或变种嫁接在其他树上的能力,是伴随着营养系统的差异而发生的,而这些差异的性质一般是未知的;与此同样,在杂交中,一个物种和另一物种在结合上的难易,是伴随着生殖系统里的未知差异而发生的。与其说为了防止物种在自然状况下的杂交和混淆,物种便被特别赋予了各种程度的不育性,还

---

① 德尔斐城(Delphi),位于希腊中部靠近帕拿苏斯山的一座古城,其年代至少可追溯到公元前 17 世纪。它曾是著名的阿波罗先知所在地。——译者注

不如说为了防止树木在森林中的接合,树木便被特别赋予了各种不同而多少程度近似的难以嫁接的性质。

杂交一代生殖器完好,不育性似乎决定于几种条件:在某些事例里,主要决定于胚胎的早期死亡。在杂交一代生殖器残缺是其生殖系统和整个体制被两个不同类型的混合所扰乱了,这种不育性和纯种生境受到破坏时的不育性,是密切近似的。无独有偶,稍有不同的个体之间的杂交将有利于后代的大小、生活力和能育性;生活条件的微小变化可以增加一切生物的生活力和能育性。尽管二者各有不同的原因,但是两个种杂交的困难程度以及二者后代的不育性存在对应关系并不出人意料,因为二者均取决于之间的差异程度。同样可以理解的是,杂交后代之间的可育性和植物的可嫁接性——后者显然与很多因素有关——都和试验对象之间的系统亲缘关系有关,因为系统亲缘关系所表达的是物种间的相似度。

变种和可以认作变种之间的杂交一代以及它们的混种后代,一般都是能育的,但不一定全部能育。考虑到我们是何等易于用循环法来辩论自然状态下的变种,大多数变种是在家养状况下仅仅根据外在差异的而不是生殖差异的选择而产生出来的,变种之间几乎存在普遍又完全的能育性,就不值得奇怪了。我们还应当特别记住,长久继续的家养具有削弱不育的倾向,所以这好像很少能诱发不育性。除了能育性的问题之外,在其他一切方面杂种和混血种之间非常相似。(第 276—278 页)[1]

我们完全同意这一重要段落所表达的要旨,尽管这些观点很有说服力,可育性或不育性作为检验物种的标尺没有价值,但是绝对要记住,在研究物种起源问题上,真正重要的事实是:在自然界中存在这样的动物群和植物群的成员,当它们与其他类群成员结合时是不育的;存在这样的杂种,当它们与其他杂种交配时完全是不育的。即使这些现象仅仅出现在两个这样的物种(不管是在生理学的,还是在形态上的)上,所有物种起源的理论就必须对之进行说明;如果不能的话,那么这个理论就不完美。

到目前为止,我们已尽最大努力把人们已知的关于物种的知识和事实呈现给读者。无论他的理论观点如何,没有一个博物学家会倾向于反对下面的说明总结:

无论是动物还是植物,所有的生物都被分成许多截然不同的类型,这就是形态种。它们还可以被细分成个体组群,在每一组群中所有的个体都能自由地交配繁殖,产生与自己相似的后代,这就是生理种。通常它们与自己的父母很相似,但还是有些后代依然容易发生变化。这种变化能通过选择稳定下来,形成一个种族(race)。在很多情况下,种族具有形态种的所有特征。虽然一方面还无法证明,当这个种族与同一物种其他种族进行杂交,是否将会表现出物种与其他物种杂交时表现出的现象。但是另一方面,我们不仅还不能证明所有的物种之间将会产生不育的杂种,而且我们有很多理由相信,在杂交过程中,物种能表现出从完全不育到完全可育的完整序列。

这就是物种最本质的特征。即使人类不是同一系统中的一员,不需要遵从相同的规则,但一旦人类的智力高出了日常所需的水平,关于自身的起源问题,自己与宇宙中其他

---

① 本段引文的译文参考了周建人、叶笃庄和方宗熙的译本。——译者注

现象间的因果关系，必定会吸引人们的注意力。

的确，历史上存在很多有关生命起源的假说，这是人类智力活动的最早产物。在早期，实际知识并不令人满意，但是人们充满了渴望，根据所处的国度不同，所处的思想背景不同，产生了很多不同的假说。如认为所有的生命都是从尼罗河的泥土中，从一个原始的卵，或从一些人形神中产生的，以此来满足人类的好奇心。与我们现今的知识不同，异教的神话、地域判官、宙斯，以及那些企图使之复活的人，现在只配作为嘲讽的笑料。但那些名称和时代不详的伟大作者记录下来的同时代巴勒斯坦原始先民的想象力，却幸运地避免了这一下场，甚至在今天依然被90％的文明世界看做是事实的权威性标准和科学结论的评判准则，其中还包括万物起源理论以及与物种起源相关的理论。在现代物理学发轫的19世纪，半野蛮的希伯来人的宇宙进化论是哲学家的梦魇和正统势力的耻辱。从伽利略到现在，多少坚韧不拔并执著追寻真理的人们备受折磨，他们的英名被狂热的圣经崇拜者（Bibliolaters）所诅咒；又有多少意志力欠缺的人们，受周围舆论的强迫，费尽心机去协调这种不可能性，他们的真理意识因此而被耗竭——他们的生命徒然用于迫使科学这一新酒装入犹太教这个旧瓶中？

如果哲学家本人经受苦难，他们的事业也会倍加艰辛。每一门科学的摇篮旁都伴随着失败的神学家，它们就如同赫尔克里斯（Hercules）身旁被扼死的蛇。历史记录中，科学和正统信仰（orthodoxy）无论何时进行公平的对决，后者都会从竞技场上败退下来，即使没有被消灭，也已元气大伤，遭到毁灭性的打击；如果没有被杀死，也已伤痕累累。正统信仰就是思想界的波旁家族。它学习新的东西，也不忘记旧的东西。现在，尽管它对前进既迷茫又害怕，但还是希望能一如既往地坚持认为《创世纪》第一章中包含了合理科学的全部，不时地在其半僵死的手指所能触及的范围内，对那些拒绝将自然还原至原始犹太教水平的人们小施攻击。

另一方面，哲学家则没有这样的攻击性。他们将眼睛紧盯在要"经过艰难和困苦"（per aspera et ardua）才能实现的崇高目标上，如果不能克服由于无知或恶意所带来的不必要的障碍，他们可能会不时被激怒。但他们的心灵深处又何必遭受深深的困扰呢？事实的最高权威站在他们那边，事物的机理为他们所揭示。每一颗星星如计算的那样按时到达天穹的顶点，证明了他们的方法是正确的，他们的信仰就如同"雨水往下降，玉米往上长"一样放之四海而皆准。怀疑是信念建立的基础，公开的探究是信念的知己。不管传统多么神圣，这些人都毫无畏惧，当传统变得有害时，就对之再也不屑一顾。不同于那些古文物收藏者，对于那些武断的看法，比如把不是化石的东西硬说成化石，他们就会断然拒绝，并视之为不存在。

有科学基础的物种起源的假说中，有两种值得我们特别注意。一种是"特创论"假说，认为每一个物种都是起源自一个或多个祖先种群（stocks），但不是任何其他物种变异（modification）的结果，也不是由于自然因素产生的，而是通过超自然的创造行动产生的。

另外一种被称为演变（transmutation）假说，认为现存的所有物种都是已经存在的物种及其祖先变异的结果，其中起作用的因素与今天产生变种和种族的因素一样，也就是说以完全自然的方式产生的。作为这一假说可能但不是必然的结果，所有现存生命都是起源于同一个原始祖先。物种起源学说显然不必考虑这一祖先种或种系的起源问题例如演变假说要么与原始胚芽（primitive germ）的特创概念完全一致，要么与这一推测完全一致，亦即原始胚芽的产生，是通过自然的原因，由无生命物质的变异而得到。

特创论在很大程度上是把科学与希伯来人（Hebrew）的宇宙起源观相调和而得到的产物。但一个有趣的事实却是，尽管该学说目前受到科学界支持，但它却像其他假说那样，与希伯来人的观点格格不入。

虽然人们曾经认为它们之间存在明显的界线，但地质调查的结果表明，大量已经灭绝的动植物系列不存在这种界限。在世代与世代之间、群系与群系之间不存在巨大的间隔，不存在植物、水生动物、陆生动物一同出现的系列时代。在过去的地质学家们认为存在巨大间隔的世代之间，每一年都会增加许多新的名单：峭壁将冰碛与早第三纪连接在了一起（crags linking the drift with older tertiaries）；马斯特里赫特（Maestricht）岩层将第三纪和白垩纪连在了一起；圣凯瑟（St. Cassian）岩层出现了大量中生代类型和古生代类型混杂的动物群，该世代的岩层曾被认为是极度缺乏生物的；最后，每年都有关于一个特定的地层是否应被看做是泥盆纪或石炭纪、志留纪或泥盆纪、寒武纪或志留纪的持续争论。

皮克泰（M. Pictet）以一种有趣的方式，公正权威地进一步阐明了这一事实，他计算了任何一个地层中动物属在此前地层中存在的百分比，结果是其比例绝不会小于33%。在三叠纪地层或者说中生代开始时的地层中，从之前的世代继承的生物最少。在其他地层中，通常包含60%、80%，甚至94%的属与之前地层中的属一样。不仅的确如此，而且对每一段地层进行细分都会发现特有新物种。这样的例子很多，如以里阿斯统（lias）为例，其各个岩层都含有明显独特的生命形式。一百英尺厚的剖面，在不同的高度内出现了十几种菊石，没有任何一种超过它们所在的独特的石灰石或黏土区域，从而进入下一层或上一层。因此，那些采纳"特创论"假说的人必须承认，每隔一段时间，对应于这些岩层的厚度，造物主为了创造新菊石就得干扰自然的进程。这种假说从任何证据来说都缺乏绝对的实证，因此无法想象他们是如何接受这一结论的。令人费解的是，他们究竟从这一做法中获得了什么，毕竟，正如前面所述，这种生物起源观完全违背希伯来人的宇宙观。既然从对圣经崇拜的强力臂膀中得不到依靠，"特创论"假说又能从科学或可靠的逻辑学中得到什么支持呢？可以肯定，不会太多。与它一致的观点全都如出一辙：如果物种不是超自然力创造的，我们就不可能理解事实 x 或 y 或 z；除非我们假设它们是为了特殊目的而设计的，否则我们不能理解动物或植物的结构；除非我们假定它们原初就是设计用来看东西的，否则我们不能理解眼睛的结构；除非我们假定动物事前被赋予了神奇的力量，否则我们不能理解本能。

作为一个逻辑论证问题，必须承认这种推理对于那些不在乎后果的人是无所谓的。这是一种"诉诸无知"的论证（argumentum ad ignorantiam），即要么接受这种解释，要么保持无知。假如我们宁愿承认自己的无知，而非要采用与自然界所有教义都不符的假说。或者假设我们承认这种解释，却扪心自问是否变得更加明智？这种解释能说明什么？还有比这更加明目张胆地承认我们确实对此一无所知的方式吗？要解释一种现象，就要引用某种自然法则。但是，一旦引入造物主的超自然干预，则不再与自然法则有关，如果以这种方式去讨论物种的起源就是荒谬的。

最后，让我们问一下自己，在我们能力范围内是否存在众多证据可以让我们断言某一现象是超乎自然的因果关系的。要说明这个问题，显然我们需要知道所有可能的组合在无限的时间内所能产生的所有结果。如果我们知道了这些，并发现它们不可能产生新物种，那么我们就完全有理由来否认新物种是自然起源的。除非我们弄清这些，否则任何假说都比让我们陷入可悲的推测中的那个假说要好。

"特创论"假说不仅是遮掩我们无知的华美面具，它的存在还标志着生物学的年轻和不完善。每一门科学的历史是什么？无非就体现为清除创世或其他干预的观念，使得现象的自然次序成为该门学科的主题。在天文学的年轻时代，"晨星为了欢乐而集体歌唱"，行星则顺着上天的指引而运行。现在，星星的和谐被归为与距离平反成反比的重力。行星的轨道可以从力学法则中推出，这个法则同样决定调皮男生能用石头打碎窗子。闪电曾是上帝的使者，但现在它却令上帝心满意足，因为科学使它成为人类的谦卑的使者，我们知道夏夜地平线附近由蜻①所发出的每一丝闪亮都是由确定的条件决定的，如果我们对此的知识足够多，那么它的方向和亮度一定可以计算出来。

大型商业公司的偿付依赖于法律的有效性，法律是用来管理人类社会显而易见的无序，道德家悲叹地以为，这种无序正是最不可捉摸的事物。除了傻子，所有的人都承认灾害、瘟疫和饥荒是自然原因的结果，大部分完全可以受到人类的控制，绝不是愤怒的上帝对令他失望的作品的惩罚。

和谐的秩序掌控着永恒持续的过程，由物和力所组成的网络和织线在完好无缺的情况下，缓慢地交织成了位于我们和无限的宇宙——这是唯一我们知道或可能知道的——之间的面纱。这就是科学描绘的世界之图，这幅图的任何一部分之间的比例都是相称的，所以我们认为它反映的是实情。难道唯独生物学该与它的姊妹科学相脱节吗？

只要基于一般思考，我们就能直接推出与特创论相左的观点，由于物种还表现出一些其他现象，我们在前面没有提到，但如果采纳这种流行的假说，它们就会变得不可思议。如物种在空间和时间上的分布，发育过程中表现出来的现象，我们的分类系统所基于的物种间的结构关系，哲学解剖学的伟大学说，在生境和功能方面相差悬殊的大量物种所表现出来的同源性或结构计划的相似性。

生活在巴拿马地峡两侧海域中的动物种类迥然不同的共性。生活在岛屿上的动植物种类与附近大陆的种类虽有共性但又有所不同，后者与生活在临近大陆上的种类也存在相当大的差异，尽管它们之间也存在相似的一面。第三纪末，旧世界和新世界属于同一属或同一科的哺乳动物，现在它们生活在同样的大地理区内。第二纪（secondary epoch）②最早期的鳄鱼爬行动物与现今的种类在一般结构上很相似，但在椎骨、鼻腔上略有一两处不同点。豚鼠的牙齿在出生前就脱落了，因此它们绝对不是为了咀嚼的目的而设计的。同样，雌儒艮具有长牙，但从未露出牙床之外。在它们的发育过程中，同类的成员经历相同的情况，成年后它们身体所有的部分都是根据同样蓝图排列的。人与大猩猩的相似程度高于大猩猩与狐猴的相似程度。以上只是从现代研究所得到的相似事实中

———————————

① 一种昆虫。——校者注
② 现在称中生代。——译者注

随机举出的例子。当研究者向特创论假说的支持者那儿寻求解释时，他通常只能获得东方式简洁的答案，"Mashallah!① 我的真主！"在巴拿马地峡相对的两侧具有不同的物种，因为它们是神分别创造的。上新世的哺乳动物与现存的很相似，因为设计的蓝图相似。我们发现了残余器官和相似的蓝图，因为造物主乐于为自己设立一个"神圣的样本或原型"，并在自己的作品中进行拷贝，而且其中有一些做得不太好——一些人持有这种观点。把这些胡言乱语当做科学恐怕将来会成为19世纪智力低下的证据，就如同我们嘲笑"自然憎恶真空"之类的辞藻一样，尽管托里切利（Torricellis）的同胞满足于用它来解释水是如何从水泵中上升这一现象。请大家记住，这种自欺欺人式的作法是有害的，由于它不允许人们进行探究，也就等于剥夺了人类的用益权②。这可是大自然赋予的最具创造力的遗产。

针对特创论的上述反对理由，已经或多或少深入人心，只要是曾经认真独立地思考过这一问题的人。因此不足为怪的是，这一假说不时地遭遇某些对立假说，其中的一些甚至比它更好。耐人寻味的是，反对观点的提出者似乎是同时得到地质学和生物学的支持。事实上，只要一旦承认地球当前的物理状态是通过长期自然因素的作用逐渐产生的，就很难想象其上的生物却是通过其他途径产生的。马耶（de Maillet）③及其后继者的假说是对席勒（Scilla）有关化石本质证明的自然补充。

作为与牛顿和莱布尼茨同时代的人，马耶自然见证了近代物理学的诞生，并且参与了这一重要时代的智力活动。马耶作为法国政府领事代办，在地中海各地的港口度过了很长一段时间。事实上，他在埃及总领事的办公室待了16年，尼罗河峡谷的奇妙现象给他留下了深刻的印象，以致他注意到这一事实：触目所及，到处都有相似的秩序，并且还导致他推测地球和地球上生物的现状的起源。马耶对科学倾注了全部的热情，但是他似乎对于发表自己的观点犹豫不决。尽管他在《特雷阿米德》（Telliamed）的序言中已尽力将这些观点与希伯来人的假说保持一致，但这一观点还是得不到同代人的认可。

就在意大利学派的许多伟大的解剖学家和物理学家致力于驱散当时流行的一些错误观点后不久，他们的杰出弟子，现代生理学的奠基者哈维，在一个较少受僵化的神学压制的国家，境遇不佳，以致人们要冒险才能追随他的足迹。可能受这些因素的影响，马耶作为埃及总领事的天主教权威终生对自己的理论秘而不宣。《特雷阿米德》是他笔下的唯一一部科学著作，这时他已经是79岁的高龄了。尽管马耶又活了三年，但他的书直到1748年才得以面世。书名中包含有字谜游戏，对于不知其中奥秘的人来说，就会读不懂其中含义。出于必要，前言和题词的措词是专门为出版商安排的借口，申明"本书只是充满了机智的话语（jeu d'esprit）"。

尽管印第安先人的迷信假说与非常流行的"镶嵌地质学"（Mosaic Geology）听起来一样完好，但是如果我们以现代科学的眼光看，它们并没有多大的价值。认为水最初曾经

① Mashallah,阿拉伯语，意指信徒完全接受真主降临其上的好运或厄运。——译者注
② 在不损害产业的条件下使用他人产业并享受其收益的权利。——校者注
③ 马耶（Benoit de Maillet, 1656—1738），法国外交官和旅行者。他在1748年出版的一本遗著中提出了一个同那克西曼德相类似的学说，他设想一切陆地动物都由鱼类改变习惯和环境影响而来。鸟类来自飞鱼，狮子来自海豹，而人则是人鱼变的。——译者注

覆盖了整个地球,构成山脉的岩石是以现在形成泥、砂和砾石的相同过程沉积形成的。后来水位渐渐降低,动植物残骸留在这些岩层中。随着干燥陆地的出现,某些水生动物适应了陆上生活,它们后来渐渐变成了适应陆地和空中生活的种类。但是如果我们根据那时的知识状态,再考虑推理的一般过程和风格,显然有两点应该尤其值得注意。第一,马耶有一种生命可变异性(modifiability)的观念(尽管他在这个问题上没有任何准确的知识),并知道如何用这种变异来解释物种的起源。第二,他清楚地理解受赫顿(Hutton)强烈支持、后来莱伊尔又对之进行完整阐释的伟大的现代地质学原理,即我们可以用现在的原因解释过去的地质事件。下面这段前言,实际上是马耶谈到他的另一个自我——印第安哲人特雷阿米德时说的,与今天大多数均变论学者的观点完全相同:

> 令人惊奇的是,为了获取这些知识,他似乎逆向思考自然界的法则,因为他不是从研究地球的起源着手,而是从了解自然界的现象开始。他声称这种逆向思维的方式,对他来说卓有成效,这种方法帮助他逐步取得一些重要的发现和认识。这些发现和认识是在剖析地球的物质组成以及了解所有构成部分之后获取的,即起初他研究这些物质各部分组成以及各部分之间的相互关系。这种通过比较研究获取知识的方法,对人们探究自然界隐匿的内部规律总是必要的。这种方法也有利于引导我们的世界观,获取非常有趣的自然知识。通过了解自然界的结构和组成规律,他声称已经探明我们居住的地球的真正起源、地球是如何形成的以及谁造就了地球。(第 19—20 页)

马耶走在了时代的前面,几乎成了林耐之前考虑动物和植物分类问题、哈勒(Haller)之前考虑生理学问题的先行者,但他也在不同的方面不可避免地犯下了巨大的错误,因此导致了他的著作不被人注意。罗宾特(Robinet)的推测与马耶的相比远远落后了,尽管林耐对演变的假说十分熟悉,但直到拉马克采纳并在《动物哲学》(*Philosophie Zoologique*)一书中大力进行吹捧之后,这种假说才获得必要的支持。

部分是由于他那朴素的宇宙观和地质观,部分是由于一种渐变观,来自于他对植物和低等动物的广泛研究,尽管这些生命形式的分支是不规则的,从而促成了拉马克的物种演变假说。拉马克的思考主线与马耶的非常近似,在讨论生物起源问题时,他那质朴得近乎猜测的方式卓有成效,这是因为他主要通过致力于发现影响物种转变的自然原因,而马耶仅仅假定这是存在的。拉马克认为他已经在自然中发现了这样的原因,并完全符合自己的猜想。他说,器官的用进废退是一个生理学事实;产生的变异可以遗传给后代也是生理学事实。因此,如果身体的某一部分经常被运用,而另一部分则很少被运用,就会影响它们的发育,从而改变一种动物的行为,继之改变它的结构。改变周围的环境也可以改变动物的行为,因此,从长远来看,环境的改变必定带来组织结构的改变。因此按照拉马克的观点,所有的动物物种,都是作用于那些原始胚种的环境改变的间接后果,而这些原始胚种,在他看来,是在水中通过自然发生而起源的。不过让人费解的是,拉马克应该像他原先那样坚持[①]环境从未在任何程度上直接改变动物的形态或组织,只是通过改变它们的需求,然后进一步影响它们的行为。这样他就给自己提出了一个显而易见的问题:不能表达需求或主

---

① 见《动物哲学》,卷一,第 222 页,以及下列等等。

动行为的植物是如何发生改变的？对此他的回答是，环境通过影响植物的营养过程而使之发生变化。在他看来，这种变化似乎从未在动物中发生过。

拉马克意识到单凭思辨是不能解决物种起源问题的，为了建立任何可靠的物种起源理论，都必须进行观察来寻找能形成物种的真正原因。他确信正确的分类要与它们的发育次序相符合，他还坚持必须要有足够的时间，而且在他看来，造成本能和理性的所有变化的原因均与物种起源有着同样的原因。当我们做上述陈述时，其实是在列举他对这一问题的主要贡献。另一方面，除了用进废退，他对于其他自然机制一概忽视，这导致拉马克不适当地将全部赌注都放在了这个因素上，他的荒谬理所当然要受到指责。我们会看到，关于达尔文先生重点关注的生存斗争，他只字不提。事实上，他怀疑除了我们亲眼看到的死于人类手中的这些大型动物外，是否真正存在灭绝的物种。在讨论可能存在化石壳时，他没有想到会有其他破坏性因素在起作用，所以他问"为什么在没有人类造成破坏的情况下，它们事实上消失了？"（《动物哲学》第 1 卷，第 77 页）。拉马克对于选择的影响没有什么概念，他既没有阐述家养动物表现出来的奇妙现象，也没有说明它们的效果。居维叶的巨大影响对拉马克的观点极为不利，并且因为他的某些结论的漏洞显而易见，因此他的学说在科学界和异教神学界同样备受攻击。后来拉马克努力用一些事实来重建自己在思想界的地位，但均无济于事。事实上，值得怀疑的是，拉马克受到朋友的攻击多呢，还是受到敌人的攻击多！

一方面，事实上，两年以前我们即可大胆设想，即使那些"特创论"假说最坚定的支持者，他们恐怕偶尔也会怀疑，自己是否全部正确。但他们的地位似乎一如既往地牢固，如果不是因为他们内在的力量，就是因为所有想取而代之的假说都以失败而告终。另一方面，想深入思考物种问题的少数人受到普遍接受的教条的排斥，他们除了采用基本上没有被实验或观察证实的、同样不受欢迎的假设外，别无出路。要从上述两种谬论和令人不快、中庸的怀疑论之间做出选择，后一个选项，无论多么令人不满和不快，但显然是在这种情况下唯一合理的心理状态。

这种想法在博物学家的头脑中酝酿，于是，1858 年 7 月 1 日，他们聚集在林奈学会的讲堂中聆听来自地球两侧的两个作者的报告就毫不奇怪了。这两位作者在此向公众展示他们凭着独自的努力得出的有关物种问题的相同答案。作者之一就是著名的博物学家华莱士先生，他在印度群岛（Indian Archipelago）对物种问题进行了多年研究，然后将他的观点写成论文寄给了达尔文先生，想通过他在林奈学会发表。细读之下，达尔文先生惊异地发现该论文中包含了诸多他为之工作了 20 多年的主要观点，而且部分观点与早在 15 年或 16 年前私下里给朋友看过的完全相同。如何才能将这件事处理得圆满，既要对得起朋友也要对得起自己，让达尔文陷入了困境。他将此事交给了胡克和莱伊尔爵士。根据他们的建议，达尔文向林奈学会提交了一份涵盖他主要思想的简单摘要，同时也宣读了华莱士先生的论文。《物种起源》是该摘要的扩大。达尔文先生学说的完整阐述将会出现于这部更庞大、更详细的著作中，据说他正在为出版此书做准备。①

达尔文主义的假设具有明显的优点，其原理简单明了，要点可以用简单几句话来概

---

①　请注意赫胥黎此稿写于 1860 年。

括：所有的物种都是从共同祖先通过变种的演化而产生；经由自然选择这一过程，首先形成稳定的品种，然后形成新种；本质上，自然选择过程与在人类干预下家养动物产生新品种的人工选择完全一样；在自然选择中生存斗争取代了人的位置，在自然选择中它发挥着人工选择的作用。

为了支持自己的假设，达尔文提出了三类证据。第一类，他致力于证明物种能通过选择而产生；第二类，他试图证明自然因素有能力完成选择的功能；第三类，他试图证明在物种的分布、演变和相互关系中那些最显著的反常现象，可以从他提出的起源学说和所知的地质变化事实中推导出来，即使这一假说现在还不能解释所有的这些现象，但并不与之相矛盾。

无须质疑达尔文先生所采取的研究方法，它不仅严格遵循科学逻辑规则，而且是唯一胜此重任的方法。那些只在经典传统和数学方面接受过训练的评论家，一辈子也未从实验或观察的归纳中获得过科学事实，却对达尔文的方法进行夸夸其谈的指责，说达尔文先生的方法不够归纳，也并非完全是培根式的。即使他们对于科学研究的实际过程不熟悉，但他们可以通过熟读密尔（Mill）先生的绝妙篇章"论演绎之法"，从而知道存在很多种科学调查方法，其中纯粹的归纳法对于研究者有帮助，但也仅是其中的一种而已。

密尔先生说："作为我们从复杂现象获取知识的主要来源，被证明不适用直接的观察和实验的研究模式，通常来说就是演绎法。演绎法包括三个步骤：第一，直接的归纳；第二，推理；第三，证明。"

现在，不仅决定物种存在的条件极为复杂，而且绝大多数物种都超出了我们认识范围。但是达尔文所做的与密尔提出的原则完全相符，他通过观察和实验致力于确定某些归纳出来的主要事实，再从这些数据中推出结论。最后，他用自然界中观察到的事实与自己的推论进行比较，检验了这些推论的有效性。达尔文先生用归纳法致力于证明，物种是以某种确定的途径产生的。他用推论法显示，如果物种是以这种方式产生的，其分布、发育和分类等事实就是可以解释的，也就是说，只要给予无限的时间，就可以结合自然地理和气候的变化从它们的起源模式出发推导出这些事实来。就目前的情况看，这种解释或观察到的现象与推测出的结果是一致的，这证明了达尔文学说的观点。

虽然达尔文先生的方法无懈可击，但还存在一个问题，即他是否满足了这种方法所要求的所有条件。事实上，他已经充分证明了物种是可以通过选择产生的吗？的确存在自然选择这种东西吗？物种表现出的现象就没有一个与物种起源的这种方式相矛盾吗？如果这些问题的答案是肯定的，那么达尔文先生的观点已经超出了假设的范畴，成为被证实的理论。但是，根据我们的看法，只要目前引证的证据不足以做出这种肯定，新学说就还只能是假说———种非常有价值的学说，很可能是在现有的科学观点中唯一有价值的假说，但它仍然还只是一种假说，而非关于物种的理论。

经过多番考量并且确信对达尔文先生的观点没有偏见之后，我们确信，已有证据显然不能完全证明，表现出自然界中物种所有特征的一群动物，是通过选择起源的，不管这种选择是人工的还是自然的。具有物种形态特征的群（Groups），也就是明显的永久科族，按此过程源源不断地产生出来。但目前还没有确切的证据表明，通过变异和选择性育种,可以从任何动物群中产生出另外一个群,即使它们在最低的程度上是与前者杂交不育的。达尔文先生完全意识到这个弱点,因此提出许多独创性和重要的论据来缓解反对的压力。我们充分肯定他论点的价值,而且我们也相信,在短短的几年中一个高超的生理学家所进行的实验,将很可能获得预想的结果:从一个共同祖先群中产生出或多或少杂交不育的几个杂种(breeds)。不过就目前来看,"最初的分歧(little lift within the lute)"既没有被掩饰也没有被忽略。

迄今为止,以我们个人的能耐还不足以让我们在达尔文先生的理论中发现重大的漏洞。根据我们听到或读到的内容来判断,同一领域的其他探索者也没有更多的好运。例如,有人认为在"生存斗争"和"自然选择"两章中,达尔文先生并没有充分地证明,必须存在的自然选择实际上确实存在。事实上,也没有其他办法能证实之。除非它们已经在自然界中存在了很长时间,否则一个种族很可能不会引起我们的注意,这时再去研究它起源的条件已经为时已晚。此外,有人认为发生在家养状态下、受人类干预的选择与自然起作用的过程之间不存在真正的类比,因为人类的干扰是充满智慧的。说到底,这种观点暗示智力因素所带来的问题比非智力因素必然更为棘手。但即便把能否将按照确定不变的规律运转的自然正确地称为非智力因素这个问题放在一边,这样一种观点也是完全站不住脚的。将盐和沙粒混合在一起,即使是让那些最聪明的人将砂粒与盐粒分开也将是一个难题。但是一场透雨在十分钟之内就能解决这个难题。而且人们发现,当他绞尽脑汁来区分那些得到的变种,并且从中进行选择性繁殖时,这就相当于自然界中源源不断在起作用的破坏性力量,如果他们发现一个变种在环境中比另外一个更易"溶解",最后它将不可避免地被清除。

基于在很多物种之间缺乏过渡类型,从而导致不少人对拉马克的物种可变假说产生正当质疑。但对于达尔文的假设,这种质疑就毫无用处了。事实上,达尔文先生著作中最有价值和启发性部分,就是他证明了缺乏过渡类型正是其学说的一个必然结果,两个或更多个物种所起源的祖先种系(stock)不一定必须介于这些物种之间。如果任何两个物种是产生自同一个祖先种系,也就是说这两个物种的共同祖先种系无须介于二者中间,就如同信鸽和球胸鸽都起源于岩鸽,而岩鸽并没有介于信鸽和球胸鸽之间一样。若是明白这种类比,以过渡类型的缺失作为理由,反对物种起源的选择系统就再也站不住脚了。如果没有书中常见的"自然从不跳跃"(Natura non facit saltum)这句格言带来的迷惑,我们认为,达尔文先生的理论会更有力量。如上所述,我们相信自然不时会进行跳跃,认识到这个事实对于驳斥许多反对转变学说的观点也极其重要。

但是我们必须稍作停顿。仔细讨论达尔文先生的观点将使我们远远超出本文开始时预设的范围。如果我们对于物种的已知事实,不管多么简短,进行了陈述,并且介绍了达尔文先生对这些事实的解释及其与前人理论之间的关系,最重要的是指出,他的观点是如何合乎科学逻辑的,我们的目标就达到了。我们坦率承认,至今还没有能达到所有这些要求,但我们毫不犹豫地断言,它已经比其他先前和同时代的假说都进步得多,就如司哥白尼的假说对托勒密的理论一样,达尔文的假说在观察和实验的范围,科学方法的严密性,对于生物现象的解释能力等方面都成效卓著。尽管后来证明行星的轨道不是严格的圆形,但哥白尼对于科学的巨大贡献令开普勒和牛顿不得不追寻他的脚步。如果达尔文主义的轨道表现得过圆又会怎样呢？如果物种表现出种种自然选择不能解释的滞后现象又会怎样呢？也许 20 年后的博物学家能对此做出判断，但无论博物学家们持何种观点，他们都将对达尔文先生感激不尽。如果我们让读者觉得《物种起源》一书的价值完全在于其中包含的理论观点会得到最终证明，那就是我们在予以误导了。相反，如果明天证明这些观点是错误的，但本书在同类著作中依然是最好的、关于物种学说的精选事实的最简明扼要的、前所未有的综述。有关变异、生存竞争、本能、杂交、地质记录的不完整、地理分布的章节不仅是举世无匹的，而且就我们所知，是在所有生物学著作中最出色的。总体看来，我们相信，自从 30 年前冯·贝尔①出版《发育的研究》之后，没有哪部著作具有如此巨大的影响力，不仅对于生物学的未来有巨大影响，而且还把科学延伸到了前所未有的思想领域中。

①　冯·贝尔（Karl Ernst von Baer，1792—1876），爱沙尼亚裔德国博物学家和胚胎学先驱，他于 1827 年发现了哺乳动物的卵。——译者注

第十四章　达尔文的假设

——达尔文论物种起源

The Darwinian Hypothesis

　　无论如何,距离我们越近的作者比他们的前辈具有更多的优势。达尔文先生厌恶纯粹的思辨,正如自然厌恶真空一样。他像所有律师一样渴求实证和先例,他提出的所有原理都能够通过观察和实验来检验。他让我们追随的道路,不是纯粹的空中楼阁,虚构的理想之网,而是通向事实的坚实和宽阔的桥梁。如果事实果真如此,它将带领我们安全地越过许多知识的鸿沟,跳过无用的终极因学说设下的迷人陷阱,对此,一位德高望重的权威曾如此警告过我们。"我的孩子,在葡萄园中挖掘吧",这是一则寓言中老人最后的话,尽管孩子们没有发现珍宝,他们却因收获葡萄而发了财。

科学的假说如雨后春笋般迅速出现，今天的人类再也没有其他事情或思想能与之相提并论了。不管科学为我们带来了怎样的后果，由于它对自身力量和范围的扩展，使得我们超越了自身，改变了人类的命运。我们可能在精神上有自己的选择，犹如博学的圣贤荷马所说，我们有：

> 我已见识了许多人类之城
>
> 及其风气、习俗、枢密院和政府[①]

但是我们必须最终承认与自然的杰作相比：

> 人类旅途多风尘
>
> 一路相随，高高扬起
>
> 又轻轻地落下[②]

大自然在时间或空间上的界限是科学无法企及的。

虽然总有科学未尽之处，但实际上科学的范围是无限的。因此，时不时科学理论会让我们感到震惊，乃至迷惑不解，这在约定俗成的道德世界是不存在的，因为科学领域就如同一个在不断扩大的圆圈，在不竭的创造力的驱使下，我们越发充满热情地去追求。天文学在望远镜的帮助下，视野超出了我们所知的星球；而生理学在显微镜的帮助下，将事物细分至极其微小。我们所处的时代相对于地球历史而言，无法展示我们所在地球历史的全程。随着科学把新的材料纳入到她更新的理论中来，关于自然的新概念和地球生物间的新关系必然会出现。如果出现了更为先进的知识，就像如今摆在我们面前的这位著名博物学家非常新奇的假说那样，我们不应感到吃惊。这些假说在今后可能会持续下去，也可能会销声匿迹，它们可能会为其他假说让路，更新的科学理论要在极高的技巧和耐心之上颠覆先前建立的科学理论。如果我们想成为培根的继承人和伽利略的追随者，理论的充分性只能通过科学的检验方可通行。我们只有通过适当的检验才能在与之俱来的争论中对这些假说进行严格评判，此外别无他法。

我们所介绍的达尔文著作中的假设，仅是一个初步的大纲，用他自己的话可以这样说："物种是通过自然选择而起源的，或通过在生存竞争中保存优势种类而产生的。"为了使论文容易理解，需要对它涉及的名词进行解释。首先，什么是物种？这个问题看似简单，尽管我们请教那些应该对之有深刻了解的人，但仍没有获得正确的答案。物种是源自单一一对亲本衍生而来的所有动物或植物，是生命体中有明显定义的最小类群，是一

◀ 但当读到他（指达尔文）的著作时，我们必须承认起先是出自钦佩，随后会变得心悦诚服，作者的思想是这样清晰，信念是如此直言不讳，怀疑的表达是如此诚实坦荡。（见 P205）

---

① 取自丁尼生的《尤利西斯》(*Ulysses*)。丁尼生（Alfred Tennyson，1809—1892），维多利亚时期代表诗人，主要作品有诗集《悼念集》、独白诗剧《莫德》、长诗《国王叙事诗》等，是华兹华斯之后的英国桂冠诗人。——译者注

② 取自丁尼生的《罪的梦想》(*The vision of sin*，1842)。——译者注

个永恒不变的实体，它不存在于自然界中，而是人类智慧所产生的抽象概念。这个简单词语的一些含义是专家赋予它们的，如果将这些词本身和理论上的细微之处放在一边，让我们通过实践来研究该名称实际所指的物种，亲自寻找一种含义，这对我们用处不大。实际情况和理论一样充满变数。让植物学家或动物学家调查并描述一个地区所具有的动植物种类，不同的研究者在物种的数量、界限和定义上将无法达成共识。在某些岛屿上，我们习惯将人看做是一个物种，但是两个星期之后蒸汽机把我们带到了另一个地区，这里的牧师和专家一旦达成统一意见，即使是没有确切的证据，也可以大声宣布，人具有不同的种。很显然黑人与我们的差别是如此之大，摩西十诫中根本就没有提到他们。在这个充满罪恶的世界中，如果存在一个平静的昆虫学领域的话，在此领域，激情和偏见难以搅乱人们的心灵，然而当一个优秀的鞘翅目昆虫学家用十卷的篇幅来生动地描述甲虫时，他的同行将立即宣布其中的十分之九根本就不能算是真正的种。

事实是，可以辨识的生物物种的数目几乎是不可想象的。从采集中能鉴别出和已经被描述的昆虫，至少就有 10 万种之多，保守估计，可以分辨出来的生物种类有 50 多万种。在绝大多数界定明确的物种周围还存在与之相近的变种，它们与另外的种之间是连续过渡的，因此可以想象区分什么是永久的和什么是暂时的，什么是一个真正物种和什么只是一个变种的工作，是何等的艰巨。

但是否的确就不存在一种检验方法能将真正的物种与纯粹的变种区分开呢？是否确实没有物种的标准呢？德高望重的权威们断言，这个标准就是同一个物种的成员之间杂交总是可育的，不同物种的成员之间杂交则是不育的，或它们的杂种后代是不育的。可以肯定，这不仅是一个实验事实，还是纯种得以保存的一种途径。这样一个标准可以说是无价的，但不幸的是，在大多数有此需要的实例中不知如何才能应用它，而且它的普遍有效性没有得到公认。尊敬的牧师赫伯特先生（Hon. and Rev. Mr. Herbert）是一个值得信赖的权威，他不仅根据自己观察和实验的结果断言，许多杂种是完全能与它们亲种一样可育的，而且还进一步宣称长叶文殊兰（*Crinum capense*），这种特殊的植物当与另外的种杂交时，比与同种交配产生更多的后代。另一方面，众所周知，报春花（Primrose）和连香报春花（Cowslip）仅是同一个种的两个变种，著名的盖特纳（Gaertner）费尽心机对报春花和连香报春花进行杂交，但在几年的时间里仅成功了一两次。人们已经记录有这样的情况：如果物种 A 的雌性个体，与物种 B 的雄性个体杂交是可育的，但如果物种 B 的雌性个体和物种 A 的雄性个体进行杂交，却是不育的。类似的事实摧毁了上面所提出的标准的价值。

如果研究者厌倦了在确定物种时的无尽困难，满足于用粗略标准来界定物种，将它们看做是自然起源的来研究它们：探索它们与所处环境间的关系，它们结构的相互协调和冲突，它们各个部分联系的方式以及先前的历史，他会发现自己深陷所谓的巨大迷宫之中，顶多只能看出一个极为模糊的轮廓。如果他一开始就拥有某种明确信念的话，那就是生物的每一个部分都密切适应生存中的某些特别用途。但难道他的佩利（Paley）①没有告诉过他那些看似无用的器官，比如脾脏，是如此美妙地经过调整包裹在其他器官

---

① 19 世纪英国自然神学家，著有《自然神学》一书，尤为强调设计证据。——校者注

之间？而且，在开始研究的时候，他会发现一半的营养结构特性不能用适应来解释了。他还发现，小牛和幼鲸的齿龈中的残齿毫无用处；有些从来都不进行啃咬的昆虫，却有颚的残余，而另外一些昆虫从来都不能飞行，却有翅的残余；天生眼盲的物种还具有眼的残余；缺乏行动能力的物种也有肢的残余。再说，没有什么动物或植物生来就是完美无缺的，它们都起始于相同的状态，然而历经的过程却各不相同。不仅人和马、猫和狗、龙虾和甲虫、滨螺和贻贝，即使是海绵和微小的动物都是从难以分辨的形体开始它们的生命之旅的，对于所有变化无穷的植物也是如此。不仅如此，所有的生物更是沿着发育的大道齐头并进，随后分化成各自的形状，就像人们在离开教堂时，都是先走下过道，但到达门口之后，一些人走进了牧师住宅，一些走向村庄，另外一些则到了邻近的教区。人在发育过程中经历了一段与最卑微的蠕虫平行发展的形态，然后经历一段与鱼同步的形态，随后又经历一段与鸟和爬行动物相同的形态，只是到了最后，在短暂经历了最高级的四足和四手动物的形态之后，才到达真正高贵的人类形态。现在，没有一位优秀的思想家会梦想用存在未知和无法发现的对目的的适应来解释这些明白无误的事实。我们要提醒那些对事实无知的人，若要相信权威，没有谁能够比我们杰出的解剖学家欧文教授更有资格断言，终极因学说（doctrine of final causes）运用于生理学和解剖学中是无能为力的。欧文教授就此曾说过[1]，"我认为很明显，终极适应原理将不能解释问题的所有情形。"

但是，如果终极因学说不能帮助我们理解生物结构的异常，适应性原理定会使我们明白，为何在世界的某些地区会发现某些生物，而在另外一些地区却没有。我们知道，棕榈在我国的气候条件下是不能生长的，在格陵兰，橡树也不会生长。北极熊不会生长在老虎出没的地方，反之亦然。对动植物自然习性研究的越多，越会发现基本上它们似乎都是局限于特定的区域内。但是，当我们考察那些动植物地理分布的事实，就会绝望地发现，要认识它们奇特和明显多变的关系是毫无可能的。有人可能会倾向于提出这样的假设，每一个地区必定自然地充满最适应生长于此的动物。假设如此，那么将如何解释南美潘帕斯草原被发现时，新世界的这个地方为何没有牛？并非这里不适合牛生存，现在有几百万头牛在此出没，澳大利亚和新西兰的情况也是如此。事实上，这是一种十分奇怪的现象，北半球的动物和植物不仅仅像本地物种那样十分适应南半球的环境，而且有很多物种在此生活得更好，它们大量繁衍致使本地物种遭到排挤。因此，很显然，自然生长在一个地区的物种不一定最适应这里的气候和其他条件。一方面，虽然岛屿上的物种经常与其他已知的动物或植物截然不同[2]，但它们还几乎总是与距离最近的大陆上的动物和植物具有科一级的相似性。另一方面，在巴拿马地峡的两侧几乎没有一种种类相同的鱼、贝壳或螃蟹。因而，无论从哪个角度，如果假定我们现在所看到的都是我们能理解的自然界的全部，那么生物界为我们提出了难以解开的谜。

但是，我们关于生命的知识并不仅局限于当今的世界。尽管对此略有争议，但是地质学家们都认为组成地球表面的巨厚沉积地层，是已经过去的难以想象的漫长时间的见

---

① 见《论肢的本质》（*On the Nature of Limbs*），第 39、40 页。
② 参见最近爱默生·特内特先生（Sir Emerson Tennent）在《锡兰》（*Ceylon*）一书中发现的例子。

证,它们虽然不完全,但却提供了仅有的可用证据。大部分经过悠长的历史形成的沉积岩石中分布着大量的生物残骸,它们就是那时生活过、后来又死掉的动植物的残骸化石,它们埋藏在那些当时还是软泥的岩石中。认为这些生物残骸是破碎的残片那就大错特错了。博物馆中展出的那些远古时代的化石贝壳,像它们形成时一样完美。甚至整个骨架是如此的完整,所有的肢翼均完好无缺。不仅如此,那些有所改变的肌肉,发育中的胚胎,甚至是原始生物的足印也被保留了下来。因此,在博物学家们发现于地下的生物物种中,一些动物类群比现今生存的种类更繁多。但不同寻常的是,大多数这些埋在地下的物种与现今的物种完全不同。这种不同有它自己的规则和秩序。很明显,我们顺时间回溯越远,与现今相似的物种越少,灭绝物种集群间隔得越远,它们之间的相似性也越小。换句话说,在地质历史中存在一系列有规则连续演替的生物。一般说来,集群越年轻,它们与现存物种就越相似。

人们曾经一度认为,这种演替是一系列巨大灾难、毁坏和整体重新创造的结果。但是现在地质学已经将大灾难清除出去了,或至少是从对古生物学的思考中清除出去了。不可否认,在生命之链上的缺口不是绝对的,这只是由于我们知识的相对不完备造成的。后续物种不是以集群的形式,而是逐个取代那些老物种。如果过去所有的现象一下子出现在我们的面前,地质学家会发现他们所说的不同时代和地层之间的过渡就是不明显的,就如同太阳光谱中的颜色虽然不同,但却不能截然分开一样。

以上简单地概括了关于物种的一些主要事实。这些事实最终再不能被分解? 它们的复杂性和混乱状态只是更高级法则的体现?

实际上,有很多人认为前者是正确的。他们相信摩西五书(Pentateuch)①的作者是被授权和被委任来教授我们科学和其他真理的,我们在那儿发现的关于造物的记叙是完全绝对正确的,任何与之相抵触的事物显然都是错误的。按照这种观点,所有记录详细的现象均是创造性法令的直接产物,理所当然地超出科学领域之外。

不管上述观点最终是对还是错,就目前而言,即便对之能进行正常的推理讨论,但无论如何这种观点还是得不到逻辑上的支持。因此我们认为可以将之忽略,而将注意力转向那些得到公开承认的、有科学根据、容许对结果进行争论的观点上。我们不要再犹豫了,因为那些经常与事实打交道(明显占很大的优势)的人,总认为他们属于这一类人。

时至今日,大多数富有发言权的人士都站在下述两种立场上:首先,在既定的定义范围内,每一个物种都是固定不变的;其次,每一个物种最初都是通过一个截然不同的创造行为所产生。很明显第二种立场得不到验证或反证,造物主的直接控制不是科学研究的主题,它只能是第一种立场的推论,而第一种立场的对错只能取决于证据。大多数人认为有利于这种观点的论据太多了,但对某些有识之士来说,这些论据没有说服他们。这些人当中,著名的博物学家拉马克就是其中一员,他比同时代的其他人对低等生物都熟悉,即使和居维叶相比,他也是一个格外优秀的植物学家。

似乎有两个事实强烈地影响了这些有识之士的思想过程:一个是,所有生物之间或多或少都有亲缘关系,于是最低级生物在经过很多步骤后就可以达到最高级的生物;与

---

① 即《旧约全书》的首五卷。——译者注

个是，通过强化使用，一个器官可以向一个特定的方向发展，一旦这种变异被促成，就传播开来，并具有遗传性。考虑到这些事实的相关性，拉马克致力于通过第二个事实解释第一个。他说，将一种动物放在一个新的环境中，它的需求将发生改变，新的需求产生新的欲望，为了满足这样的欲望，将导致生物体所使用的器官发生变异。例如，让一个人当铁匠，他的上肢肌肉将根据需求发生相应的变化。拉马克说："一些短脖子的鸟抓到水中的鱼，但又不想弄湿自己，随着时间的推移和个体的不断努力，就产生了如今们所见到的鹭和长脖子的涉禽类。"

自打问世以来，拉马克的假说就备受声讨，"墙倒众人推、人倒众人骂"是人类的天。但是，对一个伟大人物的错误进行冷嘲热讽，是既不明智又没有益处的。就当前的子而言：只是其学说的逻辑形式与实质之间出现严重错位而已。

如果一个物种真是通过自然条件改变产生的，我们应该能找到现在正在起作用的这条件。我们应该能够发现，在自然界中有些力量以这样的方式改变所有种类的动物或物，于是便产生了被博物学家所接受的新物种。拉马克设想他已经在这一公认的事实找到了真谛，即某些器官可以因使用而改变，而且这种改变一旦产生就是可以遗传的。似乎他并没有去探究，是否有理由相信这种可遗传的变异是否能随心所欲地得到，或追问动物能坚持多长的时间去满足自己不可能的欲望。比如在前面的例子中，或许早腿或脖子发生任何变化之前，鸟已放弃以鱼为餐了。

自拉马克的时代开始，几乎所有优秀的博物学家都把对物种起源的思索留给了像遗迹》（*Vestiges*）的作者那样的梦想家。他们善意的努力反而为拉马克理论招来了有识士的最后一轮驳斥。然而，尽管遭到埋没，但演变理论对许多正直的动物学家和植物家来说，却成为挥之不去的"隐私"，因为他们的目标不仅限于为动植物标本命名。确有这样一种思想，自然是一个宏大而又连续的整体，如果我们能正确地看待它，建立在种神圣秩序之上的生命世界必定与"野性物质"（brute matter）的多样形式相一致。难天文学的历史，物理学所有分支的历史，化学的历史和医学的历史，只不过体现为，人思想常常被迫违背自己的意愿，去寻找事物背后第二因的作用机制，并且因无知而乞更高力量的直接干预？当我们认识到形成生物的元素与无机界的元素相同，它们之间互作用，并以一种千丝万缕的方式相联系，这时是否有可能，不，甚至有可能，情况却，在表面的无序中不存在有序，在表面的多样性中不存在相关性，因而即便发现相互关的重要而又崇高法则，对此却也无法做出解释呢？

这类问题肯定经常出现。但假如没有促成本文发表的研究成果的问世，这些问题就会吸引科学界的关注。它的作者达尔文先生，一个曾经众所周知的名字的继任者，当多数如今的名人还年轻的时候，他就在科学上找到了自己的跑道，并且在最近 20 年的国哲学界占据了显要位置。出于热爱科学参加了环球航行之后，达尔文先生出版了一列研究结果，于是吸引了所有博物学家和地质学家的注意。毋庸置疑，他的总结（gene-lisations）得到了充分的确证，现在受到了普遍的赞同，它们对科学的进步具有极其重大影响。最近，这位少有的多才多艺的达尔文先生，将注意力转向了动物学和显微解剖学最难的问题。没有一个现在还在世的博物学家和解剖学家曾出版过比他更好的专论了，都源自他的辛勤劳动。无论如何，这样一个兢兢业业的人，当他将 20 年的研究和思考结果摆在我们面前时，即使我们很想插话，也必须倾听。但当读到他的著作时，我们必须承认起先是出自钦佩，随后会变得心悦诚服，作者的思想是这样清晰，信念是如此直言不讳，怀疑的表达是如此诚实坦荡。如果想对此书进行评判就必须读它，在此我们只是竭力将他的观点和哲学思想整理出来，以我们自己的方式通畅地传达给读者。

在贝克大街巴扎（Baker Street Bazaar）上正好在举行妇孺皆知的年度展览。直背、头小、体大的公牛，与我们可以想象的那些野生物种完全不同，它们与6种不同品种的羊和稀奇古怪的肥猪一起，令人啧啧称奇，这些公牛与野生公猪或母猪间的相异，正如同一个高级市政官与一头猩猩间的差别。家畜展之后就是家禽展，展会上这些活蹦乱跳的怪家伙肯定与土著山鸡（*Phasianus gallus*）十分不同。如果游客对这些怪异动物还不过瘾，可以到七盘商业区（Seven Dials）转转，他将看到，鸽子的种类十分特别，它们彼此之间和与亲本之间互不相似，同时园艺协会还能为他提供许多与自然类型不同的变形植物。在参观中他还会吃惊地发现，那些奇异动植物的主人和培育者信心十足地认为它们是不同的种。他们的这种信心与他们对科学生物学的无知恰成正比，当他们对自己能"制造"出这样的物种而倍感自豪时，这种信心尤为明显。

经过仔细的调查可以发现，所有这些和许多其他人工动植物品种（breeds）和种族（races）都是通过一种方法产生的。育种家具有高超的技艺，他们十分睿智，具有天生或习得的悟性。他们注意到在他们蓄养的动植物中存在一些轻微的差异，虽然并不知这些差异产生的原因。如果希望将这些差异保存下来，形成一个他所需要的品种（breed），他们就会选择那些有望获得这些特征的雌雄个体，让它们交配繁殖。然后对其后代进行仔细检查，将那些特征最明显的个体挑选出来进一步杂交繁殖，然后不断重复这一过程，直到获得所需的、与原型（primitive stock）分异明显的个体。由此表明，通过连续的选择，总是找那些特征鲜明的个体进行繁殖，同时排除与不纯个体的杂交，就可以形成一个新的品系，它具有超强的繁殖自身的能力。在这一过程中，生物体表现出无限的趋异能力。但有一件事可以肯定，如果某些品种的狗、鸽子或马只以化石的形式出现，所有博物学家都会毫不犹豫地将它们看做不同的物种。

但是所有这些实例中都有人的参与。如果没有育种家，将不再有选择，没有了选择也就没有新的种族。在承认自然物种也可能以相似的途径产生之前，必须证明在自然界中有一些可以取代人的位置的力量，能完成选择的重任。达尔文先生宣称他发现了自然界中存在这种力量以及作用方式，他命名为"自然选择"。如果他是正确的，这一过程则十分简单和易于理解，而且可以从人们熟知难忘的事实中不容抗拒地推导出来。

例如，谁曾认真思考过，为了生存而进行的那些不可思议的竞争会产生什么样的结果，而且这种竞争在自然界中无时无刻不在发生。不仅每一种动物的生存需要其他动物或植物付出代价，而且所有植物之间也是战事连连。地面上遍布着不能萌发成苗的种子，幼苗为了空气、光照和水分互相抢夺，强者获胜，将对手斩草除根。年复一年，一般来说那些不受人类干扰的野生动物数量总是保持恒定。可我们知道每一对亲本每年产生的后代数可以从1个到100万个。从数学上来说，自然原因杀死的数量与每年出生的数量旗鼓相当，只有那些稍具抵抗力的个体才能幸免一死。每一物种的所有个体就像沉船上的船员，只有那些优秀的游泳健将才有机会到达陆地。

毫无疑问这就是生物界的基本状况,达尔文先生在此发现了自然选择这个工具。假设处于不断竞争中的物种(A)的一些个体发生了偶然变异,新变异使它们在与同伴的竞争中更具优势,那么这种变化将获益,这些个体不仅能比其他个体获得更多的营养,而且在其他方面也占有优势,有更多的机会留下后代,它们当然会倾向于复制亲本的特性。由此类推,它们的后代比其同代的个体更有优势。设想空间只能容纳一个物种 A,弱的变种最终将被崛起的对手击败,强的变种则将取而代之。为了讨论的方便,假设周围的环境保持不变,新变种(在这里我们可以称它 B)是源自于祖先种的最适应这些条件的个体,它们能从原来的祖先种中脱颖而出,并维持其特性不变,而所有从这一类型产生的偶然偏离都将立刻消亡,因为它们在此不如 B 更能适应环境。B 维持下去的倾向将在连续世代的延续中得到加强,最终获得作为一个新种的所有特征。

但另一方面,只要条件发生不管多么轻微的改变,B 就不再是最能抵御破坏性影响的形式。这样,如果它能产生更有能力的品种(C),然后 C 将取代它的位置,形成一个新种。因此,通过自然选择,从物种 A 将逐步产生物种 B 和 C。

这些独创性的假说能让我们理解为数众多的生物看似异常的时空分布,毫无疑问,这与我们所见的生命现象和有机结构并不冲突。因此这一假说比任何以前的假说更有说服力。但能否用目前的研究结果来确定达尔文先生现阶段的观点是对还是错,则是另外一回事。歌德有一句名言,将下述思维方式定义为积极怀疑(Thätige Skepsis)。它珍视真理,所以既不愿意依赖怀疑,也不会因为未证实的信念而放弃怀疑。我们愿意推荐初学者以这种态度审视达尔文和其他关于物种起源的假说。也许 20 年后,博物学家有能力作为评判:一方面,达尔文充分论证的,存在于自然界中的这种引起变异的原因和选择的力量,是否能产生他所描述的所有结果;另一方面,达尔文是否高估了自然选择原理的价值,就如同拉马克高估了器官的使用是物种改变的真正原因一样。

无论如何,距离我们越近的作者比他们的前辈具有更多的优势。达尔文先生厌恶纯粹的思辨,正如自然厌恶真空一样。他像所有律师一样渴求实证和先例,他提出的所有原理都能够通过观察和实验来检验。他让我们追随的道路,不是纯粹的空中楼阁,虚构的理想之网,而是通向事实的坚实和宽阔的桥梁。如果事实果真如此,它将带领我们安全地越过许多知识的鸿沟,跳过无用的终极因学说设下的迷人陷阱,对此,一位德高望重的权威曾如此警告过我们。"我的孩子,在葡萄园中挖掘吧",这是一则寓言中老人最后的话,尽管孩子们没有发现珍宝,他们却因收获葡萄而发了财。

赫胥黎(1890 年)

第十五章 一只龙虾，或动物学研究

· *A Lobster; Or, The Study of Zoology* ·

现代世界充满了大炮，我们却让我们的孩子手持古代角斗士的盾和剑去迎战。

如果我们不对这种可悲的状况进行弥补，我们的后代将谴责我们。不仅如此，如果我们能够再活 20 年，我们的良知也将谴责自己。

我坚信唯一的弥补方法是将自然科学的主要内容纳入到初等教育中来。

博物学(Natural History)通常是指对矿物、植物和动物这类天然物体的性质进行研究的学科,反映人类从这些学科中获取知识的科学一般称为博物科学(Natural Sciences),它与物理科学(Physical Sciences)形成鲜明的对比。那些致力于获得这些知识的人通常被称为博物学家(Naturalists)。

从广义上讲,林耐是一个博物学家,他的《自然体系》(Systema Naturae)从最广的意义说就是一部研究博物学的著作。这部著作系统涵盖了当时已知的具截然不同特征的矿物、动物和植物。尽管林耐的研究结果所带来的巨大刺激掀起了人们对自然界的狂热兴趣,但人们很快发现再也没有人能写出另外一部《自然体系》了,也再没有人能成为一个堪与林耐相比的博物学家了。

博物学中的三个古老分支均取得了巨大的进展,但毫无疑问,动物学和植物学比矿物学成长得更快。因此,正如我推测的那样,博物学这一词渐渐地越来越明确地指动物学和植物学,博物学家也越来越明确地指那些研究生物结构和功能的人们。

当然,知识的进步逐渐增加了矿物学和其古老兄弟学科间的差异,同时使得动物学和植物学越走越近。如此一来,人们发现将那些研究生命和生命所有现象的科学置于生物学门下更为方便,实际上也是必需的。生物学家也断然抛弃了与其同胞兄弟——矿物学家——间的任何血缘关系。

动物和植物世界中共同存在一些宽泛的法则,但是大自然这两大王国的共有点终究有限,而它们的差异却是如此之大,以至于生物学研究者发现他们不得不将自己的精力集中到其中之一。如果他选择研究植物,无论在什么情况下,我们就会立刻知道如何称呼他们:他是一个植物学家,他从事的科学是植物学。但是如果他选择研究动物,适用于他的称呼将一般随着他研究的动物种类或他感兴趣的动物特殊生理现象而变。如果他以人为研究对象,他将被称为解剖学家或生理学家抑或人种学家。但是如果他解剖动物或研究它们所具功能的模式,他则是一个比较解剖学家或比较生理学家。如果他将注意力转向化石动物,他就是一个古生物学家。如果他的心思更多地是花在动物的详细描述、区别、分类和分布上,他就是个动物学家。

然而,为了便于当下的表达,我将只采用动物学,而不做过多的细分。我将像称呼植物学家那样,用动物学家指研究整个动物世界的人。

从这种意义上说,像植物学一样,动物学也被分为三大分支,形态学、生理学和分布学,每一个分支都范围广阔,都可以作为独立的学科进行研究。

动物形态学是研究动物形态或结构的学科。解剖学是其一个分支,发育学是其另一分支,而分类学则是根据动物的解剖和发育来研究不同动物间的关系。

动物分布学是研究动物与它们当下生活的陆生环境,或与地质历史时期所生活的环境之间的关系。

最后,动物生理学是研究动物功能和行为的学科。它将动物躯体看做是受某种力量

统一的蓝图,多样化的表现,这就是我们从对龙虾体节的研究中所学到的。通过研究附肢,我们更加深入地获得同样的结论。(见P212)

驱动的机器,能够表现出一定的行动,可以用常规的自然力量来表示。生理学最终的目标是从分子驱动法则出发,一方面推演出形态学的事实,另一方面获得其分布的本因。

以上所述就是动物学的研究范畴。但是,如果我仅仅满足于阐明这些枯燥的定义,那么我就不能很好地举例阐释自然科学这一分支的教授方法,而这却是我今天晚上将要表达的主要内容。因此,就让我们把这些抽象的定义放在一边。让我们先来看一下一些具体的生物,一些动物,越普通越好,让我们看看普通的常识和逻辑能在多大程度上应用于这些明显的事实,并不可避免地引导我们进入动物学的其他所有分支。

在我面前有一只龙虾。当我对它进行观察时,它最显著的特征是什么呢?对了,我看到我们称之为龙虾尾的部分,它由六个截然不同的硬环和第七个末端片(terminal piece)组成。如果我将中间的一个环分割下来,比如说第三节,我发现它下面附着有一对肢或附肢,每一个肢上都由一个茎(stalk)和两个末端片组成。我们可以通过这种途径获得龙虾体节和附肢的横切面示意图。

现在,如果我取下第四节来,我发现它具有相同结构,第五节和第二节亦是如此;这样一来,我发现龙虾尾的每一个分节都是相似的,一个体环外加一对附肢(appendage),每一个附肢都有一个茎和一对末端片。用解剖学的术语来说,这些相应的部分叫做"同源结构"(homologous parts)。第三节的体环与第五节体环是同源的,前者的附肢与后者的附肢是同源的。由于每一个体节(division)在相应部位上都具有相应的结构,我们可以说所有这些体节都是基于同样的蓝图构建的。但是,现在让我们看一下第六个体节,它与其他的既相似又不同。体环与其他各节的相同,但是附肢乍看上去却存在很大的差异。当我们进一步仔细观察,我们会发现什么呢?一个茎和一对末端片也与其他的相似,但是这个茎却又短又粗,末端片则非常宽而平,有一个又分成两片。

因此,我可以说,第六个体节在结构上与其他体节相似,但是在细节上有所变化。

第一体节与其他体节相似,同样具有体环,尽管它的附肢与前面检查过的其他各节在简单的结构上存有轻微的差异,但与茎一致的部分和其他体节附肢上的分节还是容易辨别。

因此,龙虾的尾很明显是由一系列基本相同的体节组成,但每一个体节间都存在一些特定的变化。但是,当我将目光转向龙虾身体的前端,首先看到的是一个巨大的盾状壳,解剖学上称之为"头胸甲"(carapace),前面长有一根尖锐的刺,两侧有一对奇特的复眼,着生在可以转动的粗短的茎节末端。在其后面,身体的下侧,有一对长长的触角或称之为触须(antennae),再下面则是相互叠合在口上的六对颚和五对腿,其中最前面的是巨大的钳或螯。

乍一看去,难以发现龙虾的身体是由一系列环所组成的复合体,正如在腹部所表现出来的那样,每一个体节上有一对附肢,但是要想证明它们的存在却不是件很难的事情。将龙虾的腿撕掉,你将会发现每一对腿都着生在身体特定的体节上,但这些体节与尾部后端自由的体环不同,这些环都牢牢地结合在了一起,颚、触角和眼节也是如此,每一对都着生在专门的体节上。因此,这一现象迫使我们慢慢相信,龙虾的身体是由许多体节和对成的附肢构成,也就是说共有20对,最后的6对是能自由活动的,前面的14对则完全融合在了一起,它们在背部形成一个连续的盾状甲壳。

统一的蓝图，多样化的表现，这就是我们从对龙虾体节的研究中所学到的。通过研究附肢，我们更加深入地获得同样的结论。当仔细观察最外面的颚时，我发现它有 3 个不同的部分组成，内部、中间和外部，它们都长在共同的茎上。如果将这些颚与后面的腿进行比较，或与它前面的腿进行比较，可以轻易地看到这些腿，就是附肢的部分，它们对应于内部，结果转变成我们熟知的腿，然而中部消失了，外部则隐藏在了被甲的下面。在尾部的附肢上，这也并不难以辨识，中部再次出现，而外部则又消失了。而另一方面，在被称为下颚的最前面的颚上，只有内部留下了，以同样的方式，触角和眼节的结构与腿和颚可被看做是类似的。

但这意味着什么呢？意味着这样一个非比寻常的结论：在龙虾的尾部或腹部可以发现相同的统一蓝图，贯穿在整个骨架的结构中，因此我可以回到画板上能代表尾部任何体环的图示上来，在每一个附肢上添加第三个分节，这样我就可以用它来说明龙虾身体任何体环的结构或构成。我可以在图上给每一部分都标上名字，这样无论取下龙虾的哪一部分，我都可以准确地向你们指明，它们与一般模式相比存有怎样的差异，哪一部分还可以活动，而哪一部分与其他部分发生了愈合，哪一部分发育过度、发生形变，而哪一部分的发育又被抑制了。

我想我听到了这样的质疑，如何对以上所述进行检验呢？毫无疑问，这是一种美妙精致的研究动物结构的方法，但除此之外呢？在任一更深层次，自然果真承认我们所追寻的这种统一构架吗？

这些问题所带来的反对意见是非常恰当和重要的，如果我们所获得的知识只是通过与未成熟的个体进行类比得来的，那么形态学特征就是不可靠的。那些天马行空的解剖学家完全可以从同样的事实中获得大量相互矛盾的假设，这样无数的形态学梦想必定有取代科学理论的威胁。

然而，幸亏存在有关形态学事实的评判标准，存在所有关于同源性的可靠检验。我们的龙虾不总是我们所看到的那个样子，它曾经是一个卵，有一团半流质的卵黄，包裹在半透明的膜内，还没有一个大头针的头大，没有表现出任何器官存在的迹象，但在它们的成体上，这些器官却具有令人惊讶的多样性和复杂性。一段时间之后，在卵黄的一侧出现了一块复杂的细胞膜，这就是整个生物体的基础，龙虾的成体就由之发展而来。这块膜渐渐地覆盖了整个卵黄，它通过横向的收缩成节而进一步被细分，形成身体体环的前身。在每一个环节的腹面长出一对芽状的突起，它们是未来附肢的雏形。起初所有的附肢都非常相似，随着时间的推移，大多数附肢分化出一个茎和两个末端片，而身体中部的那些则又长出了第三个外部分节。只有到最后的阶段，通过修饰或退化，这些原始的结构才变成完全的附肢。

因此，对发育的研究证明了统一蓝图学说不仅仅是一种设想，它不仅仅是看待事物的一条途径，而且是一个深层的自然事实。龙虾的腿和螯不仅仅是对共同类型进行修饰的结果，事实上和本质上它们就是如此相似，幼体的腿和螯最初是没有区别的。

这是一些奇妙的事实，动物学家发现其适用的范围越广，它就越发奇妙。稍微花点力夫研究水螅、蜗牛、鱼、马或人，结果是殊途同归。所有的统一蓝图都隐藏在结构多样性的面罩之下，复杂性无处不在，但均由简单性进化而来。每一种动物最初的形式都是卵,每一种动物和每一个器官在达到成熟状态前都经过了与其他动物和器官相同的状态,这引导我提到另一点。到目前为止,我一直在说龙虾,好像龙虾是世界上唯一的动物似的,但是不用我提醒你,世界上还有许许多多的其他动物。这些动物中的一些,如人、马、鸟、鱼、蜗牛、蛞蝓、牡蛎、珊瑚和海绵与龙虾一点也不相似。另外一些动物,尽管它们可能与龙虾有很大的区别,但还是与之非常相似,或与那些与之相似的东西相像。例如,尽管螯虾、岩龙虾、对虾和小虾有所不同,然而与蜗牛和蛞蝓相比,它们都与龙虾更相似,即使孩子也能将它们归为龙虾类。而蜗牛和蛞蝓又构成一个新类群,它们与母牛、马和绵羊,牛类形成鲜明对比。

这种自发的归类是人类在分类问题上的首次尝试,对那些相似的事物赋予同样的名称,根据总体的相似性或与其他事物的相异性对之进行排列。

那些除了在性别或品种外不能再分的类群,术语上称之为种。英国龙虾是一个种,我们的螯虾也是一个种,我们的对虾则又是另外一个种。然而,在其他国家也有与我们的龙虾、螯虾和对虾非常相似的种类,但它们具有足够的差异以致与我们的种类有所区分。因此,博物学家为了表达它们的相似性和多样性,将它们作为不同的种归于同一个"属"之下。尽管龙虾和螯虾属于不同的属,但它们之间具有很多相同特征,因此被归在一起组成一个新组合,称之为科。更远的相似性将龙虾与螯虾和蟹又归入同一个目。如此一来,更遥远但明确的相似性则又将龙虾与土鳖、鲎、水虱和藤壶归在一起,与其他所有的动物区分开来,它们共同组成一个更大的类群——甲壳纲。但是甲壳纲与昆虫、蜘蛛和蜈蚣在许多特征上是相同的,从而它们又被归入一个更大的类群或"部门"(province)——有绞纲(Articulata)。最后,根据它们与蠕虫和其他低等动物的关系,作为一个整体,它们又组成了一个巨大的亚门——有环动物亚门(Annulosa)。

如果我的研究对象是海绵而不是龙虾,我将会发现根据相似性,它们与其他大量动物联合在一起组成原生动物亚门。如果我选择的是淡水水螅虫(polype)或珊瑚,博物学家会将称之为腔肠动物亚门的成员划归到我的研究范围内。如果我选择的是蜗牛,则所有单壳类和双壳类,陆生的和水生贝类,海豆芽(lamp shell),鱿鱼,藻苔虫(sea-mat)将渐渐地汇聚在一起共同组成软体动物亚门。最后,从人开始,我首先将猿、老鼠、马、狗组成同一个纲,然后与鸟、鳄鱼、乌龟、青蛙和鱼组成同一个亚门——脊椎动物亚门。

如果,我已经将各个类群的分类全部完成,最后将会发现,无论是现存还是化石生物,所有的动物都可以归入这个或那个亚门。换句话说就是,每一种动物都是根据五种或更多的结构蓝图之一组织起来的,这些结构蓝图的存在使分类成为可能。每种动物的结构是如此的明确和严格,因此在我们目前的知识水平下,没有什么证据能表明在地质学家所记录的地球历史上,无论是在过去,还是在现在,脊椎动物、有环节动物、软体动物和腔肠动物的任何两个类群间曾存在过渡类型。然而,虽然没有这样过渡类型的存在,但你也不能认为亚门的成员之间是相互不连贯的或是相互独立的。相反,最初的时候它们全都是一样的,人类、狗、鸟、鱼、甲虫、蜗牛和水螅虫的原始生殖细胞在基本结构方面没有太大的区别。

就这种广义上来说,所有的现存动物和所有在地质上发现的已经灭绝的动物,可以根据广泛存在的统一模式联系在一起,这已经是事实。尽管在程度上有差异,但这种模式的统一性就和龙虾的 20 个不同体节中的共同性一模一样。说实话，对一个敏锐的人来说，窥一斑即可知全豹。

抛开这种纯粹的形态学考量，现在让我们看一下专门研究龙虾的方法，这将带领我们进入另外一条研究之路。

在欧洲所有的海域中都能发现龙虾，但是在大西洋的对岸和南半球的海洋中却不存在。尽管它们作为同一个属出现在这些地区，但种类不同——美洲螯龙虾（*Homarus Americanus*）和好望角龙虾（*Homarus Capensis*）。这样，我们可以说欧洲有龙虾（*Homarus*）的一个种，美洲有另外一个，非洲又有一个。因此，龙虾存在显著的地理分布这一事实就凸现在我们的眼前。

如果我们转而考察地壳中的内含物，就会发现在后期的沉积层中有大量过去时代的埋藏物，其中存在无数与龙虾类似的动物，虽然它们与现代的龙虾不十分相似，但动物学家却都坚信它们甚至可以被归入同一个属。如果我们再向前追溯，我们会发现在最古老的岩石中，动物的残骸也是以与龙虾相同的蓝图构建的，都属于同一个大类——甲壳动物。但是，它们大部分与龙虾完全不同，事实上它们与现存甲壳动物的种类也不相同，因此我们就会形成一种想法，在过去，地球上的动物发生了连续的变化，这就是地质学所揭示出的最惊人的事实。

现在，考虑一下这样的探究将带我们到何处。我们从形态上研究我们的标本，当确认其解剖和发育特征，并用这些特征将之与其他动物进行比较之后，我们就确定了它在分类系统中的位置。如果以同样的方式研究所有的动物，我们将建立一个完整的动物形态学。

我们还研究了标本的时空分布，如果这样逐一研究其他所有的动物，我们将建立起完整的生物地理和地质分布学。

说到此，你们将会注意到这样一个显著的情况，这些生物体的功能问题并未纳入考察范围。如果动物和植物不具备生物所有的那些特殊功能而只是一类特殊的晶体，形态学和分布学的研究几乎已经足够。但是，形态学和分布学的事实必须得到解释，这也正是科学的目标所在，于是必须求助于生理学的研究。

让我们再一次回到龙虾身上。如果我们是在龙虾的生活环境中观察它们，就会看到它们用强壮的腿主动攀附在水中的石头上，这是它们最钟爱的环境。在此还可以看到，它们通过摆动强壮的尾巴，自由自在地游泳，同时第六个节的附肢伸展开来，形成一个扇状的推进器。将它们抓在手中，你会发现它们的大螯并不是防卫武器。在它们的栖息处若是有一块腐肉，它们将会贪婪地吞噬，用螯作为撕扯的工具。

假设我们原先对龙虾一无所知，只是将它们看做是一个不动的肉体，请允许我称之为"有机晶体"，当我们突然发现它具有这些运动能力时，我们的头脑里不定会闪现什么奇妙的新想法和新问题呢！最大的新问题将是，"所有这些是如何发生的？"主要的新想法就是对于目的的适应概念，动物体绝不是由不相连的部分构成的，而是由有机关联的器官共同组成的。让我们以这种视角，再来考虑一下龙虾的尾巴。形态学教导我们，一系列体节是由相同的部分组成的，尽管经过各种各样的修饰，但从中依然可以看出同样的结构构造。但是，如果我以生理学的角度看同样的部分，我看到的就是一个非常完美的运动器官，借助于它，龙虾轻快地推动着自己的身体前进或后退。

　　但是，这个奇妙的推进器是如何运转的呢？如果突然杀死一只龙虾，将它所有的软体部分剔除，我将发现剩下的外壳没有丝毫生机，再也不能驱动自己，就像磨坊内的机器不再与蒸汽机或水车连接那样陷入停顿。但是如果将龙虾剖开，只将内脏取出来，让白色的肉体维持原状，我将看到龙虾会弯曲起来，尾巴伸展如初。如果将龙虾的尾巴切掉，将再也看不到它有任何的自发运动。但是，如果将虾肉的任何一部分收紧，就可以看到它会出现一种非常奇怪的变化，每一条纤维都在变短变粗。通过这种所谓的收缩动作，纤维末端连接的部分当然更接近了。根据连接端部与不同环节运动中心的关系，尾巴会弯曲或伸展。仔细观察新剖开的龙虾，我们将很快发现所有的运动都是同一个原因造成的，就是肉质纤维(fleshy fibre)的缩短和变粗，术语上这些肉质纤维被称为肌肉。

　　于是，这里就出现了一个最重要的事实：龙虾的运动来源于肌肉的收缩。但是，为什么有时肌肉会收缩，而有时不收缩呢？为什么当龙虾想伸展尾巴的时候，会有一整组肌肉收缩，而当它想弯曲尾巴的时候，是另一组肌肉收缩呢？它的动力到底是来自何处，来自何方，受何控制？

　　实验为我们解惑答疑是自然科学发现真理的最好手段。原来在龙虾的头部有一小块特别的组织，被称为神经。同样材料构成的神经索直接或间接地将龙虾的脑和肌肉连接在一起。现在，如果这些连接神经被切断，脑虽然还是完整的，但在被切断神经的体节之下，我们称之为随意运动的能力则被摧毁了。另一方面，如果神经索保持完整，而将脑损坏，随意运动的能力同样也消失了。因此结论必然是，这种运动的能力来源于脑，并通过神经索进行传输。

　　在比较高等的动物中，这种传输的现象已经得到研究，神经所具有的特殊能量通过改变分子的电位状态被释放。

　　如果我们能准确地估计这些改变的意义，如果我们能通过测量其等效的电量或热量获得神经力的具体作用量值，如果我们能确定神经和肌肉的作用所依靠的分子排列或其他的条件(毫无疑问有朝一日科学定能做到)，生理学家在此领域将完成他们的终极目标，亦即成功解决动物的原动力和自然界中其他形式力的关系。如果动物所有功能都像上述那样得到成功的解决，那么生理学就到达了圆满，通过生理学家所建立起的规律，结合周围的环境条件，将能推导出形态学和分布学的真实情况。

　　研究这些低等动物的每一个片断都将使我们进入这一宏大的思想领域，像我前面简要向你们展示的那样。但我相信，前面我所讲的不仅仅能促使你形成关于动物学研究范围和主旨的概念，而且用一个不完美的例子向你们展示了我的观点——这是教授科学、实际上也是任何自然科学最好的方法，亦即最重要的是通过将学生的注意力固定在特定的事实上，来教授真正的和实用的知识。同时还必须通过随时参考所有特殊事实所阐明的一般原理，来扩大学生的视野和全面性。龙虾可以作为整个动物界的模型，它的解剖学和生理学向我们展示了生物学的一些最伟大的真理。那些亲自观察到我所描述的事实，倾听我向他们解释各种关系，并明确地领会其中内容的学生，就具备了相当的动物学知识。尽管数量上可能有限，但这些知识是货真价实的，它们比那些通过阅读曾经获得的知识更有价值。这就是说，他所掌握的动物学知识是真正的学问而不仅仅是道听途说。

如果让我在这个部门教你们动物学，我会用一种大体上与我今晚采取的相同的方式讲授课程。我会选择一种淡水海绵，一种淡水水螅虫或水母，一种淡水贻贝，一种龙虾和一种鸟禽，作为动物界五个主要分支的代表。我会非常完整地解释它们的结构，以及它们所阐明的动物学主要原理。在对此进行非常仔细和完整的研究后，我会感到各位已经有了坚实的基础，这时我将带领你们以同样的方式去研究同样的从本类群选出的代表性类型，但不一定是非常精细。接下来我将引导你们将注意力放在教学大纲中列举的主要类型的特殊种类和这里提及的其他事实上。

这就是我大体上的计划。前面我已经向各位解释了获取和交流动物知识的最好模式，你们还可以进一步向我询问提供相关信息的方法细节。

我自己觉得自然科学中最好的训练模式是医学院所采用的解剖学中所蕴含的方法。这些方法包含三个基本要素：演讲、演示和检验。

首先，演讲的目的是引起学生的注意，能够激发他们的热情。我确信，口头的演讲和优秀教师的个人魅力可以产生无法取代的巨大影响。第二，演讲具有双重作用，在引导学生抓住主题要点的同时，促使他关注整个主题，而不仅是他感兴趣的部分。最后，在学习过程中必然会遇到一些难点，而演讲为学生提供了寻找答案的机会。

对于那些想从演讲中获取最多益处的学生，以下几点必须注意。

我有一种强烈的印象，一个演讲越是正规，讲授的效果就越差。演讲过于流畅使得你无暇体味其中的道理。如果漏掉一个词或短语，你就不知其所以然。而当你回过神来时，演讲者已经转到其他话题上去了。

近几年我在给学生授课时采用的方式是，将几个小时的课程内容浓缩成几个命题，慢慢地说让他们记下来，每读一个，后面附上一段自由的注释，用以展开和阐释这些命题，解释术语，通过讲授者一点一点画出的简单示意图扫除所有的难点。通过这种方式，你无论如何都能确保学生有一定程度的参与。如果他不得不记笔记的话，那么他就不会在离开教室时一无所获；除非一个学生天生愚钝、机械，否则他不会做着笔记、听着讲解，还学不到任何东西。

学生们经常会向老师提出我需要读什么书？我的回答是，"什么书都不需要，只需全面详细地记笔记，努力将所讲的内容彻底搞清楚，有什么搞不懂的就马上来找我，我宁愿你不要因读书转移自己的注意力。"一个好的讲座课程必须包含学生能当场吸收的全部内容，老师必须时常记得他的责任是开发（feed）智力，而不是填鸭。事实上，我相信一个学生在从一个讲座课程中获得透彻掌握之前，形成将注意力集中在一系列界定明确的事实上的习惯，是十分重要的一步。

但是，无论讲座如何精彩，无论阅读面多么广泛，这也只是伟大的实证科学教育的工具——演示的辅助手段。我之所以孜孜不倦，乃至于狂热坚持自然科学作为一种教育手段的重要性，就是因为如果进行适当的引导，对任何分支学科的研究，对我来说，就像是在填补一个其他教育方式留下的空缺。我对于文学有着极大的敬意和热爱，但再也没有比我看到文学训练不被作为一种非常卓越的教育方式更令我难过了。事实上，我希望有更多的人从事文学，但是我不能对这一事实熟视无睹，亦即在那些具有纯文学修养和那些有着坚实科学训练的人士之间存在的巨大差异。

我想我找到了这种差异的原因,在文字的世界中,学问(learning)和知识(knowledge)是一体的,书本是二者的源泉。但是在科学世界中,如生命科学中,学问和知识是截然不同的,知识的来源是对事物的研究,而不是对书本的阅读。

通过阅读,通过在写作和谈话中的实际练习即可获得文学素养,但并非我是在有意夸大,科学素养的形成却是绝不能由此获得的。正相反,不论是训练还是知识,科学教育带给人们的最大好处,依赖于学生的头脑与事实直接接触的范围,依赖于他的学习习性直接诉诸于自然的程度,依赖于他通过对事物具体形象特征的认识程度,这将是人类永远不能用语言来表达的。我们看待自然和谈论自然的方式岁岁有异年年不同,但一旦事实被发现了,例如一种因果关系被确认了,它们将再也不会发生改变更不会消亡。正相反,这个事实就会形成一个固定的中心,根据围绕着它的自然关系将会聚集更多的其他事实。

因此,在科学教学中,教师最大的责任在于要在学生心目中刻下最基本的,不容争辩的科学事实。这不仅要用语言将之记录在他们的心中,还要通过触手可及的感知全面地记录在他们的眼中、耳中和触觉中。以这样一种全面的方式,让每一个词或每一条规律都能在未来唤起用来演示规律的事实或术语的生动图解。

现在,只能依靠持续的演示来完成这项重要的工作,也许演讲将起不到完美的效果。但演讲可以独立进行,面对每一个学生进行说明,教师应该尽力让学生们自己观察,而绝不是仅仅向它们展示一些事情。

我已经充分地认识到,在进行有效的动物学演示方面还存在很大的应用上的困难。解剖动物不是一件完全令人愉快的事,这不仅需要花费很多的时间,而且也不是轻易就能获得足够的标本。植物学家在此具有很多优势,他们所需的标本比较容易获得,并且整洁而卫生,可以在私人住所内或其他地方进行解剖,因此我相信植物学比它的姊妹学科更容易入门,更好教授。但是,无论是困难还是容易,要想学好动物学,演示和解剖都还是必须做的。如果没有了它,我们就不可能获得真实可靠的动物学知识。

然而,如果学生不做实际的解剖学习,仅通过演示标本和制样也能让他们学到很多东西。由于需求很多,组织这样的主题收藏很可能并不是件十分困难的事,而这也能满足所有的基本教学要求,并且成本也不高。即使没有这些,如果动物收藏品能够根据所谓的"典型原理"(typical principle)向公众开放,也能起到很好的效果。也就是说,如果展示给公众的标本是经过挑选的,公众还是能从中学到很多东西,而不是像今天这样迷失在动物的多样性中。例如,大英博物馆(British Museum)的鸟类大厅具有两三千种鸟类标本,有时有些物种的标本多达五六份。这些标本看上去非常漂亮,实际上有些可以说是精美绝伦。但我敢说,除了专业的鸟类学家外没有人能从这些收藏中获得什么信息。当然,几万个普通观众中也没有一个能在浏览完所有标本后,会变得比他们来之前对鸟类的一些本质特性有了更深入的了解。但是如果在大厅的某个地方做些样本,如以鸡为例,对鸟类的主要结构特征和发育模式进行说明;如果以一些典型属为例,对鸟类的主要骨骼变异,不同年龄阶段羽毛的变化,筑巢的模式等进行展示;如果那些被研究者独占的标本也能拿出来展示给公众,我想这些收藏的标本定会对科学教育起到事半功倍的作用。

我最后要提到的是老师的杀手锏——考试。这是一种现在了解得十分透彻的教育方式，以至于不需要我进一步详述。我坚持认为书面和口头测验都是不可缺少的，而且通过要求描述标本，可能补充演示的不足。

由于时间有限，这就是我关于如何才能最好地获得和交流动物学知识的回答了。

在此还有一个我知道实际上有许多人都倾向于要提的问题。这就是为何要鼓励教师们去获取这些或别的自然科学分支的知识呢？试图将自然科学称为初等教育的一个分支有何价值呢？是否存在这样的可能，那些这样做的教师将会丧失获取更重要但却没有吸引力的知识呢？即使他们对一些科学知识的有效性没有偏见，但试图将这些知识灌输给学生又有什么用呢？要知道他们的真正责任是学会如何阅读、如何写作和如何计算。

这是一些经常遇到或将要经常遇到的问题，主要来自于人们对于自然科学价值和其真正地位的深切无知，这种情况在受到高等教育人群和精英阶层中大量存在。但是，我不敢确信这些问题能得到令人满意的答复，尽管它们已经被一遍又一遍地回答过了，将来终有一天，那些受过文科教育的人会因为提出这样的问题而羞红了脸，我也会为我今天晚上的这一观点而感到羞耻。毫无疑问，完成初等教育是你们主要和非常重要的任务；也毫无疑问，任何阻碍你忠实地完成你的责任的事情都是一种罪恶（evil）。如果我认为你所获取的自然科学的基本知识，你与学生间进行这些知识交流，与你的正当责任有任何的冲突，我将是第一个反对你去做这类事情的人。

获取这样的科学知识和进行这些知识的交流确是在削弱你的用处吗？或者我可以这样问，对你来说，没有这些帮助，可能会降低你的用处吗？

初等智力教育的目的何在？据我的理解，第一个目标是训练年轻人学会用这些工具，从转瞬即逝的现象中学到知识；第二个目标是让他们知晓，根据经验所获得的掌控事物运行的基本规律，这样他们就不会成为他们本来可以控制的事物的毫无保护、毫无抵抗力的牺牲品。

教授一个孩子读母语和其他语言，与那些从来没有让他们与同伴进行口头交流的人相比，他就可能接触到更多更广的知识。教他学习书写，这是与其他人进行交流的手段，交流的范围因此可以无限地扩大，这样他可以记录和储存他获得的知识。向他传授初等数学知识，他就能理解数和形之间的所有关系，这些关系是复杂的社会中人与人交往的基础，他借此能够进行一些实际的演绎推理。

所有的这些阅读、写作和计算都是智力工具，必须优先进行学习，彻底掌握。只有如此，年轻人才能够生活，而生活应当是一个不断在知识和智慧上有所积累的过程。

另外，初级教育尽力向孩子教授那些正确的知识。应该向他们教授崇高的道德规范，他所处的宗教信仰，相关的历史和地理知识，告诉他们世界上伟大的国家都位于世界何处、它是什么样的、是如何变成这样的。

毫无疑问，所有这些都是极佳的精彩内容，非常适合教授给孩子们，若在初级智力教育计划中遗漏任何一点我都会感到非常遗憾，这是一个尽可能完善的系统。

但如果我对此予以充分的注意，一种奇异的思想油然而生。我认为1500年前，罗马市民中任何小康之家的孩子所学习的内容是同样的：用他们自己的语言和希腊语进行阅读和书写,学习数学基本原理以及当时的宗教、道德、历史学和地理学知识。此外,我坚信,如果把这样一个受过教育的信仰基督教的罗马男孩送到我们的一所公立学校中,他会有一种如鱼得水之感。在所有他必须学习的新事实中,没有人会提到一个与他所处时代不同的宇宙模型。

当然,4世纪的文明和19世纪的文明之间确实存在一些巨大差异,当时的思考习惯和思想状况与现在的差距很大。

是什么造成了这种差异呢?我将毫不畏惧地说,是最近两个世纪自然科学的巨大发展。

现代文明建立在自然科学的基础上,没有它的馈赠,在不久的将来,我们国家将难保在世界上的领导地位。只有自然科学能够使得智慧和道德的力量,而不是野蛮的力量更强大。

整个现代思想都沉浸在科学中,它深入到我们最好的诗人的作品中,甚至一些对科学不屑一顾和有所轻视的学者也在不知不觉中受到了科学精神的熏陶,其最好的作品也受到科学方法的影响。我深信人类历史上最伟大的智力变革正在通过科学的力量慢慢地发生。它让人们知道最终依赖的是观察和实验,而不是权威;它教会人们评估证据的价值;它正在创造一个牢固的活生生的信念,即存在永恒的道德和自然法则,完全服从这些法则是人类最高的目标。

而你们所有的那些老套的教育系统都对此只字不提。自然科学所使用的方法,以及面临的问题和困难,也会经常吸引那些最贫穷的孩子,但我们的教育却让他们对当今科学的方法和事实一无所知。现代世界充满了大炮,我们却让我们的孩子手持古代角斗士的盾和剑去迎战。

如果我们不对这种可悲的状况进行弥补,我们的后代将谴责我们。不仅如此,如果我们能够再活20年,我们的良知也将谴责自己。

我坚信唯一的弥补方法是将自然科学的主要内容纳入到初等教育中来。我已经竭力向你们展示了在我从事的自然科学中如何弥补这一内容。我只能补充一点,我在期望这一天,我们国家的每一位教师都成为真正的科学知识的中心,这必将是我们国家历史中的崭新时代。

在此,我恳求你们记住我讲的最后一句话。作为一个老师,我将说仅仅从书本中学习自然科学是错误的。除非你想做一个骗子,否则自己首先要真懂,然后才能去教学生。科学的真正知识,无论多少,都意味着是通过个人的身体力行而获得的。

译 后 记

　　科学不仅是一个不断探索自然奥秘的历程,更是一种文化传承,一种认识世界的思维方式。现代科学起源于西方,其根基是西方文化传统。19 世纪末 20 世纪初,现代科学传入中国,但是由于当时文化背景和时代的原因,在"西学为用"、"科学救国"等思想的指导下,人们注重的是船坚炮利的技术层面,并没有认识到科学的文化性。即使看来好像是毫无器用价值的进化论,也被人们用来作为宣传的工具,以"物竞天择,适者生存"的观点,号召人们救亡图存,致使我们对科学的认识和科学的发展发生了偏颇,影响了人们从根本上建立起一种科学文化的努力。因此,阅读一些具有深厚文化内涵的科学典籍,特别是原创性的论著,对我们来说是极有价值的。通过学习,可以帮助我们了解科学的文化背景,建立起我们自己真正的科学文化。《人类在自然界的位置》一书,正是人们所期待的一本这种类型的力作。

　　该书的作者赫胥黎,是一位与达尔文同时代的英国著名博物学家,同样也是英国皇家学会会员。他一生涉猎广泛、著作等身。他在脊椎动物学、无脊椎动物学、进化论、古生物学和人种学等方面,均有极深的造诣,特别在进化论的长期论战和科普教育中,他都有极其深远的影响。他的主要代表作有:《关于人类在自然界的位置的证据》(*Evidence as to Man's Place in Nature*,1863)、《动物分类学导论》(*An Introduction to the Classification of Animals*,1869)、《鳌虾:动物学研究导论》(*The Crayfish:An Introduction to the Study of Zoology*,1869)、《脊椎动物解剖学手册》(*A Manual of the Anatomy of Vertebrated Animals*,1871)、《无脊椎动物解剖学手册》(*A Manual of the Anatomy of Invertebrated Animals*,1877)和《进化论与伦理学》(*Evolution and Ethics*,1893)等。其中《进化论与伦理学》一书,正是由我国近代著名思想家、翻译家严复先生将之译成中文,并题名为《天演论》,以"物竞天择,适者生存"的观点,号召人们救亡图存,"与天争胜"。因此《天演论》的问世,对当时我国思想界影响极大。

　　1859 年,当达尔文正准备出版他的《物种起源》论著时,他先将该书复印了三份,一份请当时最著名的地质学家——莱伊尔审阅,另一份给著名生物学家胡克,而最后一份就寄给当时已身为伦敦矿物学院地质学教授的赫胥黎,要求他作为该书的评审。实际上,赫胥黎在达尔文提出进化论之前,就以其深厚的科学学术功底和丰富的实践经验,熟悉了有关物种变异的各种假说,并对拉马克和罗伯特·钱伯斯等假说中的"不可知论"进行过批判。因此,当他读完该书后,深为达尔文的论述和观点所折服,并充分认识到这是一本划时代的杰作,必将引起一场深刻的科学思想革命。而且他还告诫达尔文:"对于那些可能猖猖而向的豺狗,你必须尽量团结志同道合的朋友一道作战。我已磨利爪子,随时准备出击。"自此以后,他两便成为非常亲密的朋友。赫胥黎成为达尔文主义的倡导者和捍卫者,积极为达尔文理论的原创性思想鸣锣开道,为达尔文理论的传播和发展,立下了不朽的汗马功劳,从而赢得了"达尔文的斗犬"(Darwin's Bulldog)这一绰号。

19世纪时,教会保皇势力非常强大,特别在人与自然的关系问题上,要求人们严格遵从圣经的教条,物种神创论在西方有着广泛的信仰根基,致使广大博物学家对于与人类的起源和演化有关的敏感问题,避而不谈。即使达尔文在1859年出版的《物种起源》第一版中,也未涉及人类进化的问题。只是在后来的版本中,他才含蓄地加了一句:"人类的起源和历史,也将由此得到许多启示。"直到1871年,在《人类的由来及性选择》一书中,他才对这个敏感的问题进行了系统的阐述,并建立了人类学理论的两大支柱:人类最早的起源地和人类的进化方式。

在人类起源方面,赫胥黎不仅是达尔文观点最坚定的支持者,而且表现得比达尔文更加积极主动和勇往直前。他在1860年6月30日,英国科学促进协会在牛津大学召开的一场著名的辩论会上,勇敢地站出来为达尔文观点辩护。当时这位才华出众年轻的生物学家年仅35岁,面对的是赫赫有名的威尔伯福斯大主教——当时"第一流的辩论家"。当然,赫胥黎当时也是一位声誉很高的辩论者和大学讲师。在辩论中,双方均使尽浑身解数,为各自所维护的信念据理力争。争论的程度是如此的激烈,听众亦反响热烈,"喧闹中,甚至有一名叫布鲁斯特的贵妇人昏倒在地"。辩论结束后,"双方都宣称取得了胜利"。其实一时的胜负并不能说明什么问题,重要的是不同观点,甚至不同的信仰能够平等地站在一起进行辩论。当然,科学的进步最终证明赫胥黎所站的立场和他为之辩护的理论是经得住时间检验的。牛津大学论战之后,赫胥黎还与著名的古生物学家和比较解剖学家欧文继续展开论战。此外,他还在1863年出版的《关于人类在自然界的位置的证据》中,充分论证了人类与大猩猩和黑猩猩在解剖学上是相似的,而且这种相似程度要比这些猿类与其他高级猿类的相似程度大。他在此书中,公开把人类放在与猿同类的关系中进行描述。因此可以说,是达尔文建立了严格的进化理论,却是赫胥黎勇敢地将人类还原到应有的位置上来。如果说达尔文是位沉稳的绅士,以超人的智慧,从纷杂无序的事实中创立了进化论;那么,赫胥黎则是一个充满激情的斗士,在第一时间内,就很快认识到了进化论的合理性,并勇敢地站出来为达尔文和进化论进行辩护和宣传。赫胥黎之所以伟大,就在于他是如此坚决地为别人提出的理论进行辩护和宣扬,充分地展现了赫胥黎的广阔胸怀和伟大的人格魅力。

在达尔文和赫胥黎的时代,人们对有关人类化石的知识和掌握的证据还是极为有限的,唯一已知的是欧洲的尼安德特人。但他们却凭着简单的推理,从现存的两种非洲猿与人类亲缘关系最近这一事实出发,得出我们早期祖先应该生活在非洲的结论。自20世纪中期开始,古人类学家不断在非洲发现了大量的人科动物化石,初步建立起了人类进化的框架。而且,从20世纪60年代后期开始,生物学家还根据分子生物学的证据,证实了人类起源于非洲的结论。这是目前一般公认的观点,但是近年来也有科学家对此提出异议,有的认为起源于亚洲,甚至中国,还有的认为有几个发源地。诚然,科学的进步和发展是无止境的,对人类进化历史的认识也在不断地深入,但人类在自然界中的位置已经走向平实,而且已摆脱了环绕在周围的神圣光环。

赫胥黎在书中旁征博引、深入浅出地向人们介绍了人类的特征、结构及其与相关动物之间的关系,地球上生命的现状、历史,以及人们认知和理解这些自然现象的方法。赫胥黎对于科学行为的通俗解释,完全驱除了笼罩在科学周围的神秘性,并且指出人类所有活动背后的逻辑和令人倍感神秘的科学行为并无二致。在书中,赫胥黎不仅让人们了解了人类在自然界中所处的大环境和大背景,而且对如何评判一个科学观点提出了公开公正的标准,并用来衡量达尔文的进化论。掌握这一标准不仅对于我们认识进化论、从事科学活动有所帮助,而且对于我们的日常生活也有普遍意义。

当然我们也应当清醒地看到,由于赫胥黎受时代所局限,对于许多现象的解释是模糊不清、甚至是错误的。但随着科学的进步,赫胥黎的许多认识都得到了细化和印证,同时还得到了进一步修正。我们相信,这一过程仍将继续。但是,这一过程丝毫不会影响他所提出的主题思想和科学原则的正确性,也不会动摇他在历史上应有的位置,相反将更加证明他仍不愧为是伟大的学者。我们三位译者都是从事古生物学研究的,因此不可避免地要和达尔文的进化论打交道,从我们亲身的实践中,也深深地体会到进化论思想对于科学研究和社会思想的重要性。我们殷切地期望广大读者,通过阅读《人类在自然界的位置》新译本,能得到一些启迪和帮助。

本书在普及达尔文学说上有着重要贡献。在 1863 年出版的书名为《关于人类在自然界的位置的证据》一书中,只包括三篇论文。1894 年再版时,作者写了序言,并收入三篇有关民族学方面的论文,将书名改为《人类在自然界的位置及其他论文》。自 1906 年作为当前版本的第一版时,全书共收进了 15 章内容的讲演。此后,该书分别于 1908、1910、1911、1914、1921 和 1927 年进行了六次再版。前三篇论文在 1931 年曾有中译本发行。1971 年,《人类在自然界的位置》翻译组,翻译了《人类在自然界的位置》1894 年的版本,他们是根据该版本的序言和前三篇文章翻译的,最后由科学出版社出版。

本书的译文分工如下:蔡重阳负责翻译序言、第一章至第三章,在翻译过程中参考了1971 年《人类在自然界的位置》翻译组的译文,另新翻译了第二章之后的附录"关于人类和猿类大脑构造的论战简史"。王鑫负责第四章至第九章的翻译,傅强负责第十章至第十五章的翻译。翻译本书从立题到定稿历时年余。在此过程中,首先得到了西北大学舒德干教授的有益建议,北京大学出版社陈静女士也给了译者很多鼓励和帮助。上海师范大学陈蓉霞教授应北京大学出版社编辑之约,对书稿进行了校译,也特为本书写了导读,对本书的面世、写作背景及部分内容做了精辟的点评,而且对赫胥黎与进化论的关系亦做了简要的论述。同时,在翻译过程中,还得到了中国科学院资深院士、著名古植物学家李星学教授的热情鼓励和关怀,同时,我们还得到金陵协和神学院陈泽民教授、中国科学院南京地质古生物研究所欧阳舒研究员、王启飞博士和法国里昂大学古植物学家 Gaetan Guignard 教授等的热情帮助和指导。此外,南京师范大学政法学院吴磊同学、中国科学院南京地质古生物研究所马慧军女士也提供了有益的帮助,在此一并表示深切的谢意。

由于翻译时间较紧,加上原著涉及古英语、德语、法语、拉丁语、丹麦语等多种文字,翻译时感到难度较大,而且译者的中英文水平有限,译文中难免存在错误和不足之处,我们恳切地希望读者能不吝批评和指正,以便在再版时加以更正和完善。

蔡重阳、王鑫、傅强

2009 年元旦

科学元典丛书

达尔文经典著作系列